冶金专业教材和工具书经典传承国际传播工程
Project of the Inheritance and International Dissemination
of Classical Metallurgical Textbooks & Reference Books

冶金工业出版社

高职高专"十四五"规划教材

不锈钢生产技术

主 编 张淞源 李建民 丰 涵
副主编 黄 卉 马 磊 郭长宝 孙 应

U0314171

北 京
冶 金 工 业 出 版 社
2025

内 容 提 要

本书系统介绍了不锈钢的定义、分类、表示方法、发展史、重要合金元素及其影响等基础知识；结合我国目前主流不锈钢生产企业技术与装备，阐述了不锈钢各生产工序工艺，包括不锈钢冶炼工艺、不锈钢连铸工艺、不锈钢热轧工艺、不锈钢冷轧工艺、不锈钢退火酸洗工艺、不锈钢修磨与精整工艺，以及不锈钢管与配件生产等。

本书可作为高职院校材料工程、冶金以及相关专业教学用书，也可作为不锈钢生产企业新员工培训教材，还可供从事不锈钢生产、技术与管理工作的人员阅读。

图书在版编目（CIP）数据

不锈钢生产技术／张淞源，李建民，丰涵主编．
北京：冶金工业出版社，2025.4. --（高职高专"十四五"规划教材／1）. -- ISBN 978-7-5240-0093-8

Ⅰ. TF764

中国国家版本馆 CIP 数据核字第 2025Z7X330 号

不锈钢生产技术

出版发行	冶金工业出版社	电　话	(010)64027926
地　址	北京市东城区嵩祝院北巷 39 号	邮　编	100009
网　址	www.mip1953.com	电子信箱	service@mip1953.com

责任编辑　杨盈园　美术编辑　彭子赫　版式设计　郑小利
责任校对　郑　娟　责任印制　禹　蕊
三河市双峰印刷装订有限公司印刷
2025 年 4 月第 1 版，2025 年 4 月第 1 次印刷
787mm×1092mm　1/16；19.25 印张；463 千字；287 页
定价 56.00 元

投稿电话　(010)64027932　投稿信箱　tougao@cnmip.com.cn
营销中心电话　(010)64044283
冶金工业出版社天猫旗舰店　yjgycbs.tmall.com
（本书如有印装质量问题，本社营销中心负责退换）

《不锈钢生产技术》
编委会

主编：

张淞源　昆明冶金高等专科学校

李建民　中国宝武太钢集团

丰　涵　中国钢研集团钢铁研究总院

副主编：

黄　卉　昆明冶金高等专科学校

马　磊　昆明冶金高等专科学校

郭长宝　中国宝武太钢集团

孙　应　昆明冶金高等专科学校

编委：

杨桂生　昆明冶金高等专科学校

姚春玲　昆明冶金高等专科学校

张金梁　昆明冶金高等专科学校

刘　会　山东华烨不锈钢制品集团有限公司

何国胜　宝润钢铁有限公司

张　卫　冶金工业出版社有限公司

王大中　山东省不锈钢行业协会

高胜华　维格斯（上海）流体技术有限公司

周　超　浙江正康实业股份有限公司

杨琦峰　山东尧程科技股份有限公司

李　捷　浙江东吉管道技术有限公司

审稿人：

苏步新　中国国际贸易促进委员会冶金行业分会

钱智君　宝润钢铁有限公司

蒋　峻　宝润钢铁有限公司

侯　波　宝润钢铁有限公司
张增武　中国宝武太钢集团
范　军　中国宝武太钢集团
李旭初　中国宝武太钢集团

冶金专业教材和工具书
经典传承国际传播工程
总　序

　　钢铁工业是国民经济的重要基础产业，为我国经济的持续快速增长和国防现代化建设提供了重要支撑，做出了卓越贡献。当前，新一轮科技革命和产业变革深入发展，中国经济已进入高质量发展新时代，中国钢铁工业也进入了高质量发展的新时代。

　　高质量发展关键在科技创新，科技创新离不开高素质人才。党的二十大报告指出："教育、科技、人才是全面建设社会主义现代化国家的基础性、战略性支撑。必须坚持科技是第一生产力、人才是第一资源、创新是第一动力，深入实施科教兴国战略、人才强国战略、创新驱动发展战略，开辟发展新领域新赛道，不断塑造发展新动能新优势。"加强人才队伍建设，培养和造就一大批高素质、高水平人才是钢铁行业未来发展的一项重要任务。

　　随着社会的发展和时代的进步，钢铁技术创新和产业变革的步伐也一直在加速，不断推出的新产品、新技术、新流程、新业态已经彻底改变了钢铁业的面貌。钢铁行业必须加强对科技进步、教育发展及人才成长的趋势研判、规律认识和需求把握，深化人才培养体制机制改革，进一步完善相应的条件支撑，持续增强"第一资源"的保障能力。中国钢铁工业协会《"十四五"钢铁行业人力资源规划指导意见》提出，要重视创新型、复合型人才培养，重视企业家培养，重视钢铁上下游复合型人才培养。同时要科学管理，丰富绩效体系，进一步优化人才成长环境，造就一支能够支撑未来钢铁行业高质量发展的人才队伍。

高素质人才来源于高水平的教育和培训，并在丰富多彩的创新实践中历练成长。以科技创新为第一动力的发展模式，需要科技人才保持知识的更新频率，站在钢铁发展新前沿去思考未来，系统性地将基础理论学习和应用实践学习体系相结合。要深入推进职普融通、产教融合、科教融汇，建立高等教育+职业教育+继续教育和培训一体化行业人才培养体制机制，及时把钢铁科技创新成果转化为钢铁从业人员的知识和技能。

一流的专业教材是高水平教育培训的基础，做好专业知识的传承传播是当代中国钢铁人的使命。20 世纪 80 年代，冶金工业出版社在原冶金工业部的领导支持下，组织出版了一批优秀的专业教材和工具书，代表了当时冶金科技的水平，形成了比较完备的知识体系，成为一个时代的经典。但是由于多方面的原因，这些专业教材和工具书没能及时修订，导致内容陈旧，跟不上新时代的要求。反映钢铁科技最新进展和教育教学最新要求的新经典教材的缺失，已经成为当前钢铁专业人才培养最明显的短板和痛点。

为总结、提炼、传播最新冶金科技成果，完成行业知识传承传播的历史任务，推动钢铁强国、教育强国、人才强国建设，中国钢铁工业协会、中国金属学会、冶金工业出版社于 2022 年 7 月发起了"冶金专业教材和工具书经典传承国际传播工程"（简称"经典工程"），组织相关高校、钢铁企业、科研单位参加，计划用 5 年左右时间，分批次完成约 300 种教材和工具书的修订再版和新编，以及部分教材和工具书的对外翻译出版工作。2022 年 11 月 15 日在东北大学召开了工程启动会，率先启动了高等教育和职业教育教材部分工作。

"经典工程"得到了东北大学、北京科技大学、河北工业职业技术大学、山东工业职业学院等高校，中国宝武钢铁集团有限公司、鞍钢集团有限公司、首钢集团有限公司、河钢集团有限公司、江苏沙钢集团有限公司、中信泰富特钢集团股份有限公司、湖南钢铁集团有限公司、包头钢铁（集团）有限责任公司、安阳钢铁集团有限责任公司、中国五矿集团公司、北京建龙重工集团有限公司、福建省三钢（集团）有限责任公司、陕西钢铁集团有限公司、酒泉钢铁（集团）有限责任公司、中冶赛迪集团有限公司、连平县昕隆实业有限公司等单位的大力支持和资助。在各冶金院校和相关钢铁企业积极参与支持下，工程相关工作正在稳步推进。

征程万里，重任千钧。做好专业科技图书的传承传播，正是钢铁行业落实习近平总书记给北京科技大学老教授回信的重要指示精神，培养更多钢筋铁骨高素质人才，铸就科技强国、制造强国钢铁脊梁的一项重要举措，既是我国钢铁产业国际化发展的内在要求，也有助于我国国际传播能力建设、打造文化软实力。

让我们以党的二十大精神为指引，以党的二十大精神为强大动力，善始善终，慎终如始，做好工程相关工作，完成行业知识传承传播的使命任务，支撑中国钢铁工业高质量发展，为世界钢铁工业发展做出应有的贡献。

中国钢铁工业协会党委书记、执行会长

2023 年 11 月

前　言

在诸多钢铁材料中，不锈钢作为一种具有抗腐蚀、易加工、外形美观、寿命长、可循环利用等优点的结构和功能性材料，已赢得各方青睐，在经济和社会生活各领域得到日益广泛的应用，并在制造业高质量发展与绿色低碳发展中发挥重要作用。

不锈钢抗腐蚀性能的不断提高离不开不锈钢新材料的研发与生产工艺的进步。伴随铁-铬-镍三元合金冶金学的发展，马氏体、铁素体、奥氏体、双相和沉淀硬化不锈钢相继诞生，构成的钢种体系延续至今；由高温脱碳保铬理论催生出的氩氧脱碳法（AOD）、真空脱氧脱碳法（VOD）等炉外精炼技术，提高了超低碳氮控制能力，为现代不锈钢的发展提供了土壤；连铸—连轧等工艺的革新和进步，提高了不锈钢生产效率，降低了镍资源与不锈钢生产成本，使得更多质优价廉美观的不锈钢产品走进千家万户。

我国不锈钢产业近20年来取得了飞速发展，生产装备水平跃居世界前列，不锈钢粗钢年产量也居全球前列。我国不锈钢粗钢产量、表观消费量分别从2000年的173万吨、60万吨上升至2022年的3198万吨、2757万吨，全球占比均超过50%。2023年，粗钢产量为3667.59万吨，全球占比64%以上，创历史新高。

不锈钢生产工艺不断进步，技术与装备已向着大型化、专业化、自动化、数字化与智能化方向发展，这对培养高等院校冶金材料类人才提出了更新、更高的要求。以往教材介绍不锈钢相关内容只限于一节或一章，目前国内专门系统阐述不锈钢生产的专业教材相对较少。由于不锈钢与普通碳钢生产过程差异较大，非常有必要编写出版一部系统介绍不锈钢生产全流程工艺的教材，为高校相关专业人才培养及时提供适用、实用教材，为此作者特编撰本书。

作者以国务院颁布的《国家职业教育改革实施方案》提出的"三教"改革为指导，结合不锈钢产业发展对人才培养的需求与教学要求编写本书。本书具有以下几个特点：

一是本书遵循教育部有关教材改革产教融合、校企合作的要求组建本教材编委会，作者中既有来自不锈钢教学一线的高校教师，也有来自从事不锈钢材料研发的科研院所研究人员，还有来自不锈钢生产企业与教材编写的一线专家。作者分工协作、深度合作，充分结合目前不锈钢生产实际操作，编入了我国主要不锈钢生产企业如宝武太钢集团、青拓集团等的生产流程、主要设备与重点产品等。从不锈钢钢种的梳理，到新工艺新技术新设备展示；从不锈钢生产流程，到不锈钢产品加工与应用；从文字、彩图的描述，到生产现场视频的演示，无不体现出本教材的特色，以期为我国不锈钢产业与企业培养出高素质实践型、应用型人才。

二是遵循为谁培养人、培养什么人的教育指引，本书编入了近年来我国不锈钢领域劳动模范、大国工匠、优秀科研工作者等的案例事迹，以"知识拓展"等形式展示，大力弘扬劳模精神、劳动精神、工匠精神，将课程思政教育潜移默化于教材中，培养在校学生与新入职职工尊重劳动的观念、崇尚劳模的理念、立志成为劳模的态度。

三是本书以"实用为主，够用为度"为编写原则，内容与时俱进、可操作性强。没有复杂的理论和繁琐的公式，重在基本概念的掌握与上岗实操能力和解决问题能力的培养。以现代不锈钢冷轧带钢生产工艺为主线，介绍了关键装备、生产工艺、产品应用等，利于职业院校相关专业师生系统掌握不锈钢生产工艺与配套产品生产技术。

四是本书拥有丰富的数字化教学资源，加入了目前主要不锈钢生产企业生产工艺流程视频，每个模块配有微课，方便学生更直观更形象地了解学习不锈钢生产流程，提高学习效率。

五是本书在编撰上注意基本概念清晰，易于阅读。为使刚接触不锈钢概念的在校学生、企业新入职员工打好基础，本书特别加强了对不锈钢基础知识、工艺名称与内涵、设备名称与作用等知识的解读。

本书作为职业院校专业课教材，可让学生系统全面地掌握不锈钢生产相关知识和主要生产设备与工艺，从而尽快就业上岗；作为不锈钢生产企业新员工培训教材，可让新员工或管理人员迅速掌握知识，上岗生产或从事企业管理。

山东省不锈钢行业协会秘书长王大中、河南中金裕达不锈钢制品有限公司总经理姚绍军和维格斯（上海）流体技术有限公司、浙江正康实业股份有限公司、山东尧程科技股份有限公司等的教师与专家对本书编写给予了极大的关注、支持与帮助，在此表示衷心的感谢！

　　本书采用了丰涵、张卫、李建民、翟海平（江苏星火特钢集团）、何国胜、张金梁、李旭初、广东辉得利不锈钢有限公司等人员和单位提供的图表，同时参考了部分同行相关资料，在此一并表示感谢！

　　由于编者水平所限，书中不妥之处，敬请广大读者批评指正。

作　者

2024 年 8 月

目　　录

模块 1 走进不锈钢

走进不锈钢

【模块背景】

不锈钢真的不会生锈吗，为什么不锈钢比普通碳钢更耐腐蚀？从人们身边的厨房餐具，到 SPACE X 火箭，为什么都会用到不锈钢？为什么有的不锈钢有磁性，有的没有磁性？大家常说的 200 系、300 系、400 系不锈钢是按照什么规则划分的？通过本模块的学习，大家将建立起对不锈钢材料的整体和基本的认识。

【学习目标】

知识目标	1. 掌握不锈钢的定义和原理；
	2. 掌握不锈钢的分类方法、主要种类和特点；
	3. 掌握不锈钢的主要腐蚀形式；
	4. 了解不锈钢的主要生产工艺；
	5. 了解不锈钢的表示方法、钢号和表面加工等级；
	6. 熟悉不锈钢的力学性能、物理性能和化学性能；
	7. 了解不锈钢的发展史和在国民经济中的作用。
技能目标	1. 能识别重要不锈钢牌号的种类；
	2. 能分析不锈钢与普通碳钢的性能特点；
	3. 会描述不锈钢的主要腐蚀形式和特点；
	4. 能描述不锈钢的主要生产工艺过程；
	5. 能讲述不锈钢的发展历程。
价值目标	1. 回顾我国不锈钢产业的快速发展，纵观辉煌过去、清晰客观现状、把握长远未来，培养爱国情怀，增强民族自豪感，坚定"四个自信"；
	2. 了解科技前沿成果，激发利用专业知识建设祖国的热情与动力；
	3. 培养专业认同感，树立法治意识、安全意识和职业道德规范；
	4. 学习学科著名专家及工匠的奋斗事迹，打造探索创新、精益求精、坚持不懈的劳动精神与工匠精神；
	5. 以笃定的爱国热情投身祖国建设，把个人成才梦、行业振兴梦共同融入中国发展梦。

【课程思政】

"手撕钢"——书写中国不锈钢技术创新新篇章

"宽幅超薄精密不锈带钢箔材"又被称为"手撕钢"，它的厚度仅约 0.02 mm，是不锈钢乃至钢铁产业中的尖端材料。多年来，"手撕钢"的生产工艺和核心技术一直被欧美等国家所掌握，且进口成本极为昂贵，这就导致我国在发展高端尖端产业上面临极大的困难。

面对这一尖端技术难题和国外技术垄断，中国人非但没有退缩，反而迎难而上、破卡突围。2016 年，山西太钢王天翔牵头，联合相关高校和行业企业专家一起组成了"手撕钢"研发团队。经过两年多的不懈努力，在 2018 年初，王天翔和他的团队将钢材从 0.5 mm 逐渐减薄至 0.02 mm，这一过程堪比将面团擀成薄饼，但难度却大得多。一根擀面杖能够轻易地擀薄面团，而"擀薄"不锈钢钢材至少需要 20 副轧辊的精密配合，需要在上万种轧辊配比中探索出最佳方案。在 0.02 mm"手撕钢"的基础上，他们继续向 0.015 mm 发起冲击。这一厚度的钢材在轧制过程中，轧辊几乎无法"感受"到钢材的存在。经过探索和努力，团队于 2020 年成功实现了 0.015 mm 不锈钢箔材的量产，成为全球唯一能够批量生产这种规格产品的企业。

1.1 不锈钢的定义与耐腐蚀机理

1.1.1 不锈钢的定义

在材料和冶金学科中，通常将不锈钢（Stainless Steel）定义为：铬元素（Cr）质量分数≥10.5%，碳元素（C）质量分数≤1.2%，且具有耐腐蚀、难生锈、物化性能良好等特征的铁基合金。不锈钢以其优异的耐蚀性、高温稳定性、高强度、抗菌性、成型性、力学性能等综合特点，在人们日常生活中的家电、餐具、生活用品，以及制造业中的食品加工设备、医疗器械、制药设备、化工容器、石油石化、建筑装饰、航空航天、机械电力、电气设备、汽车交通、能源环保、造船、海洋设备、公共设施等领域得到广泛的应用。如在人们生活方面，由于不锈钢耐蚀性、抗菌性，可以用于制作各种不锈钢碗盘锅铲、不锈钢刀具等餐具，不锈钢饮用水管、水槽、洗浴喷头、不锈钢软管等生活用品，以及滚筒洗衣机、微波炉内衬家电产品等；在食品加工方面，不锈钢可以制作食品、酒类、奶制品等加工与食品储存设备等；在医疗器械方面，不锈钢可应用于制造手术器械、医用针管、人工骨等；在化工行业，不锈钢用于制造耐蚀的化工容器；在航空航天行业，不锈钢以其高温稳定性、高硬度特点，被用于制造航空发动机部件、航天器结构等；在石油石化行业，不锈钢可以用于制造油气输送管、贮存容器等；在能源行业，不锈钢可以制造核电设备、太阳能发电设备等；在海工设备行业，不锈钢可以制作海洋油气钻探平台等；在造船行业，不锈钢可以制作液化天然气（LNG）运输船、船舶集装箱等；在建筑行业，由于不锈钢的耐蚀与外观质感，不锈钢作为建筑外立面包覆、屋顶等美观装饰材料，不锈钢管、板材、螺丝等可用于生产建筑的扶手、门窗配件、不锈钢家具，以及制造民用住宅直饮水管道与二次供水系统设备等；在土木结构方面，不锈钢结构型材可以建造耐蚀的钢结构建筑，在特殊环境下不锈钢钢筋可作为一般建筑砌体支撑等；在公路与公共设施方面，不锈钢可用于制造公路防撞护栏，路灯灯柱、广场旗杆等；在汽车制造方面，不锈钢可用于制造汽车排气系统、装饰、格栅、摩托车轮毂、轮帽、雨刷和公共汽车车身等。此外，不锈钢在铁路、加热元件等领域都有所应用。

在不锈钢选材时，设计者要根据不同种类不锈钢的耐蚀性、高（低）温耐蚀性、力学性能与经济性选择适用于不同的环境和产品的不锈钢钢种。

实际上，"不锈钢"这个词包括了数百种工业不锈钢的钢种牌号，每种不锈钢钢种往往有其适用的特定领域。根据应用环境与场景的区别，可将不锈钢粗略划分如下。

（1）普通不锈钢：在普通环境、潮湿环境（蒸汽等）以及弱腐蚀介质中，具有化学稳定性（耐腐蚀、不易生锈等）的钢种，如 12Cr18Ni9（相当于美国 UNS S30200）、0Cr18Ni9（相当于美国 UNS S30400）、022Cr19Ni10（相当于美国 UNS S30403）等。

（2）不锈耐蚀钢：在酸、碱和盐等强腐蚀介质中，具有化学稳定性的钢种，如 022Cr17Ni12Mo2（相当于美国 UNS S31603）、015Cr21Ni26Mo5Cu2（相当于美国 UNS N08904）、022Cr22Ni5Mo3N（相当于美国 UNS S32205）等。

（3）不锈耐热钢：在高温环境下具有良好的化学稳定性，以及较高的高温强度的钢种，可作为电站高温承压部件如水冷壁、过热器、蒸汽管道等的材料，代表性牌号有 12Cr2MoWVTiB（又称为 G102 钢）、10Cr9Mo1VNbN、10Cr9MoW2VNbBN、07Cr19Ni10（相当于美国 UNS S30409）、07Cr25Ni21NbN（对应美标牌号 TP310HCbN）、07Cr18Ni11Nb（相当于美国 UNS S34709）。

普通不锈钢、不锈耐蚀钢和不锈耐热钢在耐蚀性上的差异，主要由于其各自的化学成分不同所导致。一般而言，普通不锈钢的合金化程度相对较低，一般只在普通环境中具有化学稳定性，在强腐蚀介质中化学稳定性较弱；而不锈耐酸钢的合金化程度相对较高，同时具备了耐酸和不锈的特性。

1.1.2 不锈钢的耐腐蚀原理

1.1.2.1 铁的生锈

铁的生锈是指铁与氧接触后发生化学反应，由铁单质变成了含 Fe^{2+} 和 Fe^{3+} 的铁氧化物，生成的铁氧化物在钢铁表面非常疏松且容易剥落，最终对材料性能造成不利影响。从热力学角度来看，铁的生锈实质上是一个"自发"的过程，这是因为自然界中的铁通常是稳定存在于磁铁矿（Fe_3O_4）、褐铁矿（$Fe_2O_3 \cdot xH_2O$）等化合物中，而人们使用冶金技术手段将铁化合物还原为化学性质活泼的铁单质，这实际上是将铁从"稳定状态"的化合物变成了"不稳定状态"的单质，因此铁单质具有与氧结合成为稳定态铁氧化物的动力。

早期人们为了防止钢铁材料生锈，通常通过在材料表面进行涂漆或电镀等手段以防止氧与钢铁材料相接触，这在一定程度上减缓了生锈的速率。然而，当涂漆层或电镀层遭到破坏或发生脱落，氧仍要与铁发生接触，进而使生锈继续发生，如从大型桥梁、轮船到人们日常生活常见的结构件等，腐蚀一旦发生会使材料失去使用功能，给社会经济带来巨大损失，如图 1-1 所示。

图 1-1　常见金属材料被腐蚀后造成的危害

1.1.2.2　富铬氧化物膜（钝化膜）

当钢中的铬含量 ≥ 10.5% 时，铬元素会在钢材表面形成一层极薄（约 3×10^{-6} mm）、无色、透明、光滑且致密的富铬氧化物膜（钝化膜），阻止了氧和钢材的直接接触，从而防止钢材生锈，如图 1-2 所示。钝化膜的主要成分为铁氧化物、铬氧化物以及镍氧化物。由于钝化膜极薄，透过钝化膜可以看到钢表面的自然光泽。钝化膜难以被腐蚀介质击穿，且一旦遭到破坏立即又可形成新的钝化膜，从而保护钢材基体不被腐蚀。总而言之，不锈钢具有良好化学稳定性且耐腐蚀的根本原因在于钢中含有铬等合金元素。

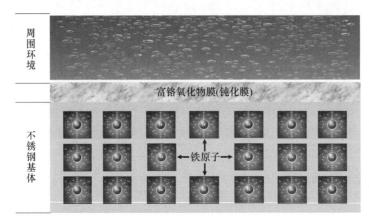

图 1-2　不锈钢表面钝化膜

不锈钢钝化膜具有高稳定性、成分多样性、晶态结构转变以及自我修复能力等特点，这些特点共同赋予了不锈钢优异的耐腐蚀性能，这也是不锈钢在众多领域中得到广泛应用的重要原因之一。

（1）连续性和稳定性：钝化膜在不锈钢表面形成一层连续且稳定的保护膜，这层膜能够抵抗外部腐蚀介质的侵蚀。即使在某些情况下钝化膜遭到破坏，不锈钢仍然能够通过自我修复机制重新形成钝化膜，继续起到保护作用。

（2）成分多样性：钝化膜的成分并不是单一的，而是由多种金属氧化物组成的复合氧化物。例如，在 0Cr19Ni9（304）不锈钢中，钝化膜的主要成分包括铬、镍和铁的氧化物。这些不同的金属氧化物赋予了钝化膜独特的物化性质和结构特征，从而增强了其耐腐蚀性能。

（3）晶态结构的转变：随着不锈钢中铬含量的增加，钝化膜的晶态结构会发生变化。从普通晶态膜逐渐转变为不完整晶态膜、非晶态膜，最终形成完全非晶态膜。非晶态膜以其更均匀的结构特征以及缺陷少等优势，使铬元素更容易富集在其中，从而提高了不锈钢的强度和耐腐蚀性。这也是为什么许多耐强腐蚀、耐强氧化的不锈钢钢种会提高铬含量（质量分数）至 15% 以上的原因。

（4）自我修复能力：当不锈钢表面的钝化膜受到损伤时，它具有一定的自我修复能力。通过重新形成氧化物来填补损伤部位，从而恢复其连续的保护层。这种自我修复机制使得不锈钢在遭受局部损伤时仍能保持良好的耐腐蚀性。

（5）高耐蚀性：由于钝化膜的存在，不锈钢在许多腐蚀环境中表现出高耐蚀性。这层膜能够有效地阻挡腐蚀介质与不锈钢基体的直接接触，从而延缓或阻止腐蚀过程的发生。

总的来说，铬是使不锈钢具备耐腐蚀和不易生锈特性的关键元素，其含量直接决定了以上特性的大小。因此，没有铬就没有不锈钢，不存在所谓的"无铬不锈钢"。

【知识拓展】

不锈钢与耐候钢的区别

虽然不锈钢和耐候钢都是具有抵抗环境腐蚀能力的金属材料，但两者有着如下区别。

一是，化学成分的区别：不锈钢是在铁基上添加了超过10.5%的铬元素的合金钢，而耐候钢则是在铁基材料基础上加入了少量铜、镍等抗腐蚀元素的低合金钢。

二是，耐蚀机理的区别：不锈钢由于含有较高的铬元素，材料表面能够形成一层致密的氧化膜，从而防止材料进一步的氧化反应。这种氧化膜能够保护不锈钢不受腐蚀和氧化的侵蚀，从而使得不锈钢在多个工业领域得到广泛应用。而耐候钢是经过相关合金元素的添加与特殊热处理，使其表面形成一层致密的钝化层，从而防止材料进一步出现氧化反应，保护材料不受氧化，使材料具有腐蚀能力，防止材料损伤，从而使这种材料制造的产品具有长期的使用寿命，尤其在面对气候变化时能够表现出更好的抵抗力。

三是，应用场合的区别：不锈钢具有良好的耐用、耐腐蚀性和加工性能，广泛应用于食品加工、医疗器械、化学工业等领域；而耐候钢不仅具有优异的耐蚀性，还具有很好的耐候性、韧性、延展性、成型性、可开焊性、耐磨性、耐高温性与抗疲劳性等优点，使其适用于户外尤其是海上场景，如制造各种重载机械设备、船舶和桥梁等结构件。

不锈钢和耐蚀钢的区别

不锈钢和耐蚀钢有以下几点区别。

一是，化学成分的区别：不锈钢添加的主要合金元素通常是铬（Cr）、镍（Ni）和钼（Mo），且铬的含量大于等于10.5%；而耐蚀钢除了含有铬（Cr）、镍（Ni）和钼（Mo）元素外，还含有铌（Nb）、钨（W）等元素，且铬的含量通常超过12%。

二是，耐蚀性的区别：虽然不锈钢与耐蚀钢都具有抗腐蚀性能，但相比于不锈钢，耐蚀钢则有更强的耐蚀性，可以更好地适应极端腐蚀环境，如强酸、强碱等强腐蚀环境。

三是，使用环境与应用场景的区别：由于不锈钢和耐蚀钢的成分和性能有所不同，所以在具体的使用时，需要根据材料的物理特性和使用环境来选择合适经济适用的耐蚀材料，如不锈钢不应与含有氯离子的溶液接触，而耐蚀钢应避免与温度超过100℃的酸性介质接触等。不锈钢适用于一般性的耐腐蚀环境，而耐蚀钢则更适合在极端腐蚀条件下使用。

由此可见，不锈钢和耐蚀钢都属于不锈钢，耐蚀钢是一类特殊的不锈钢，比一般不锈钢更抗腐蚀。

1.2 不锈钢的种类

常用的不锈钢分类方法有三种：（1）根据主要化学成分（特征元素）分类；（2）根

据组织结构分类；（3）根据化学成分和组织结构相结合分类，如图 1-3 所示。

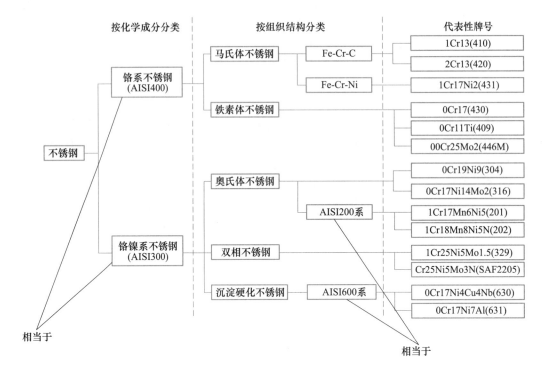

图 1-3 不锈钢的种类

1.2.1 根据化学成分分类

化学成分分类主要分为铬系不锈钢和铬镍系不锈钢两大类，再根据具体的合金成分和特性可以进一步细分为铬镍钼不锈钢、超低碳不锈钢、高钼不锈钢、高纯不锈钢等。

（1）铬系不锈钢：也称为铁素体不锈钢，不锈钢中除 Fe 以外，主要的合金元素是 Cr，如 12Cr13 和 10Cr15，相当于美国的 AISI 400 系列（美国钢铁学会标准），对应美标牌号分别为 S41000 和 S42900。

（2）铬镍系不锈钢：不锈钢中除 Fe 以外，主要的合金元素是 Cr 和 Ni，如 06Cr18Ni11Ti 相当于美国的 AISI 300 系列，即 UNS S32100。在国内，通常被称为 301 不锈钢、304 不锈钢、316 不锈钢等。

1.2.2 根据组织结构分类

不锈钢是一种特殊的合金钢，其组织结构是决定其物化性能的关键因素之一。这种组织结构通常通过晶体结构和显微组织来表征。晶体结构系指材料晶体的微观构造，钢铁材料中常见的晶体结构有体心立方和面心立方两类。显微组织则是在显微镜下观察到的材料的组织。不锈钢按组织结构可分为铁素体不锈钢、马氏体不锈钢、奥氏体不锈钢、双相（奥氏体+铁素体）不锈钢和沉淀硬化不锈钢 5 类。

1.2.2.1　铁素体不锈钢（F）

铁素体是碳元素（C）溶解在 α-Fe 中的间隙固溶体，常用符号 F（Ferrite 的首字母）或 α（主要用在相图中）表示，在高温和常温下的基本晶体结构为体心立方。铁素体不锈钢（Ferritic Stainless Steel，FSS）具体是指在使用状态具有完全铁素体或以铁素体为主体的组织，铁素体不锈钢的显微组织，如图 1-4 所示。

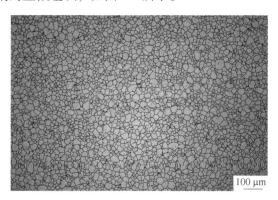

图 1-4　铁素体不锈钢的显微组织

形成铁素体不锈钢的主要元素为 Cr、Mo、Si、Al、W、Ti、Nb 等，铁素体不锈钢的代表性工业牌号（质量分数）主要为碳含量小于 0.08%、铬含量大于 17% 的 10Cr17（相当于美国 430 系列，UNS S43000）铁铬不锈钢。

在世界不锈钢总产量中，铁素体不锈钢的产量仅次于奥氏体不锈钢。铁素体不锈钢按铬含量可以分为低铬铁素体不锈钢、中铬铁素体不锈钢、中高铬铁素体不锈钢和高铬铁素体不锈钢四类；按碳、氮含量可以分为一般纯度铁素体不锈钢、中等纯度铁素体不锈钢和高纯铁素体不锈钢三大类；按合金元素构成可以分为铬系铁素体不锈钢和铬钼系铁素体不锈钢两大类；按发展历程可以分为传统铁素体不锈钢和现代铁素体不锈钢两大类。铁素体不锈钢的优点如下。

（1）卓越的耐腐蚀性和抗氧化性：铁素体不锈钢含有较高的铬元素，这使得它在各种环境中，特别是在面对大气、氯化物、硝酸及盐水溶液等腐蚀介质时，都能表现出出色的耐蚀性。随着铬含量的增加，其耐蚀性也会进一步提升。

（2）出色的热学性能：铁素体不锈钢的导热系数高，这使其在需要高效热交换的场合中表现优异。同时，其热膨胀系数较小，使得它在热胀冷缩及热循环的条件下也能保持稳定，减少因温度变化造成的形变。

（3）磁性特性：铁素体不锈钢具有磁性，这一特性使其在需要耐蚀软磁材料的场合，如电磁阀、电磁锅等中得到了广泛应用。

（4）优良的加工性能：与某些其他类型的不锈钢相比，铁素体不锈钢在冷加工过程中表现出较低的硬化倾向，这使得它更易于进行各种加工操作。

（5）经济实惠：铁素体不锈钢通常不含镍或仅含少量镍，这使得其成本和价格相对较低，成为不锈钢家族中一种主要的节镍选择。

然而，传统铁素体不锈钢同样存在高温脆性区、脆性转变温度高，常温下韧性低和对晶间腐蚀较敏感等缺点，导致高温下机械性能差、难以焊接等。因此，综合考虑该钢种的优缺点，在选择普通用途（常温、弱腐蚀性介质、抗氧化为主等）的不锈钢时，以铁素体不锈钢为首选。

对于传统铁素体不锈钢存在的问题，主要通过降低钢中间隙元素含量、细化晶粒、加入稳定化元素（钛、铌等）及优化生产工艺等措施来进行改善。现代铁素体不锈钢的产生，就是采取上述措施后所获得的可喜进展。

1.2.2.2　马氏体不锈钢（M）

早在 19 世纪 80 年代，德国冶金学家马腾斯（A. Martens）在中、高碳钢中发现了一种高温下为奥氏体，经快冷后，得到一种使钢变硬、增强的组织结构，为了纪念发现者而将这种组织结构命名为马氏体（Martensite）。

马氏体是奥氏体转变而来的相变产物。马氏体不锈钢（Martensite Stainless Steel，MSS）具有磁性，其特殊之处在于自身的组织结构能够通过热处理工艺（淬火、回火）来进行调整。形成马氏体不锈钢的必备条件是：一是在平衡相图中必须存在奥氏体相区；二是铬含量需在 10.5% 以上，使合金形成耐腐蚀的钝化膜。

根据钢材的成分特点，马氏体不锈钢可进一步细分为马氏体铬系不锈钢（Fe-Cr-C）和马氏体铬镍系不锈钢（Fe-Cr-Ni）。Fe-Cr-C 马氏体不锈钢的显微组织，如图 1-5 所示。马氏体铬系不锈钢（Fe-Cr-C）根据碳含量（质量分数）可进一步细分为低碳（$w(C) \leq 0.15\%$）、中碳（$w(C)$：$0.16\% \sim 0.40\%$）和高碳（$w(C) > 0.40\%$）三种，碳是马氏体铬不锈钢中不可或缺的重要合金元素，其晶体结构为体心四方（具有长方度的体心立方）。马氏体铬镍不锈钢（Fe-Cr-Ni）除了 1Cr17Ni2（431 系列）以外，碳含量较低（$w(C) \leq 0.08\%$），铬含量约 13% ~ 16%，晶体结构为体心立方。

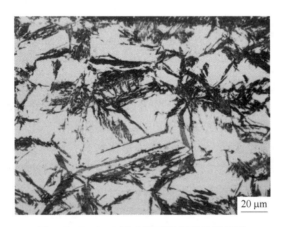

图 1-5　Fe-Cr-C 马氏体不锈钢的显微组织

在 20 世纪 60 年代以前，马氏体铬系不锈钢基本上是以碳和铬为主要合金元素。当铬含量一定时，碳含量越高，钢的强度、硬度和耐磨性就越高，而耐蚀性、不锈性则降低。因此，尽管此类钢具有高强度和高硬度，但是存在塑、韧性差，焊接不良等缺陷，严重限制了其应用。为了克服传统马氏体铬不锈钢的不足，自 20 世纪 60 年代以来，马氏体铬镍系不锈钢以镍逐渐代替了碳，并在钢中进一步加入了钼、铜、钨、铌、钒等元素从而进一步合金化，形成了新的马氏体铬镍系不锈钢。这类钢既保留了传统马氏体铬系不锈钢的高强度和高硬度，又具有良好的韧性、耐蚀性和焊接性，可用于制造发动机零部件、耐压容器、燃料容器、刀具、涡轮叶片或易切钢等。在此基础上，通过合金化逐渐开发出碳含量极低、镍含量高且含钼、铜的超级马氏体不锈钢，具有强度高、韧性好、能焊接等诸多优点，如 14Cr17Ni2（UNS S43100）、17Cr16Ni2（UNS S43100）低碳马氏体铬镍系不锈钢；0Cr13Ni5Mo、04Cr13Ni5Mo（UNS S41500）、0Cr16Ni5Mo 超低碳铬镍系马氏体不锈钢。

马氏体铬系不锈钢由于含碳量较高，在强度、硬度和耐磨性等方面效果良好，但耐蚀性、成型性和焊接性则相对较差，主要用于制造对力学性能要求高、耐蚀性能要求一般的零配件，如弹簧、汽轮机叶片、紧固件、轴承、阀件、活门、水压机阀等，主要常用牌号有 12Cr13（UNS S41000）、20Cr13（UNS S42000）、1Cr13（UNS S42000）等，如图 1-6 所示。马氏体铬镍系不锈钢是在马氏体铬系不锈钢的基础上改进得来，除具有原先马氏体铬系不锈钢的优点外，同时具备韧性好、耐蚀性强和焊接性好等特点，其中，0Cr13Ni5Mo 钢已成功用于油气田管线及三峡水电工程中的涡轮材料。

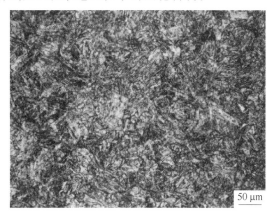

图 1-6　2Cr13 马氏体金相组织

1.2.2.3　奥氏体不锈钢（A）

奥氏体的名称来自英国的冶金学家罗伯茨·奥斯汀（William Chandler Roberts-Austen）。奥氏体（Austenite）是一种具有层片状微观结构的钢铁材料，其特征是基体为 γ-Fe，且其中溶解了少量的碳，无磁性。

奥氏体不锈钢（Austenitic Stainless Steel，ASS）在常温下的基体组织为奥氏体组织，是唯一不具有磁性的不锈钢钢种（其他类型的不锈钢种均具有磁性）。该类不锈钢是现有牌号最多、品种最全、产量最大、应用范围最广的一类不锈钢。目前，奥氏体不锈钢产量约占不锈钢总产量的 70%。向铁素体不锈钢中加入适量具有奥氏体形成能力的镍元素（Ni），便会得到奥氏体铬镍系不锈钢；通过加入锰和氮形成奥氏体基体，并含有适量镍的一类奥氏体不锈钢多被称为铬锰系奥氏体不锈钢。在室温和高温下，奥氏体不锈钢的晶体结构为面心立方。022Cr18Ni14Mo3（旧牌号：00Cr18Ni14Mo3）冷变形奥氏体的显微组织，如图 1-7 所示。

图 1-7　00Cr18Ni14Mo3 冷变形奥氏体不锈钢的显微组织

　　奥氏体不锈钢通常采用固溶处理，将钢材加热至 1100 ℃左右，再利用水冷、风冷降温，从而形成单相奥氏体组织。1912 年，德国发明了最早的奥氏体不锈钢并用于制碱和生产合成氨，主要成分（质量分数）为 20% 铬、7% 镍，然而受到冶炼技术水平的限制，其碳含量较高，容易与铬形成碳化物，使铬受到损失进而降低耐蚀性。为了避免上述情况，向其中加入 Ti、Nb、Mo、Cu、Si 等合金元素进一步稳定奥氏体不锈钢，从而派生出适用于各类腐蚀环境的不同钢种。需要指出的是，无磁性、良好的低温性能、塑性、韧性、耐腐蚀性、易成型性和焊接性是奥氏体不锈钢的重要特性，在很宽的浓度、温度范围内，耐蚀性均较为优良。奥氏体不锈钢可进一步分为：Cr-Ni 系奥氏体不锈钢（铬含量 ≥ 17%，镍含量为 8% ~ 30%，如 1Cr18Ni12 等，简称 18-8 型）、Cr-Ni-Mo 系奥氏体不锈钢（如 06Cr17Ni12Mo2，对应美标 UNS S31600）、超级奥氏体不锈钢、Cr-Mn-Ni-N 系奥氏体不锈钢。奥氏体不锈钢牌号演变过程，如图 1-8 所示。

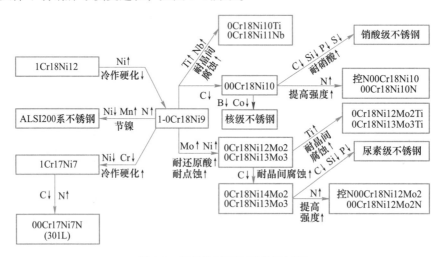

图 1-8　奥氏体不锈钢的发展历程

　　为便于清晰地了解不锈钢的组织结构，表 1-1 对低碳钢、铁素体不锈钢、马氏体不锈钢和奥氏体不锈钢的组织结构进行了整合与比较。

表 1-1　低碳钢和铁素体不锈钢、奥氏体不锈钢和马氏体不锈钢组织结构的对比

铁 (低碳钢)	Fe(Fe-C 合金)	<911 ℃	911~1392 ℃	1392~1536 ℃
	晶体结构	体心立方	面心立方	体心立方
	组织	α-Fe（铁素体）	γ-Fe（奥氏体）	δ-Fe（δ铁素体）
不锈钢	铁素体不锈钢	Fe-Cr	从室温到高温	
		晶体结构	体心立方	
		组织	铁素体：合金元素（和 C）在 α-Fe 和 δ-Fe 中形成的固溶体	
	奥氏体不锈钢	Fe-Cr-Ni	从室温到高温	
		晶体结构	面心立方	
		组织	奥氏体：合金元素（和 C）在 γ-Fe 中形成的固溶体	
	马氏体不锈钢	Fe-Cr-C	高温下	室温下
		晶体结构	面心立方	体心四方
		组织	奥氏体	马氏体
		Fe-Cr-Ni	高温下	室温下
		晶体结构	面心立方	体心立方
		组织	奥氏体	马氏体

1.2.2.4　双相不锈钢（F+A）

双相不锈钢（Duplex Stainless Steel，DSS）由奥氏体（A）和铁素体（F）的组织构成（各占约 50%，一般较少相的含量也不低于 30%），将形成铁素体不锈钢的合金元素和形成奥氏体不锈钢的合金元素在钢内进行合理分配，便可得到双相不锈钢，其比例可以通过合金成分控制和热处理工艺进行调整。由于双相不锈钢同时含有奥氏体相和铁素体相，通过控制化学成分和热处理工艺，可以有效地将奥氏体不锈钢所具有的优良韧性、焊接性与铁素体不锈钢所具有的高强度、耐蚀性相结合，代表性牌号有 022Cr23Ni2N（UNS S32202）、022Cr22Ni5Mo3N（UNS S31803）、022Cr25Ni7Mo4N（UNS S32750）。图 1-9 所示为双相不锈钢的显微组织结构。

1935 年，法国获得了世界上第一个双相不锈钢专利，经过多年发展，特超级双相不锈钢和经济型双相不锈钢成为不锈钢的重要发展方向。中国双相不锈钢的年产量从 2005 年的 828 t 增长至 2023 年的 393381 t，19 年间增长 475 倍，占不锈钢总产量的比重由 0.03% 提升至 1.07%。双相不锈钢可应用于化工领域的压力容器、高压储罐、高压管道、热交换器，能源天然气领域的输送管道、热交换器，造纸领域的漂白设备、贮存处理系统、污水处理系统，轮船或卡车的货物箱，食品加工设备，以及强腐蚀环境下的轴、辊、叶片、叶轮等。

双相不锈钢按其化学成分可分为四类。

（1）低合金型，我国对应的牌号为 022Cr23Ni2N，相当于美国的 UNS S32304、德国的 W-N1.4362。这类钢中不含钼，铬与镍的含量相对较低，开发之初是为了替代 304L 和

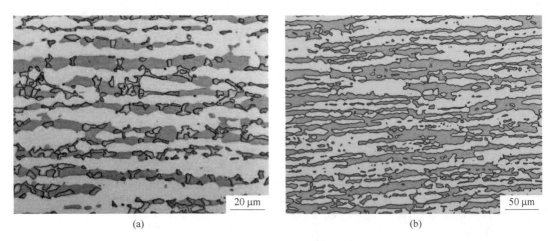

图 1-9　双相不锈钢的显微组织结构

（a）1000 ℃固溶处理；（b）1050 ℃固溶处理

316L，可用于生产锅炉和压力容器、化工设备和炼油管道等。

（2）第二代双相不锈钢，最初用于油气井管及管线材料，我国对应的牌号为022Cr22Ni5Mo3N、022Cr23Ni5Mo3N，俗称 2205。相当于美国的 UNS S31803 和 UNS S32205。这类钢种在含氯、硫等气氛中的耐应力腐蚀性能较 304L 等奥氏体不锈钢和 18-5Mo 型双相不锈钢更好，且耐孔蚀性能、强度、韧性、加工成型性和焊接性能良好，是目前应用最为普遍、用量最大的双相不锈钢材料。

（3）高合金型，一般含 25%的铬，含较高的钼和氮，有的还含有铜和钨，PREN 值大于 40，代表牌号有 25Cr6Ni3Mo2Cu0.2N 等。这类钢的耐蚀性能高于 22%Cr 的双相不锈钢，根据合金元素含量还可进一步细分为：1）超级双相不锈钢型，典型牌号25Cr7Ni3.7Mo0.3N、022Cr25Ni7Mo4WCuN，相当于 UNS S32760 等；2）特超级双相不锈钢，如 UNS S32707 等。这类钢种具有良好的耐蚀与力学综合性能，其强度高、导热性能好、热膨胀性低及抗腐蚀能力（尤其是氯化物）好，同时由于铬、钼和氮等元素的含量较高，让其具有独特且良好的抗斑蚀、裂隙腐蚀等能力，适用于各种苛刻介质及强腐蚀环境条件下，主要应用于化工产品生产、油气开采和海洋工程等领域，如制造压力容器、阻流阀、采油树、法兰和管道系统等，可与超级奥氏体不锈钢相媲美。

（4）经济型，代表性牌号为 03Cr21Ni1MoCuN，相当于美国的 UNS S32101，其强度和耐腐蚀性能均优于 304 奥氏体不锈钢，且成本更低，目前广泛应用于核电行业，如核电站AP1000 堆型水池覆面板等部件。

1.2.2.5　沉淀硬化不锈钢（PH）

沉淀硬化不锈钢（Precipitation Hardening Stainless Steel，PH）是在各类不锈钢中添加不同类型、数量的硬化元素，再通过沉淀硬化（时效硬化）过程析出不同类型和数量的碳化物、氮化物、碳氮化物和金属间化合物所得到的一种高强度不锈钢。通过硬化元素的加入，以及沉淀硬化过程的处理，沉淀硬化不锈钢具有高强度、高韧性、高抗氧化性、高耐蚀性和优良的焊接、成型性能。沉淀硬化不锈钢根据其基体钢种的组织结构，可以分为马氏体沉淀硬化不锈钢、半奥氏体沉淀硬化不锈钢和奥氏体沉淀硬化不锈钢三类。

（1）马氏体沉淀硬化不锈钢。碳含量（质量分数）通常小于 0.1%，铬含量通常大于 17%，加入硬化元素（如 Cu，Al，Ti 等）可以提高钢的强度，同时会加入适量的镍以改善其耐蚀性。马氏体沉淀硬化不锈钢的代表性牌号为 0Cr17Ni4Cu4Nb，该钢种的耐蚀性优于一般的马氏体不锈钢，具有良好的切削性能，不需预热就可以焊接并且焊后可不进行局部退火。目前主要用于制造高强度且耐腐蚀的零部件，如压气机机匣及大型汽轮机末级叶片等。

（2）半奥氏体沉淀硬化不锈钢，又称为过渡型沉淀硬化不锈钢。铬含量（质量分数）≥12%，碳含量较低，常以铝（Al）作为其主要硬化元素。半奥氏体沉淀硬化不锈钢的代表性牌号为 07Cr17Ni7Al（旧牌号：0Cr17Ni7Al，相当于美国 UNS S17700），是在 07Cr17Ni7 这一不稳定的奥氏体钢中添加铝，再经过马氏体转变和析出 Ni-Al 化合物而硬化的钢种。该钢种在氧化性酸中的耐蚀性良好，可采用与奥氏体不锈钢相同的焊接工艺，主要用于制造飞机外壳、结构件、导弹的压力容器和构件，喷气发动机零件、弹簧、隔膜、波纹管、天线、紧固件、测量仪表等。

（3）奥氏体沉淀硬化不锈钢，又称为铁镍基高温合金。镍含量（质量分数）（≥25%）和锰含量均较高，铬含量≥13%，以确保良好的耐蚀性和抗氧化性。通常以钛、铝、钒或磷作为沉淀硬化元素，同时加入微量的硼、氮等元素，是一种在淬火状态和时效状态都为稳定奥氏体组织的不锈钢，具有优良的综合性能。奥氏体沉淀硬化不锈钢的代表性牌号为 0Cr15Ni25Ti2MoVB，该钢种的特点为高温强度好（可达 600~700℃）、低温韧性好，但存在室温强度低、焊接性能差等缺点。

1.2.3 按化学成分和组织结构相结合的分类

按不锈钢种的主要化学成分和组织结构相结合的方法分类可以有很多类型，如马氏体铬不锈钢、马氏体铬镍不锈钢、奥氏体铬镍不锈钢、奥氏体铬锰不锈钢等。除以上分类方法外，还可以根据不锈钢的性能、用途和特点等来进行分类，此处不再一一列举。

1.3 不锈钢的表示方法

1.3.1 国内表示方法

（1）采用化学成分表示不锈钢类别：用国际化学元素符号和本国的符号来表示，成分含量则用阿拉伯字母来表示，根据现行标准《钢铁产品牌号表示方法》（GB/T 221—2008）、《不锈钢和耐热钢 牌号及化学成分》（GB/T 20878—2007），我国不锈钢牌号的表示方法如下。

1）碳含量。用两位或三位阿拉伯数字表示碳含量的最佳控制值（万分之几或十万分之几计），通常只规定碳含量上限者。当碳含量（质量分数）上限不超过 0.10% 时，以其上限的 3/4 表示碳含量（如碳含量上限为 0.08% 时，碳含量以 06 表示）；当碳含量上限大于 0.10% 时，以其上限的 4/5 表示碳含量（量上限为 0.20%，碳含量以 16 表示；碳含量上限为 0.15%，碳含量以 1 表示）。对超低碳不锈钢（即碳含量不大于

0.030%），三位阿拉伯数字表示碳含量最佳控制值（以十万分之几计）。例如：碳含量上限为 0.030% 时，其牌号中的碳含量以 022 表示；碳含量上限为 0.020% 时，其牌号中的碳含量以 015 表示。

规定上下限者，以平均碳含量×100 表示。例如：碳含量为 0.16%~0.25% 时，其牌号中的碳含量以 20 表示。

2）合金元素含量（质量分数）。合金元素含量以化学元素符号及阿拉伯数字表示，表示方法为：元素的平均含量小于 1.50% 时，牌号中仅标明元素，一般不标明含量；元素的平均含量为 1.50%~2.49%、2.50%~3.49%、3.50%~4.49%、4.50%~5.49%……时，在合金元素后相应写成 2、3、4、5……。钢中有意加入的铌、钛、锆、氮等合金元素，尽管含量很低，也应在牌号中标出。例如：碳含量不大于 0.08%，铬含量为 18.00%~20.00%，镍含量为 8.00%~11.00% 的不锈钢，牌号表示为 06Cr19Ni10；碳含量不大于 0.030%，铬含量为 16.00%~19.00%，钛含量为 0.10%~1.00% 的不锈钢，牌号表示为 022Cr18Ti；碳含量为 0.15%~0.25%，铬含量为 14.00%~16.00%，锰含量为 14.00%~16.00%，镍含量为 1.50%~3.00%，氮含量为 0.15%~0.30% 的不锈钢，牌号为 20Cr15Mn15Ni2N；碳含量为不大于 0.25%，铬含量为 24.00%~26.00%，镍含量为 19.00%~22.00% 的耐热钢，牌号为 20Cr25Ni20。

（2）采用固定位数数字来表示不锈钢钢类系列或数字，如美国钢铁学会主要通过三位数字来表示各种标准等级的不锈钢，如 200 系、300 系、400 系，其中：

1）奥氏体型不锈钢主要是 200 系和 300 系。例如，较为常见的奥氏体不锈钢是以 201、304、316 及 310 进行表示；

2）铁素体和马氏体型不锈钢主要是 400 系，其中，铁素体不锈钢通常用 430 和 446 进行表示，而马氏体不锈钢则通常以 410、420 及 440C 进行表示；

3）不锈钢、沉淀硬化不锈钢及含铁量低于 50% 的高碳铁合金通常是采用专利名称或商标命名。

1.3.2 · 常见不锈钢钢种的牌号

常见的奥氏体不锈钢、奥氏体-铁素体型不锈钢、铁素体型不锈钢、马氏体型不锈钢、沉淀硬化型不锈钢的中美牌号对照见表 1-2。

表 1-2　常见类型不锈钢的中美牌号对照

序号	类别	统一数字代号 ISC	国　　　内		美国	
			新牌号	旧牌号	ASTM	UNS
1	奥氏体型不锈钢	S35350	12Cr17Mn6Ni5N	1Cr17Mn6Ni5N	201	S20100
2		S35950	10Cr17Mn9Ni4N			
3		S35450	12Cr18Mn9Ni5N	1Cr18Mn8Ni5N	202	S20200
4		S35020	20Cr13Mn9Ni4	2Cr13Mn9Ni4		
5		S35550	20Cr15Mn15Ni2N	2Cr15Mn15Ni2N		
6		S35650	53Cr21Mn9Ni4N	5Cr21Mn9Ni4N		S63008

序号	类别	统一数字代号ISC	国　内		美国	
			新牌号	旧牌号	ASTM	UNS
7	奥氏体型不锈钢	S35750	26Cr18Mn12Si2N	3Cr18Mn12Si2N		
8		S35850	22Cr20Mn10Ni2Si2N	2Cr20Mn9Ni2Si2N		
9		S30110	12Cr17Ni7	1Cr17Ni7	301	S30100
10		S30103	022Cr17Ni7			
11		S30153	022Cr17Ni7N		301LN	S30153
12		S30220	17Cr18Ni9	2Cr18Ni9		
13		S30210	12Cr18Ni9	1Cr18Ni9	302	S30200
14		S30240	12Cr18Ni9Si3	1Cr18Ni9Si3		S30215
15	奥氏体-铁素体型不锈钢	S21860	14Cr18Ni11Si4AlTi	1Cr18Ni11Si4AlTi		
16		S21953	022Cr19Ni5Mo3Si2N	00Cr18Ni5Mo3Si2		S31500
17		S22160	12Cr21Ni5Ti	1Cr21Ni5Ti		
18		S22253	022Cr22Ni5Mo3N			S31803
19		S22053	022Cr23Ni5Mo3N			S32205
20		S23043	022Cr23Ni4MoCuN		2304	S32304
21		S22553	022Cr25Ni6Mo2N			S31200
22		S22583	022Cr25Ni7Mo3WCuN			S31260
23		S25554	03Cr25Ni6Mo3Cu2N		255	S32550
24		S25073	022Cr25Ni7Mo4N		2507	S32750
25		S27603	022Cr25Ni7Mo4WCuN			32760
26	铁素体型不锈钢	S11348	06Cr13Al	0Cr13Al	405	S40500
27		S11168	06Cr11Ti	0Cr11Ti	409	S40900
28		S11163	022Cr11Ti		409	S40900
29		S11173	022Cr11NbTi			
30		S11213	022Cr12Ni			S41003
31		S11203	022Cr12	00Cr12		
32		S11510	10Cr15	1Cr15		S42900
33		S11710	10Cr17	1Cr17	430	S43000
34		S11717	Y10Cr17	Y1Cr17	430F	S43020
35		S11863	022Cr18Ti	00Cr17		S43035
36	马氏体型不锈钢	S40310	12Cr12	1Cr12	403	S40300
37		S41008	06Cr13	0Cr13	410S	S41008
38		S41010	12Cr13	1Cr13	410	S41000
39		S41595	04Cr13Ni5Mo			S41500
40		S41617	Y12Cr13	Y1Cr13	416	S41600
41		S42020	20Cr13	2Cr13	420	S42000

序号	类别	统一数字代号 ISC	国　内		美国	
			新牌号	旧牌号	ASTM	UNS
42	马氏体型不锈钢	S42030	30Cr13	3Cr13		S42000
43		S42037	Y30Cr13	Y3Cr13	420F	S42000
44		S42040	40Cr13	4Cr13		S42000
45		S41427	Y25Cr13Ni2	Y2Cr13Ni2		
46		S43110	14Cr17Ni2	1Cr17Ni2	431	S43100
47		S43120	17Cr16Ni2			
48	沉淀硬化型不锈钢	S51380	04Cr13Ni8Mo2Al			S13800
49		S51290	022Cr12Ni9Cu2NbTi			
50		S51550	05Cr15Ni5Cu4Nb			
51		S51740	05Cr17Ni4Cu4Nb	0Cr17Ni4Cu4Nb	630	S17400
52		S51770	07Cr17Ni7Al	0Cr17Ni7Al	631	S17700
53		S51570	07Cr15Ni7Mo2Al	0Cr15Ni7Mo2Al	632	S15700
54		S51240	07Cr12Ni4Mn5Mo3Al	0Cr12Ni4Mn5Mo3Al		
55		S51750	09Cr17Ni5Mo3N			S35000
56		S51778	06Cr17Ni7AlTi			
57		S51525	06Cr15Ni25Ti2MoAlVB	0Cr15Ni25Ti2MoAlVB	660	S66286

1.3.3　青山 QN 系不锈钢

QN 系列产品,是世界第一大不锈钢生产商和镍生产商——青山实业旗下青拓集团的创新力作,是全球首发的新型奥氏体不锈钢。目前,该系列已成功推出 QN1701、QN1803、QN1804、QN1906 和 QN2109 五大品种,其点蚀当量范围广泛,覆盖了 15 至 30,可完美替代美标 201、430、304、304L、316L 和 317L 等不锈钢材料。QN 系列不锈钢以其卓越的性能脱颖而出。它拥有高耐蚀性,即使在恶劣环境中也能保持长久的使用寿命;高强度和高耐磨性使其能够应对各种高负荷和摩擦场景;同时,该材料易于加工和焊接,为生产制造带来了极大的便利。值得一提的是,QN 系列不锈钢通过高氮节镍设计,不仅降低了合金成本,还提升了产品的技术附加值,使其在市场上具有超高的性价比优势。这一创新设计不仅优化了材料的性能,也推动了不锈钢行业的技术进步。为了满足不同领域的需求,QN 系列不锈钢已经形成了国家标准和中国钢铁协会团体标准。它在建筑、装饰、厨卫、制品及海洋牧场等领域获得了广泛应用,并以其出色的性能赢得了用户的认可。总的来说,QN 系列不锈钢的成功研发和应用,不仅展现了青拓集团在不锈钢领域的创新实力,也为不锈钢行业的发展注入了新的活力。它的出现,展示了中国不锈钢生产企业的创新能力,也无疑将引领不锈钢品种的创新方向,推动行业向更高层次发展。QN 系产品自 2018 年发布以来累计投入市场 50 余万吨,成功应用于建筑、石化、承压设备、装饰、畜牧、厨卫、家电、海洋业、紧固件、冷藏箱等众多领域,以高强度、优良耐蚀性、高性价比赢得了用户的高度认可和广泛赞誉。

【知识拓展】

青拓集团在不锈钢研发领域取得显著成就

青拓集团在 2023 年 8 月 6 日取得了一项重大成就，其参与修订的国家标准 GB/T 713.7—2023《承压设备用钢板和钢带 第 7 部分：不锈钢和耐热钢》正式实施。这一里程碑事件不仅凸显了中国在承压设备用不锈钢技术领域的显著进步，也彰显了青拓集团在材料研发领域的卓越实力。特别是 QN1804 这一高强度含氮奥氏体不锈钢产品，以其卓越的耐蚀性、低温冲击性能、焊接性能和冷加工性能，成功被纳入新标准，这不仅丰富了中国承压设备用不锈钢的标准体系，也为高强度奥氏体不锈钢在承压设备中的广泛应用铺平了道路。

紧接着，在 8 月 16 日，工业和信息化部批准了包括《工业用导电和抗静电橡胶板》在内的 412 项行业标准。青拓集团的 QN 系列不锈钢新产品被纳入了《铬-锰-镍系奥氏体不锈钢冷轧钢板和钢带》《铬-锰-镍-氮系奥氏体不锈钢热轧钢板和钢带》《不锈钢彩色涂层钢板及钢带》及《装饰用不锈钢冷轧钢板及钢带》等四项行业标准之中。这些新标准的制定，不仅有助于规范生产、提升产品质量、推动行业健康发展，而且青拓集团在这些标准中所占的显著比例，充分展示了其在不锈钢领域的研发实力和市场影响力。

通过这些成就，青拓集团不仅推动了不锈钢材料技术的发展，也为中国制造业的高质量发展做出了重要贡献。QN1804 的成功入围，预示着设备轻量化和高强度的实现，有助于节能减排，促进可持续发展。同时，这一突破也将激励更多企业投身于不锈钢材料的研发与创新，共同推动中国不锈钢产业的繁荣发展。

1.3.4 不锈钢的表面加工等级

实际应用中，不锈钢的表面加工程度（等级）十分重要，通常要求不锈钢的表面光滑、平整，因为光滑的表面上污垢不易沉积，污垢的沉积会促使不锈钢生锈甚至发生腐蚀。不锈钢的表面加工等级，见表 1-3。

表 1-3 不锈钢的表面加工等级

名称	表面	特 征	加工方法	用 途
原面	No. 1	银白色、无光泽	热轧+热处理+酸洗	工业槽罐、化学装置等，厚度 2.0～8.0 mm，对表面光泽无要求
钝面	No. 2D	银白色、略有光泽	热轧+退火酸洗+冷轧+退火酸洗	用于深冲压加工，如汽车构件、管道、阀门等。
雾面	No. 2B	银白色、有光泽、平坦	热轧+退火酸洗+冷轧+退火酸洗+调质轧制 No. 2D 处理后，经过抛光辊进行轻度冷轧	表面处理后，可满足绝大多数用途

名称	表面	特　征	制造方法概要	用　途
磨砂面	No.3	光泽度佳，有粗纹	使用粒度 100-120 号的研磨带研磨	建筑装饰材料、电器产品及厨房设备等
磨砂面	No.4	光泽度较佳，具有粗纹，条纹比 No.3 细	使用粒度 150-180 号的研磨带研磨	浴池、建筑装饰材料、电器产品、厨房设备及食品设备等
磨砂面	No.240	光泽度较佳，具有粗纹，条纹比 No.4 细	使用粒度 240 号的研磨带研磨	浴池、建筑装饰材料、电器产品、厨房设备及食品设备等
磨砂面	No.320	光泽度较佳，具有粗纹	使用粒度 320 号的研磨带研磨	建筑装饰，厨房用具等
磨砂面	No.400	光泽度较佳，具有粗纹	使用 400 号的研磨带研磨	建筑用材、厨房用具、食品设备等
拉丝面	HL	银灰色、有发丝条纹	经适当粒度的抛光砂带进行连续研磨，生成连续的研磨花纹	建筑装饰、电梯等
亮面	BA	光泽度极好，反射率高	冷轧+光亮退火	家电产品、镜子、厨房设备、装饰材料等
镜面	6K	极似镜子	研磨+抛光	镜子、装饰板
镜面	8K	与镜子一样	研磨+抛光	镜子、装饰板

1.3.4.1　No.1 表面

在金属加工领域，No.1 表面，常被称为原面，是一种经过特定处理的热轧板带表面。这种表面是通过退火酸洗工艺获得的，主要目的是去除热轧及热处理过程中产生的黑色氧化铁皮，这种处理方式使得 No.1 表面呈现出银白色且无光泽的外观。No.1 表面的加工过程并不复杂，但效果显著。通过酸洗或类似的处理方法，可以有效地去除热轧板带表面的氧化物和杂质，从而露出金属本身的质感。这种处理方式不仅使得材料表面更加清洁，还有助于提高材料的耐热性和耐腐蚀性。由于 No.1 表面具有优异的耐热性和耐腐蚀性，因此拥有 No.1 表面的不锈钢材料在许多工业领域中都得到了广泛应用，特别是在酒精工业、化学工业以及大型容器制造等领域，No.1 表面更是成为首选的材料表面处理方式。在这些领域中，材料往往需要承受高温、高压及化学腐蚀等恶劣环境，而 No.1 表面则能够提供出色的保护，确保材料的稳定性和安全性。此外，No.1 表面还因其银白色的外观而具有一定的装饰性。在一些不需要过高表面光泽度的场合中，No.1 表面也可以作为一种简洁而实用的选择。这种表面处理方式不仅满足了工业领域对于材料性能的高要求，同时也为设计师们提供了更多的选择和灵感。

1.3.4.2　No.2D 表面

No.2D 表面也称为钝面，是一种特殊的冷轧表面，其显著特点是无氧化铁鳞且略有光泽。这种表面是通过冷轧后进行退火和酸洗而获得的，不需要进一步的光泽平整处理。其表面的光亮程度受到多个因素的影响，包括冷轧过程中材料的变形程度、工作辊的表面粗糙度，以及酸洗工艺的具体参数。No. 2D 表面的不锈钢材料在建筑行业中得到了广泛应用，特别适用于那些不需要产生反光的建筑物幕墙。这种表面不仅具有优异的耐腐蚀性，还能够有效减少光污染，使得建筑物在保持美观的同时，更加符合环保和节能的要求。此外，No. 2D 的表面粗糙度 Ra 通常在 $0.4 \sim 1.0\ \mu m$ 的范围内，这种粗糙度有助于增强材料表面的附着力和涂层性能，使得不锈钢材料在后续加工和使用过程中更加稳定可靠。综上所述，No. 2D 表面作为一种无氧化铁鳞的冷轧表面，在建筑行业中具有广泛的应用前景。其独特的表面处理工艺和优异的性能使得不锈钢材料在满足美观要求的同时，也具备了更强的实用性和耐用性。随着科技的不断进步和人们对环保节能要求的提高，No. 2D 表面无疑将在未来的建筑领域中发挥更加重要的作用。

1.3.4.3　No. 2B 表面

No. 2B 表面也称为雾面，与 No. 2D 表面不同之处在于这种表面还要用光滑的抛光辊进行平整，因此较 No. 2D 表面更光亮。通过仪器测定的表面粗糙度 Ra 为 $0.1 \sim 0.5\ \mu m$，是加工类型最普通且用途最广的不锈钢品种之一，主要适用于餐具、建材、化工、造纸、石油、医疗建筑（幕墙）等。

1.3.4.4　No. 3 表面

No. 3 表面，也被称为磨砂面，是一种半抛光表面，其特点在于拥有介于粗糙与光滑之间的质感。这种表面是以 No. 2D 或 No. 2B 表面的冷轧不锈钢为基板，通过使用粒度为 $100 \sim 120$ 号的研磨带进行抛光而得到的，其表面粗糙度 Ra 达到 $0.4 \sim 1.5\ \mu m$，具有独特的磨砂质感，适于用作建材、装饰材料、厨具及制造后需进一步精加工的场合。同时，由于其表面粗糙度适中，No. 3 表面也易于清洁和维护，大大延长了材料的使用寿命。

1.3.4.5　No. 4 表面

No. 4 表面，作为一种细抛光磨砂面，其亮度超过了 No. 3 表面，呈现出更加细腻的光泽。这种表面是以 No. 2D 或 No. 2B 表面的不锈钢冷轧板为基板，通过使用粒度为 $150 \sim 180$ 号的砂带进行抛光而得到的。经过这样的处理，No. 4 表面的表面粗糙度 Ra 达到了 $0.2 \sim 1.5\ \mu m$，使得其表面更加平滑、细腻。由于其独特的光泽和平滑度，No. 4 表面在多个领域中都有广泛的应用。在餐厅和厨房设备领域，No. 4 表面不仅易于清洁，而且能够抵抗油脂和污渍的侵蚀，保持长期的美观和卫生。在医疗设备领域，其平滑的表面有助于减少细菌滋生，确保患者的安全。此外，No. 4 表面也常用于容器的正面，其亮丽的外观和优良的耐腐蚀性使其成为展示产品质量的理想选择。在建筑领域，No. 4 表面因其美观、耐用和易清洁的特性而被广泛用于建筑物的屋面和幕墙缘饰。

1.3.4.6　No. 240 号表面和 No. 320 号表面

在不锈钢表面处理中，No. 240 号和 No. 320 号表面是通过使用粒度为 240 号或 320 号的砂带进行抛光而得到的。这两种表面显著特点是其表面粗糙度适中，介于粗抛光和细抛光之间，使得它们特别适用于厨房用具的制造。

1.3.4.7　HL 表面

HL 表面俗称发纹板或拉丝面。日本 JIS 标准中规定，HL 表面是采用 150~240 号砂带进行抛光所得到的连续发纹状磨纹表面。这种表面主要用于建筑中对电梯、扶梯、门面等进行装饰美化。

1.3.4.8　BA 表面

BA 表面作为一种经过特殊处理的不锈钢表面，凭借其独特的光泽度和细腻质感，在众多领域中都有着广泛的应用。这种表面是通过冷轧后，再进行光亮热处理而得到的，整个处理过程确保了表面不受到氧化，从而保留了冷轧表面的原始光泽。光亮热处理是关键的一步，它在一个特殊的、不会使表面氧化的保护气氛中进行退火。这种处理环境确保了材料在加热过程中不会受到任何有害影响，从而保持了其原始的光泽和质感。随后，通过采用高精度平整辊进行轻度平整，进一步提高了表面的光亮度，使其接近于镜面的效果。BA 表面的粗糙度 Ra 极低；为 $0.05~0.1~\mu m$，这使得其表面极为平滑，不仅易于清洁，还能反射出明亮的光线。这种特性使得 BA 表面在多个领域中都有着广泛的应用，如厨房器皿、家用电器、医疗器械、汽车零件及装饰品等。在这些领域中，BA 表面不仅能够提供出色的视觉效果，还能够满足对产品耐用性、易清洁性和美观性的要求。

1.4　不锈钢的发展史

不锈钢，这一金属材料中的佼佼者，自 20 世纪初问世以来，已经走过了一个多世纪的辉煌历程。凭借其突出的耐蚀性、耐热性、耐低温等性能，以及优良的加工特性和机械性能，不锈钢在众多行业领域中赢得了广泛的应用和赞誉。不锈钢的问世不仅是冶金领域的一项重大突破，更是为现代工业的构建、成长和创新奠定了坚实的基础。

1.4.1　世界不锈钢的发展史

（1）1820—1822 年，英国科学家法拉第（M. Faraday）率先研究了低合金钢的腐蚀问题，可以认为他是不锈钢研究的。

（2）1904—1906 年，法国科学家吉耶（L. B. Guillet）首先对 Fe-Cr-Ni 合金进行了基础研究。

（3）1907—1911 年，法国科学家波特万（A. M. Portevin）和英国科学家吉森（W. Giesen）分别发现了含铬 Fe-Cr 和含铬镍 Fe-Cr-Ni 合金的耐锈耐蚀性。

（4）1908—1911 年，德国科学家蒙纳尔茨（P. Monnartz）和鲍切尔斯（W. Borchers）揭示了钢的耐蚀性原理并提出了高铬合金的钝化理论，他们的研究为工业用不锈钢的开发提供了重要的理论基础。

1912 年，铁素体不锈钢、马氏体不锈钢和奥氏体不锈钢由英国、美国、德国等国家近乎同时研究成功。之后，不锈钢的品种和性能不断扩大和提高，开始小规模生产不锈钢。

（1）1912—1913 年，英国科学家布里尔利（H. Brearly）开发了马氏体不锈钢，其含铬量为 12%~13%，并就此申请了专利。

（2）1911—1914 年，美国科学家丹齐泽（C. Dantsizen）和怀特西（W. R. Whitsey）开发了含铬量为 14%～16%、含碳量为 0.07%～0.15% 的铁素体不锈钢（相当于现在 AISI430）。

（3）1912—1914 年，德国科学家马勒（E. Maurer）和施特劳斯（B. Strauss）开发了含碳量小于 1%、含铬量 15%～40%、含镍量小于 20% 的奥氏体不锈钢（相当于现在 AISI304）。

（4）1929 年，德国克虏伯公司的施特劳斯成功为其开发的低碳 18-8 奥氏体不锈钢申请到了专利，这一突破为不锈钢的应用开启了新的篇章。然而，施特劳斯并没有止步于此，为了解决 18-8 奥氏体不锈钢在敏化态下可能出现的晶间腐蚀问题，施特劳斯和他的团队进行了大量的实验研究。最终，他们发现加入 Ti、Nb 等稳定元素，可以有效地提高不锈钢的抗腐蚀性能。同时，加入 Mo、Cu 等元素，可以进一步增强不锈钢的耐腐蚀能力，使其在各种恶劣环境下都能保持稳定的性能。进入 20 世纪 40 年代，克虏伯公司成功开发了节镍的 Cr-Mn-N 不锈钢和耐晶间腐蚀的超低碳奥氏体不锈钢。这两种新型不锈钢的问世，不仅降低了生产成本，还进一步提高了不锈钢的性能和应用范围。到了 60 年代，克虏伯公司再次引领不锈钢技术的发展潮流，研发出了碳、氮含量极低的超纯铁素体不锈钢。

双相不锈钢和沉淀硬化型不锈钢这两种不锈钢钢种，是在 20 世纪的 30～40 年代开发成功的。

（1）1935 年，Unieux 实验室惊喜地发现，当奥氏体不锈钢中掺杂一定比例的铁素体时，其耐蚀性会得到显著改善。基于这一重大发现，Unieux 实验室的研究团队迅速投入到了新型不锈钢的研发中。经过无数次的试验和改进，科学家终于成功开发出了奥氏体+铁素体双相不锈钢，并获得了相关的专利。

（2）1946 年，美国史密斯艾塔尔（R. Smithetal）开发了马氏体沉淀硬化不锈钢 17-4PH，随后相继开发了既具有高强度、又可进行冷加工成形的半奥氏体沉淀硬化不锈钢 17-7PH 和 PH15-7Mo 等。

至此，5 种主要的不锈钢钢种，即马氏体不锈钢、铁素体不锈钢、奥氏体不锈钢、双相不锈钢以及沉淀硬化不锈钢便基本齐全了，至今仍持续使用并不断优化。

在不锈钢中，除 C、Cr、Ni 等元素外，根据不同用途对性能的要求，进一步加入 Mo、Cu、Si、N、Mn、Nb、Ti 等合金元素或进一步降低钢中的 C、Si、Mn、S、P 等元素，又研制出了许多新钢种。例如，针对氯化物引起的点蚀、缝隙腐蚀等问题，开发了高纯、高铬钼铁素体不锈钢 00Cr25Ni4Mo4、00Cr29Mo4Ni2、00Cr30Mo2 和高钼含氮的 Cr-Ni 双相不锈钢 00Cr25Ni7Mo3N、00Cr25Ni7Mo3CuN 等；为提高低碳、超低碳 Cr-Ni 奥氏体不锈钢的强度和耐蚀性而出现的"控氮"不锈钢；为提高 Cr-Ni 奥氏体不锈钢耐局部腐蚀性能并抑制钢中金属相间的析出而研制的高 Cr、Mo 且高氮量的超级奥氏体不锈钢，如 00Cr25Ni20Mo6CuN、00Cr24Ni22Mo7Mn3CuN；为耐发烟硝酸以及耐浓硫酸（93%～98%）而发展的高硅（$w(Si)$ 为 6%）不锈钢。此外还有一些专用不锈钢问世，例如核能级、硝酸级、尿素级、食品级不锈钢等。

1.4.2　我国不锈钢的发展史

我国不锈钢产业较英国、法国、美国、德国等发达国家起步晚了近半个世纪。抗战期间，中国电力制钢厂（昆钢前身）曾进行过耐酸不锈钢等试验。新中国成立初期，我国不锈钢产业发展仍基本属于空白。为了迅速改变我国缺铁少钢的状况，党和国家采取一系列有力措施。20 世纪 50 年代初期，太钢、重钢、抚顺特钢先后成功冶炼出不锈钢，填补了国内不锈钢的空白。1952 年 9 月，太钢成功冶炼出我国第一炉不锈钢。国内相关不锈钢企业以民族富强为己任，胸怀抱负，不懈探索。尽管取得了一定的突破，但总体来看，当时我国不锈钢产业仍然存在规模小、技术落后、成本高、应用领域窄、依赖进口等一系列问题亟待解决。

改革开放后，国民经济的快速发展拉动了不锈钢产业的快速发展。国有企业在大力发展不锈钢生产技术的同时，积极引进外资、国外先进的技术装备和管理经验发展不锈钢，一批一批中外合资的不锈钢企业相继诞生，民营不锈钢企业逐步兴起。至此，我国不锈钢产业进入了全面发展的新时期。

进入 21 世纪后，我国加入世界贸易组织（WTO）标志着我国对外开放的步伐进一步加快，不锈钢产品全面进入工业、农业、国防领域和日常生活，带动不锈钢市场需求快速增长，为我国不锈钢产业的发展创造了重要的市场条件。我国不锈钢产业加快转变发展方式，推进结构调整和优化升级，我国不锈钢产业实现了从世界最大的消费国向最大的生产国的深刻转变。2001 年，我国不锈钢表观消费量为 225 万吨，是世界上最大的不锈钢消费国。2005 年，我国不锈钢进口量达到 313 万吨的历史最高点，我国持续保持世界最大的不锈钢进口国。2006 年，我国不锈钢产量达到了 530 万吨，超过日本成为世界最大的不锈钢生产国。2010 年，我国由世界最大的不锈钢进口国转变为不锈钢净出口国，确立了我国在世界不锈钢市场中的重要地位。

党的十八大以来，中国特色社会主义进入新时代，面对供给侧结构性改革的推进和高质量发展战略实施的形势和要求，我国不锈钢产业和企业树立起强烈的使命和责任担当，通过技术创新、产业升级，大力弥补我国制造的短板，不断推进我国不锈钢产业的高质量发展。我国不锈钢产量由 2010 年的 1125.6 万吨提高到 2020 年的 3014 万吨；2023 年，我国不锈钢粗钢产量 3667.59 万吨，同比增加 410.06 万吨，增长 12.59%，世界不锈钢产量约为 5700 万吨，我国不锈钢产量占世界不锈钢产量的比例创历史新高，其产品如图 1-10 所示。

图 1-10 中国不锈钢企业产品

1.5 不锈钢的性能

不锈钢的性能丰富多样，涵盖了从基本的力学特性到复杂的化学和工艺性能，主要包括：

（1）力学性能，是不锈钢的核心特性之一，主要包括硬度、抗拉强度、塑性、韧性、屈服强度等，它们共同决定了不锈钢在受到外力作用时的表现；

（2）物理性能，主要有密度、熔点、导电性、导热性、热膨胀性、磁性等；

（3）化学性能，主要有耐腐蚀性、抗氧化性等，主要指材料抵抗各种介质侵蚀的能力；

（4）工艺性能，是不锈钢在加工过程中的关键指标，包括铸造性、可锻性、焊接性等，这些特性决定了不锈钢在冷、热加工过程中的适应能力和调节能力。

由于在化学成分、组织结构、处理加工方式等方面上的差异，各类不锈钢具有不同的性能特点，主要常见不锈钢的性能特点及化学成分，见表1-4。

表 1-4 各类常见不锈钢的性能特点

钢种	性能特点
铁素体不锈钢	有磁性；易成型；导热性能好；耐点蚀、锈蚀能力强
马氏体不锈钢	有磁性；强度和硬度较高；通过热处理可调整钢的力学性能
奥氏体不锈钢	无磁性；低温性能良好；易成型和焊接
双相不锈钢	屈服强度高；耐点蚀、应力腐蚀能力强；易于成型和焊接
沉淀硬化不锈钢	强度高；耐蚀性能突出；可借助热处理调整其性能使其易于加工成型

1.5.1 力学性能

不锈钢作为一种重要的结构材料，其力学性能十分关键。力学性能指不锈钢在外力作用下所表现出来的特性，其主要指标有硬度、抗拉强度、屈服强度、塑性、伸长率、韧性等。

（1）硬度：不锈钢抵抗其他更硬的物质压入其表面的能力。

（2）强度：不锈钢在外力作用下抵抗变形和断裂的能力，其中以屈服强度、抗拉强度两项指标最为关键。

1）屈服强度：不锈钢在拉伸过程中，不锈钢所受应力达到某一临界值时，载荷不再增加，变形却继续增加，该应力值则为屈服强度，单位用 MPa 表示。大于屈服强度的外力作用，将会使材料永久失效，无法恢复。

2）抗拉强度：不锈钢在拉断前承受的最大应力值，单位用 MPa 表示。

（3）塑性：不锈钢在外力作用下产生永久变形（去掉外力后不能恢复原状），但不会被破坏的能力。

（4）伸长率：在拉力试验时，拉断不锈钢后，其标距部分所增加的长度与原始长度的百分比。材料的伸长率越大，其塑性越好。

（5）韧性：不锈钢抵抗冲击载荷的能力。

马氏体不锈钢通常具有较高的屈服强度和抗拉强度，但延展性相应较差；奥氏体不锈钢具有较低的屈服强度和非常优异的延展性能；双相不锈钢和铁素体不锈钢的性能介于马氏体和奥氏体之间。铁素体不锈钢的屈服强度较奥氏体不锈钢稍大一些，而双相不锈钢的屈服强度比奥氏体不锈钢和铁素体不锈钢都高得多。铁素体不锈钢和双相不锈钢的延展性处于同一级别，即便各自在某些方面稍强。

一些常见钢种（304、316、420J2、430）在常温下的力学性能，见表 1-5。

表 1-5　各类常见不锈钢的力学性能

钢种	屈服强度 /MPa	抗拉强度 /MPa	伸长率 /%	硬度值		
				HB	HRB	HV
304	205	520	40	187	90	200
316	205	520	40	187	90	200
420J2	225	540	18	235	99	247
430	205	450	22	183	88	200

【知识拓展】

中国南极秦岭站的"钢铁力量"

2024 年 2 月 7 日，中国南极秦岭站正式启用，这是中国南极科考事业的一个重要里程碑，它不仅代表了我国在南极科研领域的雄心，也展示了我国在极端环境下的建筑技术和材料科学的进步。

秦岭站位于罗斯海域，这不仅是一个对全球气候变化研究至关重要的区域，同时面临着极端的气候挑战：强烈的风暴（最大风力达 17 级）、超低温环境（海岸气温小于 -40 ℃）和海洋腐蚀等，这对建筑材料提出了极高的要求。南钢特钢事业部生产的耐候高强螺栓用钢和青拓集团生产的高耐蚀、耐低温冲击的不锈钢材料，都是针对这些极端条件特别研发的，它们的成功应用不仅确保了科考站的稳固性和耐久性，也体现了中国制造业在高端材料领域的技术实力。

316L 不锈钢作为一种广泛使用的奥氏体不锈钢，以其良好的耐腐蚀性和加工性能而闻名。在秦岭站的建设中，通过特殊的表面加工、激光加工和折弯成型工艺，使得这种材料能够满足建筑屋面和墙面的设计要求，并且在超低温和强腐蚀环境下保持性能，这对于延长建筑的使用寿命和降低维护成本具有重要意义。

参考资料：《中国南极秦岭站里的"钢铁侠"》，中国冶金报，2024 年 2 月 21 日。

1.5.2　物理性能

金属材料的物理性能是一个综合的指标，它包括了密度、熔点、导电性、导热性、热膨胀性及磁性等多个方面。这些性能并非孤立存在，而是由金属材料的化学成分、晶体结构及热处理工艺等因素共同决定的，不锈钢作为一种特殊的金属材料，同样遵循这一规律。

在不锈钢中，奥氏体不锈钢的密度通常高于其他类型的不锈钢。在同一钢种系列内，随着合金元素含量的增加，尤其是重金属元素如 Mo，密度也会相应提高。在导热性（热导率）和线膨胀性这两个物理参数上，不同类型的不锈钢之间存在显著差异。与普通碳钢相比，不锈钢的导热性总体较低，并且随着合金元素含量的增加，导热性会进一步降低。通常情况下，不锈钢的导热性排序为：马氏体不锈钢>铁素体不锈钢>双相不锈钢>奥氏体不锈钢。值得一提的是，奥氏体不锈钢相较于其他类型的不锈钢具有更大的线膨胀性，这意味着在温度波动、热处理和焊接等过程中，奥氏体不锈钢更容易产生热应力。因此，在设计和使用奥氏体不锈钢时，需要特别关注其热膨胀性能，以避免因热应力导致的性能下降或失效。不锈钢与其他金属材料的物理性能比较见表1-6。

表1-6　不锈钢与其他金属材料的物理性能比较

物理性能	单位	不锈钢			碳钢	纯铝	纯钛	纯铜
		马氏体	铁素体	奥氏体				
熔点	℃	1450	1450	1450	1535	660	1668	1083
密度（20℃）	kg/m³	7700	7700	8000	7900	2700	4500	8900
比热（0~100℃）	kJ/(kg·K)	0.46	0.46	0.50	0.46	0.88	0.55	0.37
热导率（100℃）	W/(m·K)	30	25	15	50	168	15	320
电阻率（20℃）	$10^{-2}\Omega \cdot mm^2/m$	57	60~72	72~78	10~16	2.8	55	1.7
线膨胀系数（0~100℃）	10^{-6}/K	10	10	17	11	23	9	17
弹性模量（20℃）	kg·N/mm²	200	200	200	210	72	110	130

1.5.3　化学性能

不锈钢的化学性能是其核心特性之一，主要体现在对各种介质侵蚀的抵抗能力上，如耐腐蚀性和抗氧化性。其中，不锈钢的耐腐蚀性主要由铬元素决定，所有不锈钢的铬含量均超过 10.5%。这一特性使得不锈钢在常规环境下具有出色的抗腐蚀能力。然而，在某些特殊环境条件下，如高温、强酸、强碱等，不锈钢也可能会出现孔蚀、晶间腐蚀、应力腐蚀和电偶腐蚀等局部腐蚀现象。为了解决这些问题，人们通过向钢中加入特定的合金元素，如钼、氮、钛或铌等，来增强不锈钢的耐腐蚀性。此外，还研发了低碳、超低碳和双相不锈钢等新品种，以进一步提高不锈钢的耐腐蚀性能。这些改进措施不仅增强了不锈钢在恶劣环境下的稳定性，还拓宽了其在各种应用场景中的使用范围。通过不断优化合金成分和研发新型不锈钢材料，不断提升不锈钢的化学性能，以满足日益严苛的工业需求。

腐蚀形态主要有全面腐蚀、晶间腐蚀、点蚀和缝隙腐蚀、应力腐蚀、腐蚀疲劳及高温腐蚀等。在全面腐蚀中，新出现的茶色腐蚀增长迅速。茶色腐蚀一般仅为表面变色并不影响不锈钢设备结构的完整性和使用寿命，但从美学角度，影响很大。

在酸、碱、氯等特殊环境下，不锈钢也会发生局部腐蚀而失效，但与碳钢不同，不锈钢不会出现均匀腐蚀面失效，因此"腐蚀余量"对不锈钢来说没有意义。不锈钢的局部腐蚀的形式主要有点蚀、晶间腐蚀、应力腐蚀、电化学腐蚀和微生物腐蚀。

【知识拓展】

什么是腐蚀余量，为什么说"'腐蚀余量'对不锈钢来说没有意义"？

腐蚀余量是指为防止设备（包括容器、管道、法兰、阀门、泵，以及与腐蚀介质接触的筒体、封头、接管孔及内部构件等）由于环境腐蚀、机械磨损、加工工艺等因素导致的材料厚度损失，而使设备厚度或壁厚减薄，强度减弱，在设计设备使用材料时，应考虑对材料补偿一定量的厚度。特别是在储罐、压力容器、换热器等设备的结构设计中，腐蚀余量是一个重要的考虑因素。

腐蚀余量可通过原始壁厚度与腐蚀后的壁厚度之差来计算，一般可根据钢材在介质中的均匀腐蚀速率和容器的设计寿命确定，一般要考虑不同使用条件、不同材料和结构等因素。在无特殊腐蚀情况下，对于碳素钢和低合金钢，腐蚀余量不小于 1 mm；对于不锈钢，当介质的腐蚀性极微时，可取腐蚀余量为零。腐蚀余量设计对维护设备安全运行具有重要意义。

但腐蚀余量只对防止发生均匀腐蚀破坏有意义；对于应力腐蚀、氢脆和缝隙腐蚀等非均匀腐蚀，采用增加腐蚀余量的设计办法来防止腐蚀效果不佳，此时应着重于选择耐腐蚀材料，如不锈钢，或对碳钢进行防腐蚀处理，因此可以说"腐蚀余量"对不锈钢来说没有意义。

1.5.3.1　点蚀

点蚀（Pitting Corrosion）也称为点腐蚀，是不锈钢中一种典型的局部腐蚀形式。尽管不锈钢表面形成的钝化膜在大部分情况下能够有效地抵抗腐蚀，但这层膜并非完美无缺。在某些局部、细微的区域，由于各种原因（如制造缺陷、应力集中、杂质存在等），钝化膜可能会受到破坏，使得这些区域失去了保护。当钝化膜受到破坏时，不锈钢在这些特定点（孔）上便容易发生腐蚀破坏。这种腐蚀会逐渐形成细小的空洞或凹坑，并且可能向纵深方向扩展。由于点蚀的发生是随机的、无规律的，因此在不锈钢表面会产生分布不均的小坑状腐蚀。点蚀示意图和实物图，如图 1-11 所示。

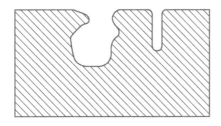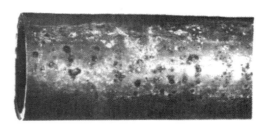

图 1-11　点蚀的示意图与实物

不锈钢的点蚀现象，尤其在含有卤素离子（如 Cl⁻、Br⁻、F⁻）的水溶液介质或海水中更为显著。这些卤素离子对不锈钢表面的钝化膜具有破坏作用，导致局部区域失去保护，从而发生点蚀。此外，不锈钢表面钝化膜的薄弱部位，如附着物（铁粒子、灰尘和污物等）、夹杂物以及某些金属间化合物处，也容易成为点蚀的起始点。值得注意的是，点蚀的速率随着温度的升高而增加。例如，在浓度为 4% 至 10% 的氯化钠溶液中，当温度升高至 90 ℃ 时，点蚀造成的重量损失达到最大值。对于更稀的溶液，这一最大值则出现在更高的温度。这表明在高温环境中，不锈钢的点蚀风险会进一步增大，因此在设计和使用不锈钢材料时，需要特别关注其在高温和高盐度环境中的耐腐蚀性能。

减少点蚀的方法除了选择耐点蚀性能较好的不锈钢（如高铬、钼和高铬、钼、氮等）外，日常还可以通过以下措施来减少点蚀：

（1）定期清洗和维护不锈钢表面，定期清洗可以去除表面的污垢、灰尘和沉积物，防止它们成为点蚀的起始点。同时，检查并修复任何表面损伤或缺陷，以确保钝化膜的完整性。

（2）降低不锈钢中非金属夹杂物（如 MnS）的含量是提高其耐腐蚀性的有效方法。通过优化冶炼工艺和提高精炼效果，可以减少这些夹杂物的存在，从而增强不锈钢的耐蚀性。

（3）在含 Cl⁻ 和海水等水介质中，提高流速 ≥1.5 m/s 有助于防止沉积物及海生物附着在不锈钢表面，减少局部区域的腐蚀风险。

（4）降低工作温度，尽可能在低温下工作。

（5）添加钝化剂，在某些腐蚀性介质中，加入钝化剂可以提高不锈钢的耐腐蚀性。低浓度的硝酸盐或铬酸盐在很多介质中都能有效起到钝化作用（抑制离子优先吸附在金属表面上，因此防止了氯化物离子吸附而造成腐蚀）。

1.5.3.2　晶间腐蚀

晶间腐蚀是一种局部腐蚀形式，其特点是发生在金属材料的晶粒间界，因此得名晶间腐蚀或晶界间腐蚀。这种腐蚀形式在不锈钢中尤为常见，并且往往具有破坏性。晶间腐蚀的产生主要归因于碳化物在金属晶粒间的析出，这些碳化物在晶界处形成贫铬区，从而削弱了晶粒间的结合力。受到晶间腐蚀的不锈钢，尽管其表面可能仍然保持一定的金属光泽，难以察觉腐蚀的迹象，但其内部的机械强度和力学性能却会大幅下降。这种腐蚀形式的危险性在于，一旦受到应力作用，不锈钢会沿着晶界发生断裂，其强度几乎完全丧失。

这是不锈钢中一种极为危险的破坏形式。晶间腐蚀不仅限于不锈钢，通常还会出现在黄铜、硬铝合金及一些镍基合金中。

奥氏体不锈钢（不含钛或铌的牌号）在某些条件下容易遭受晶间腐蚀，这主要与热处理过程有关。钢材在 425~815 ℃ 的温度区间进行加热或冷却时，碳化物会在晶界处沉淀（敏化作用），导致附近区域的铬含量降低形成贫铬区，这些区域对腐蚀十分敏感。同样，敏化作用也可能出现在焊接时，在焊接热影响区造成其后的局部腐蚀。

【知识拓展】

什么是奥氏体不锈钢的敏化？

奥氏体不锈钢的敏化是指当奥氏体不锈钢在 400~800 ℃ 区间加热时，碳、铬等元素会向晶界聚集，从而形成 $Cr_{23}C_6$ 等铬的碳化物。这些铬的碳化物会使晶界处失去铬元素，从而降低奥氏体不锈钢的耐腐蚀性能。

铁素体不锈钢在某些介质中也可能面临晶间腐蚀的风险。当钢材从 925 ℃ 以上快速冷却降温时，碳化物或氧化物沉淀，金属晶格应变造成材料出现晶间腐蚀的风险。如焊接后进行消除应力热处理，可消除应力并恢复材料耐腐蚀性能。在 1Cr17 不锈钢中加入超过 8 倍碳含量的钛，有助于减少焊接钢结构在一些介质中的晶间腐蚀。

晶间腐蚀的预防措施主要如下。

（1）加入稳定化元素：通过添加如钛（Ti）或铌（Nb）等稳定化元素，可以减少碳化铬的形成。这些元素能够与碳结合，形成更稳定的化合物，从而防止碳与铬结合形成碳化铬。在选择不锈钢时，也可以优先考虑含有这些稳定化元素牌号的钢种。

（2）使用低碳不锈钢：在焊接应用中，选择碳含量低于 0.03% 的"超低碳"不锈钢是一个有效的方法。低碳含量降低了形成铬的碳化物的可能性，进而减少了晶间腐蚀的倾向。

（3）控制热处理过程：敏化温度区间是晶间腐蚀敏感的区域，因此应严格控制材料在该温度区的停留时间。避免过度加热，实施快速焊接和快速冷却，使碳元素来不及在晶界处析出，从而减少晶间腐蚀的风险。

（4）选择适当的不锈钢类型：对于容易发生固溶态晶间腐蚀的环境，应选择具有更高耐腐蚀性的不锈钢类型，如尿素级或硝酸级不锈钢。这些不锈钢经过特殊设计和合金化，可以提供更好的耐晶间腐蚀性能。

1.5.3.3　应力腐蚀

应力腐蚀是一种由拉伸应力和腐蚀作用共同引发的材料破坏现象，其特征是材料表面产生裂纹。绝大多数金属与合金，在特定环境条件下，都有可能发生应力腐蚀从而产生裂纹，对于某些金属，其破坏机制是否应归类为"应力腐蚀"还是"氢脆"（如高强度钢在硫化氢环境中的裂纹形成），学界尚存争议。为便于讨论，我们通常将这些由外部环境因素引发的破坏都纳入应力腐蚀裂纹的范畴。

马氏体型不锈钢，在经过硬化处理（如淬火和回火）后，对含有氯化物、氢氧化物或硝酸盐、硫化氢等溶液的环境特别敏感，容易发生应力腐蚀裂纹；而奥氏体型不锈钢则主要对浓氯化物的氢氧化物溶液敏感，这种溶液是引发其应力腐蚀裂纹的主要介质。

　　值得注意的是，敏化的奥氏体型不锈钢对晶间形式的应力腐蚀裂纹尤为敏感。在敏感性较高和/或应力水平较高的情况下，这种形式的裂纹甚至可能在通常认为腐蚀性较弱的环境中产生。因此，除非经过充分的试验验证证明特定环境不会导致晶间应力腐蚀裂纹，否则不应将敏化的奥氏体型不锈钢用于承受应力的场合。这对于确保不锈钢的安全使用具有重要意义。产生应力腐蚀裂纹破坏的环境通常是相当复杂的。例如。所涉及的应力通常不仅仅是工作应力，而是在制作、焊接或热处理过程中在金属中产生的残余应力的组合。这种情况常常可以用加工后的设备通过消除应力的方法来减轻应力。如上所述，造成裂纹的腐蚀介质经常仅仅是正在处理产物中的杂质。在整体溶液中，所存在腐蚀介质数量可能没有多到足以造成裂纹的程度，但是在裂缝处或液体上面的飞溅区，介质的局部浓度可能造成破坏。

　　尽管已经存在多种通用的预防应力腐蚀裂纹的方法，但选择能够在特定环境中抵抗应力腐蚀裂纹的材料仍然是最理想的解决方案。例如，在热的氯化物环境中，0Cr18Ni13Si4（美国 AISLX M15）或铁素体型不锈钢是较为合适的选择。这两种材料能够抵抗氯化物引起的应力腐蚀裂纹，因此在这样的环境中表现出良好的耐腐蚀性。在硫化氢环境中，铁素体和奥氏体型不锈钢通常是适用的材料，这是因为这两种不锈钢类型对硫化氢环境的腐蚀作用具有较强的抵抗力。相比之下，硬化的马氏体型不锈钢则不适合在这样环境中使用，因为它们对硫化氢引起的应力腐蚀裂纹较为敏感。

1.5.3.4　电化学腐蚀

　　当两种电极电位不同的金属或合金相互接触并浸泡在电解质溶液中时，电位较低的金属往往会发生加速腐蚀的现象，这被称为电化学腐蚀。对于不锈钢而言，由于其本身具有较好的钝化性能，通常受到的影响不大。然而，当不锈钢与其他金属接触时，这些金属可能会受到电化学腐蚀的影响。在电位序或电化学活性系列中，标准氢的活性被定义为零，其他材料的活性或钝性都是与氢进行对比来判定的。在电解液中，较为活性的金属会首先发生腐蚀。特别值得注意的是，如果活性金属的表面积小于与其接触的材料，腐蚀率会显著上升。例如，当碳钢螺栓或铆钉与不锈钢板接触时，由于碳钢的活性较高且接触面积较小，碳钢螺栓的腐蚀速率会加快。

　　为了避免这种电偶腐蚀，可以采取两种主要预防方法。第一种，通过合理的设计，可以减少或消除不同金属之间的直接接触。第二种，使用电绝缘材料来隔离两种金属，从而防止电化学腐蚀的发生。这两种方法都可以有效地降低电偶腐蚀的风险，保护金属部件免受腐蚀损害。

1.5.3.5　微生物腐蚀

　　微生物的新陈代谢可以为电化学腐蚀创造条件，参与或促进金属的电化学腐蚀称为微生物腐蚀。在海水、原水（未消毒）、污泥区和缺氧的土壤中，由于厌氧菌和硫杆菌等细菌产生硫化氢、二氧化碳和酸均会腐蚀金属。细菌可参与电化学过程造成金属构件的腐蚀，海洋生物在金属表面的堆积可形成缝隙而引起缝隙腐蚀。

　　在不锈钢中加入适量的 Ag 和 Cu 等合金元素可生产出抗菌不锈钢，其基本原理是：钢材经抗菌性热处理后，钢中的金属相（如 ε-Cu 相）富集于表面，在与含菌水溶液接触后钝化膜发生破裂，ε-Cu 等相释放出的 Cu 离子与细菌酵素发生反应，使细菌停止呼吸并最终被杀死。这种含 Ag 和 Cu 等合金元素不锈钢还可以用于制作抗菌不锈钢餐具。

【知识拓展】

家电用抗菌不锈钢

随着生活水平的提高，人们对生命健康的关注度上升，拉动了对抗菌产品的需求。抗菌不锈钢是在常规不锈钢的基础上加入铜 Cu、银 Ag 等抗菌金属元素，并经过特殊的抗菌生产工艺，使金属基体中形成细小、均匀弥散分布的抗菌金属颗粒，部分抗菌金属颗粒裸露于金属表面，遇水会形成抗菌金属离子，起到杀菌和抗病毒的效果。抗菌不锈钢既保持了原有不锈钢的基本性能，又具有良好的抗菌性能。

抗菌不锈钢特别适合用于洗衣机滚筒、洗碗机内板等家用电器部件，并可用于餐具水槽等厨房设备，以及食品存储设备等，甚至可以用于电梯面板、扶手等建筑装饰。宝钢从 2009 年起先后成功开发出两种抗菌不锈钢产品：含银奥氏体抗菌不锈钢 B304Ag、含铜铁素体抗菌不锈钢 B430KJ。

宝钢生产的抗菌不锈钢的实物质量达到了国际先进水平，打破了国外钢厂在该领域的垄断。经国际权威机构检测，依照《抗菌加工制品—抗菌性能试验方法和抗菌效果》（JISZ2801—2000）标准和《塑料和其他非多孔表面抗病毒活性的测定》（ISO 21702—2019）标准，B304Ag 抗菌不锈钢的抗菌性和抗病毒性均远优于普通 SUS304 不锈钢。

目前，宝钢的抗菌不锈钢产品已批量用于海尔洗衣机滚筒、空调配件等，用户反映抗菌效果良好，能够满足各项使用性能要求。酒钢开发的 430DQA 被海尔、老板、格兰仕、美的等用于洗衣机、油烟机、微波炉、冰箱等家电制品；430FRA 已供应上海实达苏州日矿、浙江雨金等国内知名精密带钢加工企业。

1.5.3.6　高温腐蚀

高温腐蚀主要包括高温氧化、高温硫化、高温渗碳和高温渗氮。

（1）高温氧化：低温时，不锈钢表面的钝化膜较薄。温度升高，钝化膜的厚度急剧增加；当温度超过所谓的高温氧化温度（640~950 ℃）时，钝化膜会急剧增长。

（2）高温硫化：高温时，硫与不锈钢中的元素反应形成复杂的硫化物或硫氧化物，硫还会与镍反应形成硫化镍，硫化镍形成低熔点的共晶体极容易导致腐蚀。通常，在含硫量较高的环境中应使用镍含量低的不锈钢。

（3）高温渗碳：当一种材料暴露于含碳元素的气氛中，如 CO、CO_2 或者 CH_4，就会发生渗碳。渗碳会在晶界间和晶粒内部形成碳化物，形成贫铬层，引起不锈钢的脆化，同时恶化不锈钢的抗氧化性和抗硫化性。铬、镍和硅可改善渗碳，因此奥氏体不锈钢比其他类型不锈钢能承受较高的碳含量。

1.6　不锈钢生产工艺

不锈钢生产工艺主要包括钢水冶炼、连铸、热轧和冷轧四大主要阶段。不锈钢冷轧板带全流程生产工艺具体包含了冶炼、精炼、连铸、热连轧、退火酸洗、冷连轧、修磨与精整等工序。

1.6.1 冶炼工艺

冶炼在不锈钢生产流程中扮演着关键的角色，不仅决定所生产钢种的化学成分，而且对保证产品质量、降低生产成本、提高生产效率具有重要作用。由于不锈钢的特性和对产品质量的特殊要求，使得无论是冶炼还是其他工序都具有不同于普通碳钢的特点。

目前世界上不锈钢的冶炼工艺主要为以废钢、合金、铁水为原料的一步法、二步法和三步法，以及以红土镍矿为原料的新型一体化冶炼法（RKEF）。

（1）一步法冶炼又分为传统一步法和新型一步法。

1）传统一步法冶炼又称为单炉冶炼法，铁水在电弧炉（Electric Arc Furnace，EAF）中完成所有冶炼任务，即"铁水→EAF"。由于该方法对原料要求苛刻，生产中原材料、能源消耗及成本较高，冶炼周期长，生产率低，目前已被淘汰。

2）新型一步法冶炼，将脱磷铁水或低镍铁水与合金作为炉料加入氩氧精炼炉（Argon Oxygen Decarburization，AOD）中完成所有冶炼任务，即"铁水/合金→AOD"，主要用于生产400系不锈钢。

（2）二步法冶炼主要有"铁水/合金→EAF/转炉→AOD"和"铁水/合金→EAF/转炉→VOD（真空精炼炉，Vacuum Oxygen Decarburization）"两种。二步法多在专业化不锈钢生产厂采用，是当今全球最主要的不锈钢冶炼方法，约占不锈钢总冶炼量的75%以上。

（3）三步法冶炼流程主要为"铁水/合金→EAF/转炉→AOD→VOD"。三步法能够冶炼超低碳钢、高铝和含钛不锈钢等高质量不锈钢种，约占不锈钢总冶炼量的20%，目前国内采用较多。

（4）新型一体化冶炼法（简称RKEF法）是以红土镍矿为原料，冶炼镍铁钢水的方法。其主要流程为"红土镍矿→回转窑（Rotary Klin，RK）→电炉（Electric Furnace，EF）→AOD"。在此基础上，中国青拓集团在全球首发了居国际领先水平的不锈钢RKEF-AOD双联法冶炼工艺。RKEF-AOD双联法冶炼工艺彰显了中国人的创造力以及对世界不锈钢发展的贡献。该工艺的特点是大幅降低了不锈钢冶炼成本，使不锈钢得到更广泛的应用，也可以说使不锈钢应用更加大众化普及化。

1.6.2 连铸工艺

冶炼得到的钢水要进行浇铸，不锈钢浇铸有模铸和连铸两种方法。20世纪60年代以前，不锈钢大部分都是采用模铸；60年代以后才大规模普及连铸技术，特别是70年代以后发展速度加快，到1985年全世界不锈钢连铸比已达到70%以上。中国钢铁行业从90年代开始在原冶金工业部的领导下普及连铸技术。到目前为止，中国钢铁生产企业已100%采用连铸工艺取代了模铸。采用连铸工艺，不仅同时提高了钢水收得率和综合成材率，且能与炉外精炼工序有效衔接，显著提高了生产效率，同时可省略开坯工序，降低能耗。

【知识拓展】

薄带铸轧技术（Castrip）与中国钢铁企业自主创新

2019 年 3 月 31 日，沙钢集团正式宣布：中国首条、国际上最先进的双辊薄带铸轧技术实现工业化生产。该技术是沙钢通过引进纽柯超薄带（Castrip）技术并结合自主创新，成功建设的国内首条工业化超薄带生产线。沙钢通过自主创新将其建设成为世界上最先进、指标最好的超薄带生产线。截至 2023 年底，沙钢集团已建成投产四条超薄带生产线，年产能在 200 万吨，产品主要应用于新能源汽车、3C 设备、农机、集装箱、智能家电、太阳能设备制造等领域。超薄带生产技术是沙钢集团向绿色低碳转型发展的重要尝试。

薄带铸轧技术（Castrip）（见图 1-12）：薄带铸轧技术就是在薄带生产工序上减少连铸工序，将钢水直接注入轧机，0.1 s 就能够将钢水变成铸带，30 s 完成生产全流程。其基本原理是将两个铜制、水冷反向旋转的轧辊瞬时将钢水冷却并进行轧制，即钢液均匀注入两辊中间，钢水在两轧辊之间开始凝固，并继续沿着辊转动方向形成一个连续的薄钢带材。此钢带通过夹送辊和热轧支架的过程中薄带厚度不断减薄，直到设计尺寸，最后再经过水喷雾冷却降低钢带温度，并卷取。

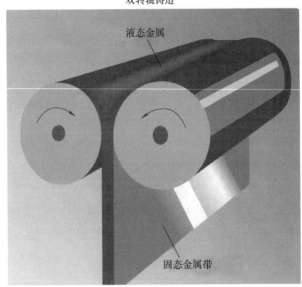

图 1-12　薄带铸轧技术（Castrip）工作原理

这项技术具有以下优点：

（1）流程短、占地少，常规热连轧产线长度一般要 800 m 左右，而超薄带产线长度仅 50 m 左右；

（2）此薄带生产工艺能耗更低、消耗更低，其碳排放只有传统产线的 1/6；

（3）生产效率高，薄带铸轧技术颠覆了传统生产工艺，极大缩短了生产流程，可以实现当天接单，次日成卷销售的生产模式；

（4）产品性能稳定，批次间波动小，产品质量优于传统热连轧。

1.6.3 热轧工艺

不锈钢热轧工艺是以连铸坯为原料，经加热后由粗轧机组和精轧机组制成带钢。从精轧最后一架轧机出来的热钢带通过层流冷却至设定温度，再由卷取机卷成钢卷，冷却后的钢卷外表有氧化皮，呈现黑色，俗称"不锈钢黑皮卷"。经过退火酸洗去掉氧化皮后，即为"不锈钢白皮卷"，当前市场上流通的大部分热轧产品为不锈钢白皮卷。

不锈钢产品生产中，热轧是决定产品性能、表面质量以及能否顺利进行冷轧的关键工序。不锈钢热轧机组主要有两种，即可用于不锈钢和碳钢混轧的连续式热轧机组（热连轧）和主要用于不锈钢生产的现代炉卷轧机。

1.6.4 冷轧工艺

不锈钢经热轧之后，一部分不锈钢热轧产品可以直接被下游使用，其余部分的热轧产品需要继续冷轧之后再使用。不锈钢冷轧工艺主要包括：热轧带钢退火酸洗、冷轧、冷轧带钢退火酸洗和精整等，详见模块6。

【知识拓展】

青山实业

青山实业自20世纪80年代诞生于浙江温州，经过30年发展，已经成为一家受人瞩目的世界一流企业，缔造了不锈钢企业发展的行业传奇。目前，青山实业旗下拥有青拓集团、永青集团、青山控股集团、上海鼎信集团、永青科技等五大集团，业务范围涵盖不锈钢制造和新能源产业链两大主要板块。2023年，青山实业荣列《财富》世界500强第257位，中国企业500强第74位，中国制造业企业500强第26位，中国民营企业500强第14位，中国制造业民营企业500强第10位。

青山致力于打造高品质、低成本、节能环保的不锈钢和新能源产品，为全人类更安全、便捷、舒适和健康的生活需求而努力，是目前国内外不锈钢行业的领军企业之一。公司发明的移动式AOD炉优化了不锈钢精炼的生产工艺，提高钢水收得率，降低能耗。同时，青山还是中国先行采用RKEF工艺生产镍合金的企业，该工艺具有高产、高效和节能环保的优点。青山成功地将RKEF工艺与不锈钢生产对接，实现了将镍铁水直接热送AOD炉冶炼不锈钢，提高了生产效率，低了能耗与成本，同时减轻了不锈钢冶炼中废弃物的排放，实现了不锈钢废钢的综合利用，改变了不锈钢生产的传统模式，实现了镍铁和不锈钢一体化生产的历史性突破，为世界不锈钢冶炼的节能减排、践行环保理念，助推生态文明建设树立了标杆。

【模块重要知识点归纳】

1. 不锈钢的定义

铬的质量分数大于10.5%，碳的质量分数最大不超过1.2%，且以耐腐蚀和不易生锈为主要特征的铁基合金。

铬是使钢产生钝化膜并使其具有不锈性、耐腐蚀性的关键元素，没有铬就没有不锈钢，不锈钢的不锈性和耐蚀性由铬含量所决定。因此，不存在所谓的"无铬不锈钢"。

2. 不锈钢的分类

（1）按照化学成分，不锈钢分为铬系和铬镍系，进一步细分还包括铬镍钼、超低碳、高钼、高纯等。

（2）按组织结构分为 5 类，即铁素体不锈钢、马氏体不锈钢、奥氏体不锈钢、双相（奥氏体+铁素体）不锈钢和沉淀硬化不锈钢。

3. 不锈钢的性能

（1）铁素体不锈钢：有磁性；易成型；导热性能好；耐点蚀、锈蚀能力强。

（2）马氏体不锈钢：有磁性；具有高强度和高硬度；通过热处理可调整钢的力学性能。

（3）奥氏体不锈钢：无磁性；良好的低温性能；易成型；焊接性能好。

（4）双相不锈钢：屈服强度高，耐点蚀、应力腐蚀能力强；易于成型和焊接。

（5）沉淀硬化不锈钢：强度高；不锈性能突出；可借助热处理调整其性能使其易于加工成型。

不锈钢的导热性大小为：马氏体不锈钢>铁素体不锈钢>双相不锈钢>奥氏体不锈钢。

4. 不锈钢生产工艺

不锈钢生产主要包括钢水冶炼、连铸、热轧和冷轧四大主要阶段，具体包含冶炼、精炼、连铸、热连轧、退火酸洗、冷连轧、修磨与精整工序。

 思考题

1-1　"不锈钢单纯指一种钢种。"这种说法对吗？

1-2　简述不锈钢具有不锈性和耐腐蚀性的原因。

1-3　不锈钢根据组织结构可分为哪几类？

1-4　简述减少不锈钢点蚀的措施。

1-5　简述不锈钢的生产工艺流程。

模块 2　不锈钢中的合金元素

不锈钢中的
合金元素

【模块背景】

为什么不锈钢中都含有铬元素？为什么很多不锈钢品种都少不了昂贵的镍元素？超级奥氏体不锈钢"超级"在哪里？为什么钢中加入铜就可以抗菌？通过本模块的学习，大家将会对主要合金元素在不锈钢中的作用建立基本认识，有助于理解不同类型不锈钢的家族特征。

【学习目标】

知识目标	1. 掌握不锈钢中添加合金元素的作用和功能； 2. 掌握不锈钢中铁素体相和奥氏体相形成元素种类； 3. 掌握各元素对不锈钢性能的影响规律。
技能目标	1. 会描述几种类型不锈钢的主要元素构成特点； 2. 会描述铬、钼、镍等主要元素对不锈钢的作用； 3. 能判断因合金元素导致的不锈钢性能变化。
价值目标	1. 坚定理想信念，坚持党的领导，增强"四个意识"； 2. 培养健全的"三观"，凡事把握"度"的处事理念和积极豁达的人生态度； 3. 培养辩证地看待错与对、利与害、得与失的科学思维； 4. 通过红土镍矿冶炼镍铁的发展，了解科技前沿取得的成果，培养胸怀国家天下的人生格局，培养创新思维，增长知识见识。

【课程思政】

合金与信念

合金，是一种通过不同元素结合创造出具有独特属性的新材料。铁与碳结合，创造出了强度和韧性大幅度提升的钢；铁与铬、镍结合，创造出了具有良好抗腐蚀性能的不锈钢。人的信念正如合金一样，是由意志、情感等元素结合形成，具有坚强、坚韧、抗腐蚀等优良特性。

信念的力量坚如合金，它能够穿透最坚硬的障碍。彭湃，出生于富裕家庭，为了普天下人民都过上好日子，他选择放弃享受荣华富贵，投身中国土地革命；夏明翰，出生于豪绅家庭，却毅然投身革命，不惜牺牲自己的生命。

信念的韧性强如合金，它支撑着人们在逆境中前行。从建党伊始至今，面对无数艰难困苦和复杂多变的国际局势，正是凭借着许许多多共产党人如合金般坚韧的信念，才创造了一个个让人引以为豪的中国奇迹。

信念的抗腐蚀性如同合金，它能够抵御外界的侵蚀，是共产党人抗腐拒蚀的高尚情操。党的二十届三中全会强调，要健全全面从严治党体系，切实改进作风，克服形式主义、官僚主义顽疾，深入推进党风廉政建设和反腐败斗争，扎实做好巡视工作。要巩固拓展主题教育成果，深化党纪学习教育，维护党的团结统一，不断增强党的创造力、凝聚力、战斗力。

参考资料：《锻造信念"合金"》（人民日报，2018 年 01 月 04 日　04 版）

2.1　合金元素对不锈钢组织的影响

2.1.1　影响不锈钢组织的合金元素

（1）形成铁素体的元素，Cr、Mo、Si、Al、V、Ti、Nb 等。
（2）形成奥氏体的元素，C、N、Ni、Co、Mn、Cu 等。
在一定温度条件下，不锈钢的基体组织是由钢中形成铁素体和形成奥氏体的合金元素间的相互作用所决定的。

2.1.2　铬当量与镍当量

2.1.2.1　铬当量 ［Cr］

铬当量 ［Cr］ 是把每一种铁素体化元素，按其铁素体化的强烈程度折合成相当若干铬元素后的总和，常见的计算铬当量的经验公式为：

$$铬当量(\%) = \%Cr + \%Mo + 1.5 \times \%Si + 0.5 \times Nb$$

2.1.2.2　镍当量 ［Ni］

镍当量 ［Ni］ 是把每一种奥氏体化元素，按其奥氏体化的强烈程度折合成相当若干镍元素后的总和，常见的计算镍当量的经验公式为：

$$镍当量(\%) = \%Ni + 30 \times \%C + 30 \times \%N + 0.5 \times \%Mn + 0.25 \times \%Cu$$

对于一种已知牌号的不锈钢，根据其化学成分可计算出相应的铬当量 ［Cr］ 和镍当量 ［Ni］，再利用谢菲尔（Schaeffler-Delong）不锈钢组织图，如图 2-1 所示，可大致估算出该钢种的种类、主要基体组织和基本性能。

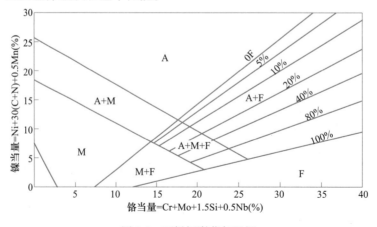

图 2-1　不锈钢谢菲尔组织

2.2 合金元素对不锈钢性能的影响

在一定温度下，不锈钢中的合金元素不仅决定钢的基体组织，而且对不锈钢的性能也有重要影响。在不锈钢的冷加工、热处理、焊接及使用过程中，各元素间相互作用使得钢中析出碳化物、氮化物和各种金属间化合物，如图 2-2 所示。合金元素对不锈钢性能的影响主要包括：直接影响不锈钢的性能（通常指耐蚀性能）；改变不锈钢的组织结构，组织结构的改变会导致钢的力学性能，冷、热加工性，焊接性能等发生改变。

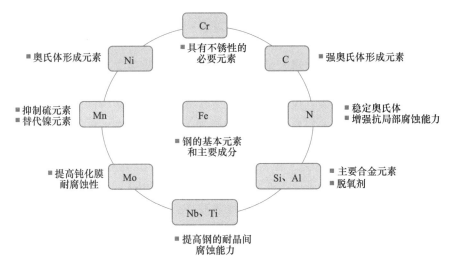

图 2-2　不锈钢中的主要合金元素及作用

2.2.1　铬（Cr）

铬元素不仅仅是使钢材具备不锈性、耐蚀性的必要元素，同时能够改善不锈钢表面钝化膜的修复能力。通常来讲，不锈钢的抗氧化性、抗硫化性、耐蚀性、耐酸性和高温强度与其中的铬含量成正比。然而对于铁素体不锈钢和双相不锈钢而言，铬含量过高会导致其在高温下的塑性、韧性、成型性和耐蚀性发生降低。

2.2.2　镍（Ni）

镍元素在不锈钢中的重要性仅次于铬，它不仅仅是形成奥氏体不锈钢的关键元素，同时能够提高不锈钢表面钝化膜的性能，降低奥氏体不锈钢的冷加工硬化倾向，进而保证不锈钢材料的热力学稳定性及材料加工性能，尤其在酸碱等强腐蚀性介质中效果更为明显。需要注意的是，镍含量过高会导致钢中碳元素的溶解度降低，从而增加晶间腐蚀的敏感性，同时，镍与硫会反应生成低熔点硫化物从而恶化不锈钢的热加工性。

考虑到镍元素的成本价格较高，以锰、氮等元素取代镍元素的低镍或无镍不锈钢是目前和未来不锈钢品种发展的重要方向，对于降低不锈钢生产成本具有很大的实用价值。

不锈钢产业是镍资源的主要用户，长期以来镍价走势和不锈钢产量变化高度一致，不锈钢发展明显受镍价制约。随着全球硫化镍矿资源的不断枯竭和开采难度的增加，电解镍的生产成本将进一步攀升。RKEF-AOD 不锈钢一体化生产新工艺的开发，降低了不锈钢行业对纯镍的依赖，降低了 300 系不锈钢的冶炼成本，为宝贵镍资源的高效利用提供了更大空间。

【知识拓展】

RKEF+AOD 冶炼工艺

RKEF（rotary kiln-electric furnace，即回转窑—矿热炉）工艺是一种镍铁生产熔炼技术，始于 20 世纪 50 年代，由 Elkem 公司在新喀里多尼亚的多尼安博厂开发成功，随着设计制造、安装调试和生产操作上日臻成熟，已成为世界上生产镍铁的主流工艺技术。目前全球采用 RKEF 工艺生产镍铁的公司有十几家，生产厂遍及欧美、东南亚等地。

采用 RKEF 工艺进行不锈钢镍铁原料的生产，主要优势在于原料适应性强，可适用镁质硅酸盐矿和含铁不高于 30% 的褐铁矿型氧化镍矿及中间型矿，最适合使用湿法工艺难以处理的高镁低铁氧化镍矿石；镍铁品位高，有害元素少，同样的矿石使用 RKEF 工艺所生产的镍铁品位高于其他工艺；能源节约与利用水平高，回转窑生产的焙砂在 800 ℃ 的高温下入炉，相对于冷料入炉节省了大量的物理热和化学热。

将 RKEF 和 AOD 结合在一起，国内开发了 RKEF→AOD→浇铸→轧制的不锈钢生产工艺，主要生产 300 系钢种，被很多企业采用。该工艺采用 RKEF 得到的热镍铁水作为原料直送炼钢，经过脱硅转炉+AOD 转炉冶炼并浇铸后得到红坯，然后将红坯送到轧钢进行轧制。与以往不锈钢生产工艺相比，重要的区别是采用热镍铁水直送炼钢，取消了镍铁水铸铁与电炉熔化工序，避免了二次熔化和二次排放，实现了大幅节能降耗减排；再配合连铸红坯通过辊道和地下板坯输送台车热送到热轧产线，可实现连铸坯热装热送，大幅降低了板坯加热所需的能耗，同时也减少了废气排放。

2.2.3　钼（Mo）

钼是除了铬、镍之外的一种重要的合金元素，被广泛用于不锈钢中。前提条件是，当不锈钢中的铬含量足够时，钼才能发挥其改善不锈钢耐蚀性的作用，且随着铬含量的增加，钼元素的益处愈发明显。钼能够使铬在不锈钢钝化膜中进一步富集，改善钝化膜的强度，从而提高不锈钢在酸、碱、盐及海洋气氛等环境中的耐蚀性。在海洋性大气中，仅靠提高铬的含量，即使高达 24%，也难以完全防止不锈钢被锈蚀。因此，必须加入钼元素。

此外，钼能够改善奥氏体不锈钢的固溶效果和硬度，然而，随着钼含量的进一步增加，会使不锈钢的热塑性降低，从而恶化钢材的热加工和热成型性能。

当奥氏体不锈钢中的 Mo 含量（质量分数）提高到 6% 及以上后，耐点蚀当量 PRE 往往可以达到 40 甚至更高。在铬、钼和氮的协同作用下，不锈钢在卤化物环境中的耐点蚀和耐缝隙腐蚀性能特别优异，甚至可以达到耐蚀合金的水平，被人们称为"超级"奥氏体不锈钢，典型的牌号有 UNS S31254、UNS N08367、UNS S32654，特别适合用于石油化工、海水淡化、烟气脱硫等使用条件苛刻的领域。

2.2.4　铌（Nb）、钛（Ti）

铌和钛通常被称为不锈钢的稳定化元素，其主要特点是提高不锈钢的耐晶界腐蚀能力，从而改善不锈钢钢材的强度和耐蚀性。对于马氏体不锈钢，加入较多的钛能够降低其碳、氮的含量，改善钢材的强度与韧性。与铬相比，钛、铌与碳的亲和力更强，因此能优先生成稳定的碳化钛（TiC）和碳化铌（NbC）。这些碳化物会均匀地分布在不锈钢基体中，避免了碳与铬反应生成碳化铬而引发的晶间腐蚀。铌在不锈钢中的用量仅次于钼，它不仅可以有效提高不锈钢在高温条件下的强度，并且由于铌的成本相对较低，可以部分替代价格昂贵的钼元素，以实现降低生产成本的目的。

2.2.5 铜（Cu）

铜能够改善不锈钢的耐蚀性能，将铜与钼同时加入则效果更佳，尤其是在硫酸等还原性介质中。当铜含量（质量分数）为 2.5%~5% 时，不锈钢基体的加工硬化率显著降低，更易于钢材加工成型。同时，向不锈钢中加入铜元素，能够析出富铜的金属间化合物，使不锈钢表面具有抗菌能力。然而，过量的铜会降低不锈钢的热塑性，从而恶化钢材的热加工性能。

2.2.6 硅（Si）、铝（Al）

2.2.6.1 硅（Si）

硅不仅是不锈钢中的常见合金元素，同时是强铁素体的形成元素。硅能够在不锈钢钝化膜中富集进而提高不锈钢的耐腐蚀性，尤其是在强氧化性介质如浓硫酸、硝酸中。然而需要注意的是，在特定的温度（600~1000 ℃）内，硅会增强铬元素的活性进而促使产生大量碳化铬，导致不锈钢的耐蚀性和热加工性降低。

2.2.6.2 铝（Al）

铝是氧化炼钢过程中常见的脱氧剂，铝与钢水中的氧结合生成氧化铝进入炉渣，达到脱氧的效果。同时，铝能够强化钢材的二次硬化效应和回火稳定性。但是铝含量过高会加重不锈钢的点蚀，造成不锈钢耐蚀性能的恶化。

2.2.7 锰（Mn）

锰在不锈钢领域应用的主要作用：一方面是替代成本价格高昂的金属镍，降低成本，同时提高不锈钢中氮的溶解度和钢材强度；另一方面，锰能够与硫反应生成硫化锰，抑制硫对钢材的"热脆"危害，改善不锈钢的热加工成型性能。需要注意的是，钢液中夹杂和溶解过多的硫化锰会促使不锈钢钢材发生孔蚀，降低不锈钢的耐腐蚀性能。在生产过程中，要严格控制好锰的添加量。

2.2.8 钒（V）

钒元素与碳、氮的亲和力较强，能够生成稳定的碳化钒（VC）、氮化钒（VN）。该化合物的结晶温度较低，颗粒尺寸易控制。研究发现，铁素体不锈钢中添加钒后，析出相主要是碳化铌和氮化钒，这些析出物弥散分布于晶内和晶界。进一步提高钒含量，钢材的冲击韧性和耐点蚀性能逐步提高。

2.2.9　碳（C）、氮（N）

在冶金中，碳含量是区分钢和铁的关键指标。在不锈钢领域，碳是强奥氏体的形成元素，能够提高不锈钢的强度。由于碳和铬的亲和力较高，容易发生反应形成一系列复杂的碳化物，碳含量越高，因反应造成的铬消耗量越大，从而降低不锈钢的耐蚀性能。同时，碳含量过高会降低钢材的韧性和加工成型性。因此，在不锈钢的制造过程中，需要综合考虑碳元素的作用和影响，以获得具有所需强度和耐蚀性的材料。

向钢中添加适量的氮，可以提高钢的强度、抗氧化性和抗局部腐蚀能力。氮同时是稳定奥氏体的关键元素，使奥氏体具有良好的抗敏化能力。氮在不锈钢中的应用是近年来不锈钢领域的重大发展之一，以氮代碳，开发含氮不锈钢已成为热门领域。

2.2.10　铈（Ce）

铈（Ce）在不锈钢中有积极作用，尤其是能够显著提高不锈钢的耐蚀性。添加适量的铈元素可以快速形成一层致密完整的钝化膜，提高不锈钢的耐蚀性。由于铈在晶界上均匀分布，抑制了晶界上有害夹杂物的析出，净化了钢水，提高不锈钢抗晶间腐蚀和抗点蚀性能。同时，铈降低了钢水中的氧和硫含量，减少了硫化亚铁共晶体的产生，避免钢材产生热脆。

【知识拓展】

酒钢 347H 不锈钢为光热发电产业筑基石

随着"双碳"目标的提出，我国太阳能发电技术蓬勃发展。太阳能发电技术又分光伏发电与光热发电。其中，光热发电技术是通过高温熔盐存储太阳能，以实现夜间或无阳光时的连续发电，增强了能源系统的稳定性并解决了能源供需问题。在这一技术的实际应用中，对高温介质输运管道和熔盐储罐的材料选择有着极为严格的标准。

开发适用于光热发电的耐高温、抗腐蚀材料成为国内外关注的焦点。酒钢集团在这一领域取得了突破，成功开发了 347H 不锈钢，这种材料因其在抵抗高温熔盐腐蚀方面具有的卓越性能而受到市场广泛认可。347H 不锈钢属于奥氏体不锈钢，其中，铌元素的加入显著提升了材料的耐晶间腐蚀能力，同时赋予了它较高的高温强度和优异的抗高温氧化性能，这使得它非常适合用于太阳能光热电站熔盐储罐的制造。

酒钢集团这一创新材料不仅增强了其在不锈钢行业的竞争力，而且为中国在光热发电和新能源技术领域的进步提供了重要的材料基础。

资料来源：《光热发电用 347H 不锈钢耐高温熔盐腐蚀性能大幅提升》，科技日报，2023 年 8 月 1 日。

【模块重要知识点归纳】

1. 铬

铬是使钢材具有不锈性、耐蚀性的必要合金元素，也是铁素体的形成元素，能够提高钢的钝化膜的修复能力以及不锈钢的耐蚀性能。但是，铬与碳会形成碳化物，降低钢的耐蚀性，引起晶间腐蚀。

2. 镍

镍是奥氏体不锈钢的主要形成元素，可提高不锈钢钝化膜的稳定性，改善不锈钢的韧性、塑性和稳定性。在腐蚀性较强的环境中能有效提高不锈钢的耐腐蚀性。但是，镍会降低不锈钢的高温抗硫化性，且价格昂贵。

3. 钼

钼能显著促进铬在钝化膜中的富集，提高钝化膜的强度，增强不锈钢在海洋性气候、酸性介质、卤盐、氯离子等环境中的耐蚀性。前提条件是钢中必须含有足够的铬。

4. 钛、铌

钛、铌与碳的亲和力较强，能优先与碳生成稳定的碳化钛和碳化铌，避免了因碳与铬结合形成析出碳化铬引发的晶间腐蚀，提高不锈钢的耐晶界腐蚀能力、强度和耐蚀性，能够提高铁素体不锈钢的冷成型性。

5. 铜

铜能提高不锈钢的耐腐蚀性，在硫酸等还原性介质中的作用更为明显。但是，铜含量过高会降低不锈钢的热塑性。

6. 硅

硅能够提高钢在浓硝酸、浓硫酸等强氧化性介质中的耐蚀性。

7. 铝

铝能改善钢液氧化性，提高钢材回火稳定性和增加二次硬化效应，但是不利于不锈钢材料的耐蚀性能。

8. 锰

锰通常作为脱氧元素及替代镍元素而存在，能够增加氮的溶解度和提高钢材强度。

9. 钒

钒对改善铸造不锈钢的组织，提高耐腐蚀性能有益。

10. 碳

碳含量增加提高不锈钢的强度，但降低冲击韧性且容易造成铬的消耗量增加，造成临近区域贫铬。

11. 氮

氮是稳定奥氏体的元素，增强不锈钢的抗局部腐蚀（点蚀及缝隙腐蚀）能力，减少 σ 相析出，防止高温脆性，使奥氏体具有良好的抗敏化能力。

12. 稀土元素

稀土元素能在不锈钢表面形成钝化膜，提高不锈钢的耐蚀性能，抗晶间腐蚀性能明显提高；减少 FeS 的产生，避免热脆现象，提高塑性；对钢水有净化功能。

 思考题

2-1 分别简述形成铁素体和奥氏体的合金元素有哪些。

2-2 "铬是使不锈钢具有不锈性的关键元素，因此不锈钢中铬元素的含量越高越好。"这种说法是否正确？

2-3 简述镍和钼两种元素对不锈钢性能的影响。

模块 3　不锈钢冶炼工艺

不锈钢冶炼工艺

【模块背景】

不锈钢与普通碳钢的冶炼工艺是否相同？为什么不锈钢冶炼要进行"脱碳保铬"？为什么冶金工作者们要大力开发不锈钢冶炼技术？在冶炼技术中经常看到的 DH、RH、AOD、VOD、VD 究竟是什么意思？进行不锈钢冶炼工艺设计时需要考虑哪些因素？通过本模块的学习，大家将会对不锈钢的冶炼工艺建立基本认识，有助于掌握不锈钢生产技术。

【学习目标】

知识目标	1. 掌握不锈钢冶炼工艺的基本原理与工艺特点； 2. 熟悉不锈钢主要冶炼方法（EAF、DH、RH、AOD、VOD、VD、LF、GOR、RKEF 等）的特点与关键设备； 3. 熟悉不锈钢冶炼的典型工艺流程、技术特点与适用场景； 4. 了解不锈钢冶炼设备工艺路线的选择依据。
技能目标	1. 能区分各类不锈钢冶炼方法的工艺特点，并能绘制不锈钢冶炼工艺流程图； 2. 能识别各类不锈钢冶炼设备的结构特点，并能根据不同条件进行相应的选型； 3. 能辨别原料、设备和操作工艺是否符合冶炼要求，能判断实际生产过程中出现的问题，并提出相应的解决方案和防控措施； 4. 能根据实际情况，对不锈钢冶炼产线进行设计、操作和优化。
价值目标	1. 了解我国在科技前沿取得的成果，认识我国相关企业进行的不懈努力与辉煌成就，正确把握我国钢铁行业在新形势下面临的机遇与挑战，增强民族自豪感，坚定"四个自信"； 2. 培养在面对新时代的使命与担当时，不畏艰难困苦，在艰苦环境中奋斗的钢铁意志； 3. 践行社会主义核心价值观，以笃定的爱国之情投身祖国钢铁产业发展； 4. 树立责任意识、法治意识、安全意识和职业道德规范； 5. 理解中华传统文化所蕴藏的科学内涵，弘扬优秀中华传统文化，具备运用中华优秀传统文化思想解读科学问题的能力。

【课程思政】

太钢：创新驱动，铸就行业领先地位

太钢集团，自新中国成立初期起就成为中国不锈钢生产的先锋。面对全球产业变革，太钢积极转型升级，整合资源，于 2020 年底与中国宝武合并，成为宝武集团旗下专业的不锈钢平台。近年来，太钢不断实现提质增量，抢占不锈钢产业竞争制高点，年粗钢产量稳定保持在 1000 万吨，其中不锈钢为 450 万吨，同时推出了"手撕钢"、"笔尖钢"等一系列创新产品，打破国外技术垄断，填补市场空白。

太钢专注于高等级不锈钢产品研发,面对技术挑战,不断攻坚克难,支撑国家重大战略和先进制造业发展。在福建霞浦核电项目中,太钢成功生产满足性能要求的钢板,保证项目进度,赢得客户信任。同时,在诸如神州、华龙等"国之重器"上都能看到太钢产品的身影。

太钢持续推出优质不锈钢产品,引领消费升级,满足人民美好生活需要。面对不锈钢人均消费量低的现状,太钢加强特色产品研发,提供长寿命、低成本、优性能材料。太钢团队攻克笔尖钢难题,实现自主生产,降低进口价格,节省制笔厂成本。

面对科技革命和产业变革的浪潮,太钢大力布局新材料领域,发展高端碳纤维产业。在 2022 年的北京冬奥会上,由太钢研发的碳纤维材料所制造的雪车惊艳亮相,展示了太钢创新的实力和决心。

下一步,太钢将继续加大不锈钢新材料的研发力度,抢占全球不锈钢新材料产业竞争制高点。同时,坚持创新驱动,不断提升核心竞争力和可持续发展能力,为实现中华民族伟大复兴的中国梦贡献力量。

参考资料:《太钢制胜》(经济日报,2022 年 05 月 13 日 04 版)。

3.1 不锈钢冶炼的原理与特点

3.1.1 不锈钢冶金原理

不锈钢是一种重要的金属材料,具有优异的耐腐蚀性和力学性能。在不锈钢的冶炼过程中,碳和铬是两种关键元素。碳元素会使不锈钢的耐腐蚀性、加工性和焊接性等恶化,因此需要尽可能降低钢水中的碳含量。同时,不锈钢中的铬元素含量较高,对不锈钢的性能起着重要作用。"脱碳保铬",即降低碳含量的同时尽可能避免铬的氧化,是不锈钢冶炼的核心问题,也是冶炼不锈钢与普通碳钢的主要区别。这是因为在不锈钢钢水中,铬会优先发生氧化。在正常的冶炼温度和氧势下,要将碳含量(质量分数)降至 0.03% 以下,相应的平衡铬含量在 4% 左右,远低于不锈钢对铬含量的要求。因此,如何使化学反应在热力学和动力学上均有利于铬的保留和碳的去除,即脱碳保铬,成为不锈钢冶炼的关键。

含铬铁水脱碳的化学反应可表示:

$$Cr_3O_4 + 4[C] \Longrightarrow 3[Cr] + 4CO\uparrow \tag{3-1}$$

$$K = \frac{\alpha_{Cr}^3 \times p_{CO}^4}{\alpha_C^4} \tag{3-2}$$

$$[\%C] = \frac{1}{f_C} \sqrt[4]{\frac{[\%Cr]^3 \times f_{Cr}^3}{K}} \times p_{CO} \tag{3-3}$$

其中,C、Cr 和温度之间的关系可以表示为:

$$\lg\{[\%C]/[\%Cr]\} = 11700/T - 8.05 - \lg p_{CO} \tag{3-4}$$

式中　K——化学反应的平衡常数;

α_{Cr}——钢水中铬元素 Cr 的活度;

α_C——钢水中碳元素 C 的活度;

p_{CO}——钢水中的一氧化碳 CO 的分压;

　　　　f_C——碳元素 C 的活度系数；

　　　　f_{Cr}——铬元素 Cr 的活度系数；

　　[%C]——钢水中碳元素的质量分数，%；

　　[%Cr]——钢水中铬元素的质量分数，%；

　　　　T——钢水温度，K。

　　在不锈钢冶炼过程中，常压下，C-Cr 平衡曲线随温度的升高而下降，意味着提高冶炼温度可以降低平衡碳含量。例如，当钢水中铬含量为 4% 时，温度从 1600 ℃ 提高到 1800 ℃，平衡碳含量可以从 0.13% 降低到 0.03%。然而，这种方法在实际生产中存在限制。由于耐火材料难以承受过高的温度，炉衬容易烧损，因此不能无限制地提高冶炼温度。除了提高温度，降低一氧化碳分压（p_{CO}）也是一种有效的方法来降低平衡碳含量。在相同的铬含量情况下，降低一氧化碳分压可以使平衡碳含量迅速减少。这意味着通过调整炉内气氛或采用其他技术手段来降低一氧化碳分压，可以在不增加冶炼温度的情况下实现脱碳保铬。

　　综合考虑温度和压强的影响，降低压强对降低平衡碳含量具有更显著的效果。降低压强不仅可以降低平衡碳含量，还可以减轻耐火材料的消耗，降低生产成本。因此，在实际生产中，通过降低压强来实现脱碳保铬是更可行、更有效的方法。

　　在不锈钢冶炼的生产实践中，降低冶炼环境中 CO 分压主要采用以下两种方法。

　　（1）稀释法，也称为假真空法，是一种通过向钢水中吹入由氩气（Ar）、氮气（N_2）等惰性气体或水蒸气等组成的混合气体来实现脱碳的方法。这种方法的原理是通过吹入混合气体来稀释反应产物一氧化碳 CO 在气相中的浓度，从而降低一氧化碳的分压（p_{CO}）。其中，氩氧脱碳法（Argon Oxygen Decarburization，AOD）是这一技术的代表。

　　（2）真空法，采用真空技术来降低体系压强，从而达到降低脱碳产物一氧化碳气体分压的目的。与 AOD 法相比，真空法可以使一氧化碳分压降到非常低的水平，进而改善不锈钢的脱碳效率和脱碳深度。真空吹氧脱碳法（Vacuum Oxygen Decarburization，VOD）是这一技术的代表。

　　在实际应用中，稀释法和真空法各有优缺点，需要根据具体生产需求和条件来选择合适的脱碳方法。同时，这两种方法也可以结合使用，以达到更好的脱碳效果。

3.1.2　不锈钢冶炼特点

3.1.2.1　不锈钢冶炼的要求

　　由于不锈钢的化学成分多元与复杂，且对表面质量要求较高，使得不锈钢的冶炼过程具有独特的挑战性和复杂性。

　　A　严格控制冶炼化学成分

　　（1）钢种多样性。不锈钢的种类繁多，每种钢种都有其独特的化学成分要求，这些要求通常根据钢种的用途、性能特点和市场需求来确定；

　　（2）元素复杂性。不锈钢除了含有常规的碳（C）、硅（Si）、磷（P）、硫（S）、锰（Mn）等元素外，还含有铬（Cr）、镍（Ni）、钼（Mo）、铌（Nb）、铜（Cu）、钛（Ti）、铝（Al）、氮（N）等多种元素。这些元素对不锈钢的性能和特性有着重要影响，因此需要精确控制它们的含量；

（3）生产成本。对于高合金钢等高品质钢种，如果化学成分控制不当，可能会导致生产成本的大幅增加。这不仅影响企业的经济效益，还可能影响产品的市场竞争力。

B "脱碳保铬"是不锈钢冶炼中需要特别关注的问题

在降低碳含量小于 0.1% 的同时，要尽量保持铬含量 ≥ 10.5%，甚至为了适应更加苛刻的应用场景还需进一步添加铬、镍、钼等合金元素。碳含量过高会降低不锈钢的耐腐蚀性，而铬含量过低则会影响不锈钢的硬度和耐蚀性能，且铬的大量氧化会增加炉渣黏度与熔点，不利于冶炼。因此，冶炼过程中需要优化冶炼工艺参数来找到最佳的平衡点，对碳和铬的含量进行精确控制。

C 降低冶炼成本

由于不锈钢中使用了大量昂贵的合金元素，且冶炼过程复杂，冶炼过程成本在不锈钢全流程生产成本中占较大的比例。因此，降低成本对于提高不锈钢的生产效益至关重要。在生产实践中，主要通过降低炉料成本、提高贵重元素收得率、提高冶炼效率、减少热损失等方式实现。

（1）降低炉料成本，选用廉价合金资源，同时降低熔化成本，提高贵重元素收得率。

（2）提高冶炼效率，降低生产过程热量损失，同时摊薄生产所需水、电等固定能源单耗。

（3）合理控制炉衬寿命，降低造渣辅料成本。

D 保证表面质量

不锈钢产品对表面质量的要求很高，任何夹杂物或氧、硫等杂质的存在都可能严重影响产品的性能。因此，在冶炼过程中需要采取一系列措施来确保不锈钢的表面质量，主要包括：

（1）严格控制冶炼化学成分；

（2）浇铸时采用无氧保护浇铸；

（3）表面质量不能满足最终成品的表面质量时，对锭、坯表面缺陷的修磨。

3.1.2.2 不锈钢冶炼的技术关键

A 脱碳

不锈钢钢水脱碳主要通过向钢水内吹入氧气进行氧化脱除，脱碳速率主要取决于钢中碳含量、供氧量、钢水温度和吹氩强度。一般来讲，钢水温度越高，脱碳反应的吉布斯自由能越小，脱碳反应进行的趋势越强。供氧强度越高，单位时间内氧枪向钢水传入的溶解氧含量越高，越有利于脱碳。吹氩搅拌一方面为钢水的搅拌提供了必要的动能，从而有效地促进钢水各部分的混合，使钢水中的成分更加均匀分布，促进碳和氧在钢水中的扩散和反应；另一方面吹氩搅拌为钢水的脱碳反应提供了反应界面。当氩气气泡上升穿过钢水时，气泡表面成了一个理想的反应场所。在这里，钢水中的碳可以与气泡中的氧发生反应，生成一氧化碳或二氧化碳气体，从而实现钢水的脱碳。由于气泡表面积大且不断更新，这为脱碳反应提供了充足的反应界面，使得脱碳过程更加高效。

　　B　保铬

　　在不锈钢冶炼中，铬收得率（终点铬含量）是除脱碳以外的另一关键指标。冶炼不锈钢时，提高铬含量的措施主要有：提高钢水温度或开吹温度、提高吹氧真空度、氩气搅拌和造渣还原。

　　在不锈钢冶炼过程中，铬的氧化损失是一个需要密切关注的问题，因为高铬含量是不锈钢耐腐蚀性和机械性能的关键。为了使铬的收得率实现最大化，必须精确控制冶炼过程中的多个因素。首先，避免过吹是减少铬氧化损失的关键。过吹会导致氧气过剩，从而加速铬的氧化过程。为了精确控制吹氧强度，必须准确判断钢水的临界碳含量。特别是在低碳区，碳的夺氧能力下降，因此必须更加小心地调整吹氧参数，以防止铬的过度氧化。其次，炉渣的碱度对铬的氧化损失也有重要影响。当炉渣的二元碱度低于 2 时，炉渣中的氧化铬含量会急剧增加，导致钢水中的铬含量下降。因此，在冶炼过程中，需要密切监控炉渣的碱度，并采取必要的措施来维持其在一个合适的范围内。此外，提高钢水温度和吹氧真空度也可以有助于减少铬的氧化损失。增加钢水温度可以促进铬的还原反应，而提高吹氧真空度则可以降低钢水中的氧分压，从而减少铬的氧化。这些措施需要综合考虑，以确保在保持不锈钢其他性能的同时，使铬的收得率实现最大化。

　　C　脱气

　　铁素体不锈钢是一种特殊类型的不锈钢，其特性使其对碳（C）和氮（N）的含量特别敏感，因为这两种元素都可能对其性能产生不利影响。因此，在冶炼铁素体不锈钢时，有效控制并降低这些气体的含量至关重要。除了常规的脱气影响因素，如初始气体含量、冶炼过程中的真空度以及吹氩搅拌等，脱碳过程对脱气效率具有显著的影响。研究表明，钢水中的氧和硫元素会抑制脱氮反应的进行，这意味着在吹氧过程中，钢水的高氧势状态可能会阻碍氮的脱除。因此，铁素体不锈钢中的氮主要是通过气泡去除的。脱碳过程中产生的大量一氧化碳和氩气气泡为脱氮提供了充足的反应界面，从而促进了氮的脱除。此外，钢水的脱氢、脱氮量都与脱碳速率或脱碳量密切相关。这意味着通过优化脱碳过程，可以更有效地控制钢水中的气体含量，从而提高铁素体不锈钢的质量。

3.2　主要冶炼方法

3.2.1　EAF

　　电弧炉（Electric Arc Furnace，EAF）作为一种利用电极电弧产生高温来熔炼矿石和金属的设备，在金属冶炼领域具有重要地位。其工作原理是通过气体放电形成电弧，弧区温度极高，从而实现对金属的高效熔炼。在熔炼过程中，电弧炉显示出较高的工艺灵活性，可以有效地去除金属中的杂质，如硫和磷，从而提高金属的纯度。20 世纪 50 年代初，随着工业用氧生产技术的普及和推广应用，电弧炉返回吹氧法成为不锈钢生产的主要方法。这种方法利用电弧炉产生的高温环境（通常在 1800~2000 ℃），实现不锈钢钢水的脱碳保铬。然而，尽管该方法在早期不锈钢生产中占据重要地位，但由于其存在的诸多不足，如成本高、炉龄短、产品稳定性差等，目前已很少单独使用，取而代之的是更加先进、高效的冶炼技术。

3.2.2   DH 法与 RH 法

3.2.2.1   DH 法

DH 法是 1956 年由联邦德国 Dortumund Horder 公司开发的真空提升脱气法的简称，主要由真空槽、吸入管、加热装置、合金添加装置和真空系统等构成，如图 3-1 所示。真空槽是 DH 法中的核心设备之一，它能够提供足够的真空度以进行脱气处理；吸入管则负责将金属熔体从钢包中提升到真空槽中；加热装置则是为了维持金属熔体的温度和流动性；合金添加装置则用于向金属熔体中添加合金元素，以改变其成分；真空系统则用于产生和维持真空环境。

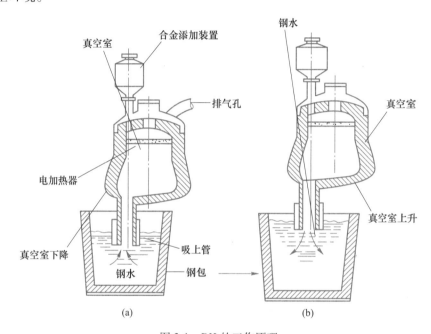

图 3-1   DH 的工作原理

（a）真空室下降，钢水被吸入真空室；（b）真空室上升，部分钢水回流到钢包

工作时，将 DH 真空室下部的吸入管浸没至钢包中的初炼钢水中，由于真空室内压力较低，与外界形成较大的压差，钢水在压差作用下通过吸入管抽送至真空槽内进行脱气除杂。当钢包与真空槽的相对高度变化时，钢水在重力作用下，脱气处理后的钢水将从真空室内返回钢包。通过反复改变钢包与真空室的相对高度，使钢水分批次进入真空室，处理后再流回钢包，如此反复循环直到钢水被处理完毕。

DH 法具有精炼效果好、钢水温降小、脱气效果好等优点，使得 DH 法在过去的几十年中被广泛用于钢水处理。然而，DH 法的设备较为复杂，且购置、操作、维护成本费用都较为高昂，这使得一些钢铁企业开始转向其他更为高效的钢水处理方法，如 RH 法。

3.2.2.2   RH 法

RH 法是 1957 年由联邦德国 Rheinstahl 公司和 Heraeus 公司共同开发的真空循环脱气

法的简称，如图 3-2 所示。RH 法的主要设备与功能为：

（1）真空槽，RH 法的核心装置，用于钢水脱气，同时创造和维持真空环境；

（2）浸入管，分为上升管和下降管，用于将钢水从钢包中引入真空槽，处理后再返回到钢包中；

（3）排气孔，用于将钢水脱气后真空槽内产生的气体排出；

（4）吹气孔，用于向钢水中吹入氩气，促进钢水的流动与搅拌，通常设置在上升管下部；

（5）升降装置，用于将钢包或真空槽升降到指定位置；

（6）预热装置，用于预热真空槽，以保持其工作温度。

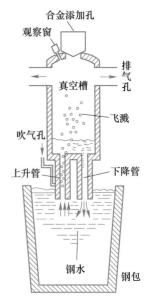

图 3-2　RH 法的基本原理

工作时，浸入管浸没至钢包内的钢水中，在压差作用下钢水通过浸入管上升至一定高度。通过吹气管吹入氩气，由于氩气不溶于钢水使得钢水内产生大量气泡，随着气泡的产生、生长和运动，钢水在气泡作用下产生剧烈的搅拌并飞溅进入真空槽。在这个过程中，钢水得到了充分的脱气，脱气后产生的气体向氩气泡扩散并通过排气管被排出。脱气后的钢水在重力作用下流回钢包，从而实现钢水从钢包→上升管→真空槽→下降管→钢包的连续循环处理过程。这种循环处理过程可以进一步提高钢水的纯净度并满足后续工艺的需求。

RH 法经过近 70 年发展，从最初单一的脱气装置逐渐扩展为集脱碳、脱氧、成分控制、温度补偿、脱硫和改变夹杂物形态等功能为一体的精炼装置。基于 RH 法，现已提出了多种改进形式以适应不同类型不锈钢的冶炼。

（1）RH-OB(RH-Oxygen Blowing)：1972 年由日本新日铁在 RH 法基础上所开发的不锈钢冶炼工艺，其设计原理是通过向钢水中吹氧来促进不锈钢中的碳氧反应，从而促进脱碳和脱氧。

（2）RH-KTB：1989 年由日本川崎钢公司开发的不锈钢冶炼工艺，其设计原理是在 RH 法的基础上使用特殊的喷嘴向钢水吹入氩气和氧气，以控制不锈钢中的氮含量。

（3）RH-MFB：1993 年由日本新日铁广烟制铁所开发的不锈钢冶炼工艺，其设计原理是通过在 RH 处理过程中向钢水喷吹粉末，以实现不锈钢中的硫化物和氧化物的去除。

这些改进的 RH 工艺都在不同程度上提高了不锈钢的冶炼效率和产品质量，如图 3-3 所示。

3.2.3　AOD 法与 VOD 法

3.2.3.1　AOD 法

AOD 是氩氧脱碳法（Argon Oxygen Decarburization）的简称，由美国联合碳化物（Union Carbide Corporation，UCC）公司与美国乔斯林（Joslyn Steel）公司在 1968 年共同发明。这种方法的工作原理是将初炼好的钢水从电弧炉或转炉倒入 AOD 炉中，通过炉体底部侧面喷入一定比例的氧—氩或氧—氮混合气体。在这个过程中，喷入的惰性气体在钢

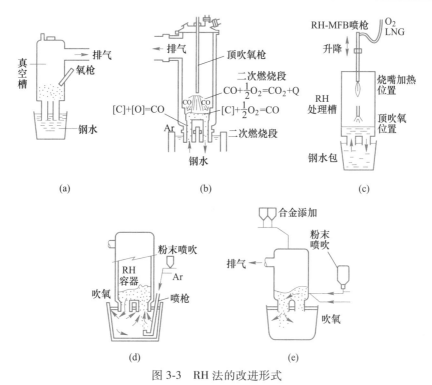

图 3-3 RH 法的改进形式

（a）RH-OB；（b）RH-KTB；（c）RH-MFB；（d）RH-Injection；（e）RH-PB（浸渍吹）

水中形成强烈的搅拌作用，既不参与任何化学反应，也不会在钢水中溶解。这种搅拌作用对于钢水的均匀性和混合至关重要。更重要的是，在气泡的表面，会发生剧烈的脱碳反应。由于氩气或氮气的稀释作用，降低了一氧化碳分压，进一步促使脱碳反应发生，而无须进一步提高冶炼温度。自 1983 年 9 月太原钢铁公司建成我国第一台 18 t 国产 AOD 炉以来，AOD 技术在我国得到了广泛的应用和发展。如今，AOD 已成为全球范围内最主要的不锈钢冶炼手段之一。

EAF-AOD 双联工艺是现今不锈钢冶炼的主流方式，其主要优点在于能够高效地生产出高质量不锈钢。在 EAF 中，主要以废钢、铁屑和高碳铬铁合金作为原料，通过电弧的高温，这些原料被熔化并去除杂质元素（如硅、磷等）而熔炼成为不锈钢钢水，再进入 AOD 中进一步处理。向 AOD 中喷吹一定比例的氧气和氩气或氮气组成的混合气体，搅拌钢水的同时在气泡表面发生脱碳反应。通过调整氧气和氩气或氮气的比例，可以控制脱碳的速度，使碳含量降至目标值。氧化期结束后进行扒渣处理，去除熔渣。接下来进入还原期，加入硅铁、硅铬、铝等还原剂，进行氧化铬的还原和成分调整。这个阶段的目标是进一步净化钢水，调整成分，确保不锈钢的化学成分符合要求。还原结束后，通过摇炉进行"渣钢"混出，使不锈钢变得更加均匀。至此，即可得到合格的不锈钢钢水。

【知识拓展】

我国 AOD 冶炼装备及技术

太钢是中国最早采用 AOD 炉生产不锈钢的企业，太钢对 18 t AOD 炉实施过两次技术改造。经过第一次改造，AOD 炉容由 18 t 扩至 40 t，生产能力由 16 万吨提高到 40 万吨。2004 年实施第二次改造，炉容进一步扩大至 45 t，增设顶吹氧枪，缩短了冶炼时间；引进奥钢联专家自动化控制系统，提高了冶炼控制精度；降低氩气消耗，加大了除尘风机的除尘能力，改善了环境质量。2006 年投产的 150 万吨不锈钢项目引进当时世界上最先进的 180 t AOD 技术及设备，经过多次的技术改造与升级，太钢 AOD 炉装备水平达到国际先进水平，不锈钢产能达到了 300 万吨。

近年来，我国 AOD 的工艺技术及装备水平取得了明显的进步，主要表现如下。

（1）炉衬寿命的提高。AOD 炉的炉衬寿命是 AOD 生产的主要技术经济指标，经过多年来的技术攻关，特别是在改进脱碳工艺、还原造渣工艺及耐火材料等方面的进步，AOD 炉衬寿命普遍有了提高。

（2）脱硫工艺的改进。中国 AOD 炉大多采用单渣法吹炼工艺。为降低钢中硫含量，采用快速脱硫工艺，精炼期渣中碱度控制在 2.5 左右。改进 AOD 工艺后，脱硫率在 70% 以上，不锈钢中硫含量稳定在 0.005% 以下，平均 0.0034%。

（3）含氮不锈钢冶炼。含氮不锈钢中的氮合金化主要有两条途径：一是加入氮化锰、氮化铬等合金进行合金化；二是用氮气直接合金化，后者具有较低的生产成本。AOD 炉可以用氮气直接合金化，因此，冶炼高氮不锈钢具有很大的优势。太钢在 18 t 和 40 t AOD 炉中应用氮在不锈钢中的溶解、脱除理论，建立了氮合金化工艺模型，冶炼中不需要在线分析钢中氮含量就能较为精确地控制成品中的氮含量。之后，太钢用氮气直接合金化的方法应用该模型批量生产 0Cr19Ni9、0Cr19Ni9NbN、1Cr17Mn6Ni5N、00Cr18Ni5Mo3Si2N 和 00Cr22Ni5Mo3N 等含氮不锈钢钢种，最高氮含量可以控制在 0.6% 以上。

（4）AOD 除尘灰的利用。AOD 炉冶炼时的粉尘量为钢产量 0.7% ~ 1.0%，一般 AOD 粉尘中含（质量分数）Cr_2O_3 15%、NiO 4%、CaO 26%、Fe 27%、MgO 15% 及其他物质，粉尘粒度不大于 20 μm。粉尘中 Cr_2O_3 和 NiO 是贵重金属氧化物，若不回收，不仅造成资源浪费，也会污染环境。因此，如何回收 AOD 粉尘中的铬、镍是各不锈钢炼钢厂的重要课题。太钢经研究采用的回收工艺是按还原氧化物所需的 SiC 量与粉尘混合成型，经 200 ℃ 干燥后送至中频感应炉进行预熔还原，铸成高碳镍铬合金 [$w(Cr)$ 13%-$w(N)$ 6%]，再送回电炉冶炼，用这种方法回收的 AOD 炉粉尘已取得较好的经济效益。

3.2.3.2　VOD 法

VOD 是真空吹氧脱碳法（Vacuum Oxygen Decarburization）的简称，于 1965 年由原西德维腾特殊钢厂（Edel-stahlwerk Witten）所发明，其设备主要由钢包、真空罐、氧枪、加料系统、测温取样系统、真空系统等组成，如图 3-4 所示。

VOD 的工作原理是采用直接抽真空的方式降低一氧化碳分压（一氧化碳的绝对压力能够低于 10 Pa），使脱碳反应得以高效进行。在真空条件下，通过顶吹氧气脱碳和底吹氩气搅拌促进钢水循环，使碳含量降到 0.1% 以下而几乎不会出现氧化铬。VOD 冶炼主要包括 3 个阶段：（1）吹氧脱碳阶段；（2）真空脱碳（Vacuum Carbon Deoxidization，VCD）阶段；（3）还原调整阶段。在吹氧脱碳阶段，主要根据钢水的碳含量变化从而实时调整吹入的氧气和氩气的比例，使脱碳速率保持较高水平；在真空脱碳阶段，继续吹入氧气和氩气，同时降低钢水中的碳含量；在还原调整阶段，加入硅铁、硅铬、铝等还原剂进行氧化铬的还原和成分调整，以确保不锈钢的化学成分符合要求。

VOD 被认为是生产高纯、超低碳、低氮不锈钢产品最有效的方法之一，可以与转炉、电弧炉（EAF）等配合使用。通过精确控制冶炼参数，VOD 可以生产出高质量的不锈钢产品，满足各种不同的应用需求。

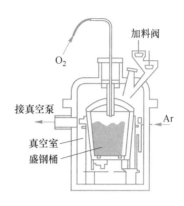

图 3-4　VOD 法实物图及原理

SS-VOD（Strong Stirring-VOD）技术是在 20 世纪 70 年代，由日本川崎钢铁公司对传统 VOD 设备进行改造和优化形成的技术。SS-VOD 法的底吹系统与传统 VOD 不同，其炉底设置多个多孔塞，并使用管径 3 mm 左右的不锈钢管向炉内吹氩，氩气流量可提高到 2000 L/min 以上，对熔池的搅拌更为强烈，能够更高效地降低碳和氮含量，提高产品的质量和性能。SS-VOD 法对冶炼含碳量<0.01%的钢水时，其脱碳和脱氮效果更为明显。

【知识拓展】

我国 VOD 冶炼装备及技术

太钢 2002 年从达涅利（Danieli）引进一台 75 t 双工位 VOD，2012 年从奥钢联引进一台 180 t 双工位 VOD。国内其他不锈钢厂也相继投产 VOD 设备生产超纯铁素体不锈钢，宝钢不锈钢公司配置一台 120 t VOD，酒钢不锈钢公司配置一台达涅利引进的 100 t 双工位 VOD，鞍钢联众配置一台奥钢联引进的 180 t 双工位 VOD，张家港浦项配置一台 150 t VOD，福建青拓配置两台 100 t VOD。

太钢从 2002 年引进 75 t VOD 开始，经过多年的生产实践与工艺研究，在 VOD 工艺技术方面取得了以下突破：

（1）生产效率取得了重大突破，超纯铁素体不锈钢的 VOD 冶炼时间由 90 min/炉缩短到了 55 min/炉，实现了日产 25 炉不锈钢；

（2）VOD 钢包的耐火材料寿命提高，钢包寿命从 8~10 次提高到目前 20 次以上；

（3）脱碳、脱氮技术取得了重大突破，碳、氮控制水平由 0.015% 左右降低到了 0.005% 以下，脱碳耗氧量（标态）由约 10 m^3/t 降低到了 4.5 m^3/t；

（4）超纯铁素体不锈钢钢水氧含量稳定控制在 0.002% 以下。

3.2.3.3　AOD 法与 VOD 法的比较

AOD 法因结构简单、成本低和操作方便等诸多优点，长期以来得到了不锈钢生产企业的普遍认同，成为当前冶炼不锈钢的主要设备。然而，随着市场竞争的白热化及对不锈钢质量性能要求的不断提高，AOD 法的不足之处逐渐显现，如消耗大（如氩气、耐火材料、还原剂等）、钢水纯净度低及深度脱碳困难等。

VOD 法是目前被认为用于生产超低碳、低氮不锈钢最有效的方法，并且作为超纯铁素体不锈钢的主要冶炼方法得到了广泛认可。实际上，随着铁素体不锈钢向高铬、极低碳、低氮含量方向发展，传统 VOD 法也逐渐暴露出以下不足。

（1）VOD 法要求初始钢水中的碳含量小于 0.5%，这是因为钢水碳含量高则容易产生喷溅并增加吹炼周期。因此，为了确保 VOD 初始钢水的碳含量，初炼炉需要承担更重的脱碳任务，如此一来则制约了低价高碳铬铁等原料的使用，冶炼成本增加。

（2）钢渣真空喷溅导致罐体污染的问题难以控制。为解决此问题，冶炼时要求钢包留有适当的自由空间，这势必降低单炉钢水量，从而降低生产效率。在我国，由于大多数不锈钢企业的钢包吨位较小，进一步限制了中小企业生产率的提高与企业发展。

（3）VOD 法是一种全封闭的真空冶炼装置，生产过程中依赖于生产经验，不易观察监控，操作自由度低，且终点控制的稳定性较差。这不仅增加了操作的难度和风险，也影响了冶炼的效率和品质。

3.2.4　VD 法与 LF 法

3.2.4.1　VD 法

VD 法的全称为真空脱气法（Vacuum Degassing），是起步较早的真空脱气精炼设备，是将盛放钢水的钢包置于真空槽中，通过炉底向钢水吹氩或加装电磁搅拌装置搅拌钢水的精炼方法，在日本又被称为 LVD（Ladle Vacuum Degassing）。VD 法的设备结构主要由钢包、真空槽和真空系统组成，VD 法精炼钢水的主要流程为：吊包进罐→吹氩→测温→抽真空→调节真空度和吹氩强度→保持真空→氮气破真空→罐盖移除→测温取样→停吹氩→出站。

VD 法的优势在于去除气体和夹杂效果显著，结构简单，操作方便，建设和生产成本远低于 RH 法及 DH 法等。因此，VD 法适用于采用小规模电炉生产特殊钢的厂商。然而，单独使用 VD 法存在着周期长、速度慢等问题。为了提高生产效率，生产中会将 VD 法与具有加热功能的 LF 法等设备联合使用（图 3-5）。

3.2.4.2　LF 法

LF（Ladle Furnace）法是 1971 年由日本大同特殊钢公司开发的，它是一种在非氧化性气氛下，通过电弧加热和制造高碱度还原渣，对钢水进行精炼的方法，如图 3-6 所示。氩气通过钢包底部透气塞喷吹进入钢水，使钢水与精炼渣充分搅拌混合，改善钢—渣间冶金反应的物理化学条件，强化精炼反应。石墨电极浸没至熔渣中对钢水进行加热，补偿精炼过程中的降温。

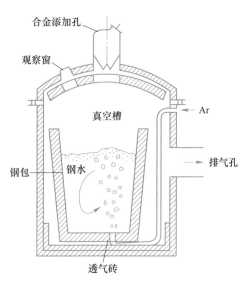

图 3-5 VD 真空脱气法

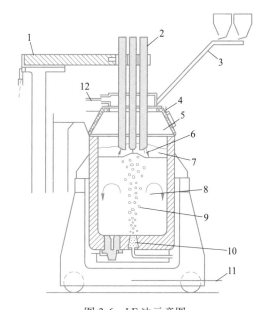

图 3-6 LF 法示意图

1—电极横臂；2—电极；3—加料料槽；4—水冷炉盖；
5—炉内惰性气氛；6—电弧；7—炉渣；8—气体搅拌；
9—钢水；10—透气塞；11—钢包车；12—水冷烟罩

常规的 LF 法未配置真空处理设备，但在生产实际中，可以通过在 LF 法原设备基础上增加能进行真空处理的真空炉盖或真空槽，来使其具备真空处理功能，这种改进后的 LF 法被称为 LFV 法（Ladle Furnace+Vacuum）。同时，还可以在 LF 法之后连接 VD 法或 RH 法等具备真空处理功能的精炼设备，以进一步提高钢水精炼效果，如 LF-RH 和 LF-VD 联合工艺，如图 3-7 所示。

LF 法因其设备简单、投资低、操作灵活及精炼效果显著等优势，自 1982 年宝钢建成投产 LF 法以来，这种工艺一度成为不锈钢冶炼的后起之秀，并在我国的不锈钢精炼工艺中占据一席之地。

3.2.5 其他冶炼方法

随着科学技术的不断进步与发展，不锈钢冶炼技术和装备得到了极大的发展。在稀释法原理的基础上，一系列新技术如 GOR、K-BOP/K-OBM-S、CLU、MRP 等先后被国内外不锈钢企业开发出来。同时，在真空法原理的精炼技术中，在 RH 法、VOD 法和 VD 法的基础上提出了 VCR-AOD、REDA、RH-KTB 等新型联合工艺。这些新技术的出现，不仅提高了不锈钢的冶炼效率和产品质量，同时也推动了整个钢铁工业的可持续发展。

3.2.5.1 GOR 法

GOR（Gas Oxygen Refining）即气氧精炼法，是由乌克兰国家冶金学院开发的一种专门用于不锈钢精炼的方法，是采用底吹原理达到去碳保铬的目标。GOR 法的一个显著特点

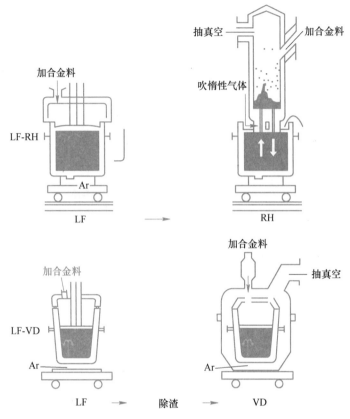

图 3-7　LF-RH 和 LF-VD 工艺

是炉容比大（0.8~1.0），这意味着它具有更大的冶炼空间，在精炼前期钢液含碳量较高时，可以使用较大的氧流量，不会出现喷溅和铬大量氧化的问题，从而提高冶炼效率。国外设计的 GOR 法无顶枪装置，底吹供气时间长，冶炼时间相对长。国内泰山钢铁集团为了缩短冶炼时间，提高生产效率，增加了顶枪装置，并可在线更换炉底，提高 GOR 法炉龄。需要注意的是，GOR 法采用钢渣分出的出钢方式，对 GOR 法冶炼过程中的钢水成分控制（尤其是碳、硅、锰等）、炉渣控制（成分、熔点、黏度等）及夹杂物控制（含量、形态、大小和分布）提出了更高的要求。

【知识拓展】

我国 GOR 冶炼不锈钢应用案例

（1）2006 年 4 月，第一台 60 t GOR 转炉在四川省西南不锈钢投产。

（2）2008 年 5 月，3 台 60 t GOR 转炉在山东省泰山钢铁集团投入使用。

（3）2009 年，4 台 GOR 转炉在福建省德盛镍业（现宝钢德盛）投入使用。

3.2.5.2　K-BOP

K-BOP 是日本川崎制钢公司（Kawasaki）在顶吹碱性氧气转炉 BOP（Basic Oxygen

Process）的基础上进行改进的一种新型冶炼工艺。其中，底吹喷嘴的加入使得 K-BOP 冶炼过程可以更加灵活地喷吹氧气、甲烷和石灰。喷吹氧气，可以增强熔池的搅拌作用，促进钢水中杂质和夹杂物的上浮，提高钢水的纯净度。喷吹甲烷可以起到冷却作用，控制熔池的温度和黏度，有利于钢水的脱碳和脱氧。喷吹石灰可以调整熔池的碱度和 pH 值，有助于去除杂质和夹杂物，提高钢水的质量。K-BOP 工艺的改进使得不锈钢的冶炼更加高效、灵活和可控，进一步提高了不锈钢的产量和质量。同时，K-BOP 工艺也为其他钢铁企业的冶炼技术升级提供了有益的参考和借鉴。

3.2.5.3　K-OBM-S

K-OBM-S（Klockner—Oxygen Bottom Maxhutte—Scarp）是由奥钢联（Voestalpine）在 K-BOP 工艺的基础上进一步改进和开发的技术，它在顶吹氧气转炉 BOP 的基础上增加了底吹喷嘴。K-OBM-S 主要以预处理后的铁水和熔化的合金为主要原料，电炉熔化部分合金后与铁水一起加入 K-OBM-S，通过顶吹氧气（O_2）和底吹氧气 O_2-氮气 N_2-氩气 Ar 进行脱碳。冶炼过程中可以加入冷料，通过顶枪吹氧来进行二次燃烧以及加入固态焦炭来补偿热量。K-OBM-S 对原料的适应性较强，既可以冶炼不锈钢，也可以冶炼普通碳钢；同时，炉容比较大，可以保证较高的脱碳速度而不发生喷溅。

【知识拓展】

中国 AODK-OBM-S 不锈钢精炼技术与设备进展

太钢与东北大学等单位合作研发的 K-OBM-S 复吹转炉不锈钢冶炼新工艺，以铁水替代传统废钢和铁合金，荣获 2006 年国家科技进步奖二等奖。该工艺通过以下创新优化提升了生产效率和产品质量：

（1）提升炉衬寿命。炉衬使用次数从 200 次提升至近 700 次，增强了设备的耐用性。

（2）优化底吹配气。显著减少氩气消耗，实现 304、430、410 钢种全程吹氮，超纯铁素体不锈钢氩气消耗降至 15 m^3/t。

（3）简化工艺流程。取消电炉熔化合金工序，采用 100%脱磷铁水，铬铁直接加入转炉，实现 400 系列不锈钢的二步法生产，有效降低成本。

（4）确保产品质量。使用脱磷铁水有效控制钢液中磷及砷、锡、铅等有害元素含量，提升产品纯净度。

3.2.5.4　CLU 法

CLU 法是一种类似 AOD 法的不锈钢精炼技术，不同的是使用水蒸气代替昂贵的氩气来稀释脱碳反应所产生的一氧化碳气体。该方法于 1972 年由法国 Creusot-Loire 公司和瑞典 Ud-deholm 公司共同研发。与 AOD 法相比，CLU 法的冶炼温度相对较低，可提高炉衬寿命。同时，水蒸气价廉易得，能大量替代价格昂贵的氩气，并且可以使用高碳、高硅的原料，大幅降低了成本。然而，CLU 法也存在一些缺点，例如铬氧化损失大，还原剂用量较大，钢液中氢含量［H］较高。

3.2.5.5   VCR-AOD 法

采用 AOD 法冶炼不锈钢时，钢水的最终含碳量难以达到超低碳的要求。尽管引入大量氩气（Ar）可以降低一氧化碳分压，但大幅增加成本。

VCR（Vacuum Converter Refiner）-AOD，V-AOD 是日本大同特殊钢公司在 AOD 法的基础上，结合真空法所研发的一种不锈钢真空精炼炉。该技术在 AOD 法的炉口增加真空罩，进行真空脱碳。V-AOD 法技术充分融合了 AOD 法在高碳区脱碳效率高与 VOD 法在低碳区能进行深度脱碳的优势，缩短了精炼时间，提高钢水纯净度，同时降低了氩气消耗量以及渣中铬还原需要的硅合金的消耗量，是一种适合于冶炼超低碳不锈钢的技术。

3.2.5.6   REDA

1961 年，日本八幡制铁所（现为日本制铁）引进了日本第一台真空精炼 DH 设备，并得到了广泛的应用。然而，DH 技术使用的是升降式真空容器，使得设备构造更为复杂，同时脱气能力相对较小。为了解决这些问题，新日铁研发了一种名为 Revolutionary Degassing Activator 的新型真空精炼技术（简称 REDA），它的工作原理是将一个直径较大的浸渍管浸没在钢水中，再通过钢包底部吹入氩气进行循环搅拌，如图 3-8 所示。因此，REDA 可以被视为 DH 法和 RH 法技术的改进版。

REDA 在冶炼不锈钢时能够将脱碳喷溅对生产的影响降到最低，允许入炉钢水具有更高的碳含量，因此可以降低初炼炉的脱碳负荷。

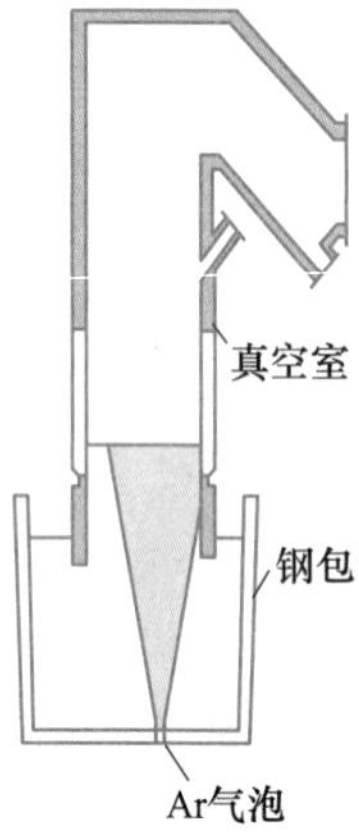

3.2.5.7   CSCB

中国台湾中钢开发的 CSCB 法是一种顶底复合冶炼方法，通过顶吹纯氧和底吹惰性气体相结合，实现在一座转炉内同时完成熔炼和脱碳的任务。CSCB 以铁水、高碳铬铁和镍铁为原料，焦炭为热源。一般与 VOD 工艺联合使用生产不锈钢，也可单独使用来生产普通碳钢。

3.2.5.8   MRP

MRP 是金属精炼工艺（Metal Refining Process）的缩写，它是在底吹转炉基础上，由原联邦德国曼内斯曼德马克胡金根公司（Mannesmann Demag Huttentechnik）所开发。传统的 MRP 主要是底吹氧气和惰性气体，后续又在炉子顶部增加了氟枪，形成了顶吹氧气、底吹惰性气体的 MRP-L 型精炼炉，精炼不锈钢时一般与真空精炼脱碳组合。

真空室

钢包

Ar气泡

图 3-8　REDA 法
结构及实物

3.2.6   不同冶炼方法的比较

不锈钢冶炼的主要评价指标为：生产效率（供氧强度、冶炼周期、炉龄）；合金熔化能力；生产成本（铬收得率、硅铁消耗）。在此，对 AOD、K-OBM-S、CLU 和 MRP 法进行比较，比较结果见表 3-1。

表 3-1 几种不锈钢冶炼方法的性能比较结果

名称	铬收得率 /%	冶炼周期 /min	脱碳能力 /%	硅铁消耗 /kg·(t·钢)$^{-1}$	供氧强度 /m^3·(t·min)$^{-1}$
AOD	95	50~80	≤0.015	10~12	≤2.0
K-OBM-S	95	50~60	0.2~0.3	11	≤2.5
CLU	98	80	0.03	16	≤3.0
MRP	98	70~80	0.2~0.25	20	≤2.0

3.3 不锈钢冶炼设备与工艺流程

3.3.1 工艺设备

不锈钢冶炼设备根据其主要冶金功能，可分为初炼设备和精炼设备两大类。

3.3.1.1 初炼设备

初炼设备是不锈钢生产过程中的关键设备之一，其主要作用是将原料冶炼成初炼钢水，即不锈钢母液。根据不同的原料类型，可以选择不同类型的初炼设备。

（1）以废钢作为主原料时，感应炉和电弧炉（EAF）都是可行的初炼炉选择。其中，电弧炉（EAF）因其高效、大规模生产的能力而被广泛应用。相对而言，感应炉更多地用于小规模生产。

（2）以铁水作为主原料时，转炉（如 LD、AOD、K-OBM-S 等）是更为合适的选择。转炉不仅能够进行脱磷和初脱碳的操作，还可以熔化少量的废钢和合金，使得铁水中的碳、磷等杂质得以有效去除。

（3）当同时使用废钢和铁水作为原料时，常见的工艺组合是"电弧炉+转炉"。电弧炉用于熔化废钢，并进行初步的冶炼。然后，转炉进一步处理电弧炉产出的钢水，进行脱磷、脱碳等操作，确保钢水的质量满足后续精炼的要求。

（4）以红土镍矿为原料时，初炼设备采用"干燥窑+回转窑+矿热炉+转炉"工艺。首先，通过"干燥窑+回转窑"的组合进行预处理，以去除水分并使其更易于冶炼。接下来，矿热炉用于将预处理后的红土镍矿进一步熔炼成合金。最后，转炉再次被用来处理矿热炉产出的合金，进行脱磷、脱碳等操作，以得到适合精炼的不锈钢母液。

3.3.1.2 精炼设备

精炼设备的主要作用是脱碳保铬以及除杂、排气等，对不锈钢产品质量和技术经济性有着重要影响。精炼设备主要包括以下三种类型：

（1）钢包型精炼设备，主要包括 VOD、SS-VOD、VOD-PB 等，SS-VOD 和 VOD-PB 是在 VOD 的基础上进行了改进，提高了设备的效率和精度；

（2）转炉型精炼设备，主要包括 AOD、VCR、CLU、K-OBM-S、GOR 等；

（3）RH 功能扩展型精炼设备，主要包括 RH-OB、RH-KTB、RH-KPB 等。通过循环处理钢水，使其中的碳和杂质充分去除，同时还可以进行气体分析，控制钢水的成分和质量。

3.3.2　工艺流程

3.3.2.1　一步法冶炼工艺

传统的一步法冶炼，也称为单炉冶炼法，是在电弧炉中依次完成炉料熔化、脱碳、除杂和还原等任务，冶炼得到钢水后送至铸钢工序。然而，随着对不锈钢性能要求的提高以及不锈钢冶炼技术的发展，单炉冶炼工艺的缺陷日益明显：

（1）原料要求苛刻，通常需要使用高质量的废钢和铁水为原料，限制了其使用范围；

（2）原燃料消耗大，由于在电弧炉中需要完成所有冶炼任务，电弧炉工作负荷高，原燃料消耗大；

（3）成本高、冶炼周期长、炉衬寿命短；

（4）生产率低、质量差。

目前，传统一步法冶炼不锈钢的工艺已基本淘汰，新型一步法冶炼工艺应运而生。该工艺使用低磷铁水或低镍铁水替代废钢作为原料，在生产流程上使用 AOD 或 GOR 替代电炉。新型一步法冶炼取消了电炉环节，能够减少原燃料消耗与配料成本，降低建设与运行成本，缩短冶炼周期，提高产品质量，在不锈钢生产中具有重要的应用价值。

在实际生产中，新型一步法冶炼工艺对原料条件有着严格的要求：

（1）对于加入 AOD 炉的初炼铁水，其含磷量［P］必须严格控制在 0.03% 以下，为了满足这一要求，铁水在进入 AOD 炉之前必须先经过脱磷处理，确保了铁水中的磷含量降低到合格水平；

（2）当生产合金含量较高的不锈钢品种时，需要向 AOD 炉中加入大量的高碳合金。然而，过量高碳合金的加入会导致钢水温度大幅下降。因此，新型一步法冶炼工艺主要适用于生产合金含量较低、对纯净度要求不那么严格的不锈钢品种。

在我国，不锈钢废钢资源和金属镍资源相对匮乏，使得新型一步法不锈钢冶炼工艺在我国逐步得到关注和应用。随着不锈钢使用量的不断增加，这种冶炼工艺在我国的生产企业中越来越受欢迎。例如，邢台钢铁采用的新型一步法高炉铁水脱磷直兑 AOD 冶炼高锰不锈钢的工艺流程，就是这一技术在国内应用的典型案例，如图 3-9 所示。

铁水预处理　　　　扒渣　　　　AOD 初炼　　　　LF 精炼　　　　连铸

图 3-9　邢钢新型一步法冶炼不锈钢工艺流程

3.3.2.2　二步法冶炼工艺

二步法冶炼也称为双联冶炼法，主要采用"钢水初炼"＋"钢水精炼"的模式。钢水初炼使用电弧炉或转炉生产不锈钢母液，然后送往精炼设备中进行精炼，以生产合格的不锈钢钢水。精炼设备可进一步分为常压精炼和真空精炼，这就形成了"电弧炉/转炉+常压精炼（AOD、CLU、GOR 等）"和"电弧炉/转炉+真空精炼（VOD、RH 等）"工艺，如图 3-10 所示。目前，世界上约 75% 以上的不锈钢产能均来自"电弧炉+AOD"冶炼工艺。

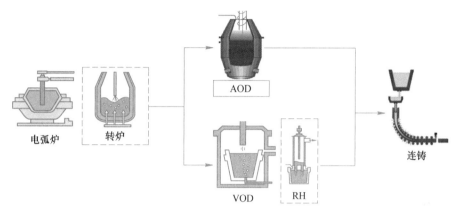

电弧炉　转炉　AOD　VOD　RH　连铸

图 3-10　二步法不锈钢冶炼工艺流程

二步法冶炼工艺的主要优点有：

（1）对原料适应性强，可以使用含碳量高、价格便宜的原料（如高碳铬铁和不锈钢废料），从而降低原料和生产成本；

（2）工艺流程相对较短，有利于提高生产效率，同时便于与下游的连铸工序进行匹配；

（3）通过不同的工艺组合和参数调整，二步法冶炼工艺可以生产除超低碳氮以外的大部分不锈钢品种，产品种类覆盖广，满足不同市场需求。

然而，二步法冶炼仍然存在一些需要改进的地方，如氩气消耗大，增加生产成本；硅铁耗氧高，影响钢水纯净度；钢水温降较大，深脱碳困难等。因此，如何在保证钢水深脱碳的同时维持合适的钢水温度也是二步法冶炼需要解决的一个问题。

我国不锈钢废钢资源较少，在冶炼过程中还需要合理利用废钢资源，提高其利用率，以降低对进口原料的依赖。同时，我国不锈钢废钢中的含磷量较高，磷会导致钢材产生"冷脆"，恶化不锈钢的加工性能和耐腐蚀性能。当使用含磷量高的废钢为原料时，需要在 EAF 和 AOD 或 VOD 之间加入不锈钢预熔体脱磷环节，以确保进入 AOD 或 VOD 的钢水磷含量符合要求。

3.3.2.3　三步法冶炼工艺

三步法冶炼也称为三联冶炼法，是在 AOD 和 VOD 各自优势的基础上而发展起来的不锈钢冶炼技术。通过将初炼与精炼工艺进行组合优化，形成了"电弧炉/转炉初炼"+"复吹转炉精炼（AOD、K-OBM-S 等）"+"真空精炼（VOD、RH）"的冶炼工艺，如图 3-11 所示。

该工艺的特点在于：

（1）以电弧炉或转炉为初炼炉，主要负责炉料的熔化并向精炼工艺提供不锈钢母液；

（2）复吹转炉负责吹氧快速脱碳，以达到最大回收铬元素的目的，对于 100 t 左右的复吹转炉或 AOD，钢水的碳含量可控制在 0.30% 左右；

（3）真空精炼负责深度脱碳、脱气和成分微调，钢水的最终碳含量可控制在 0.03% 以下，铬收得率可达到 98%。

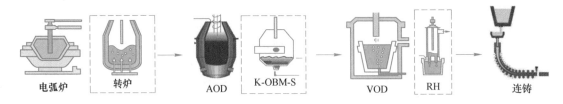

图 3-11　三步法不锈钢冶炼工艺流程

不锈钢三步法冶炼工艺相较于其他工艺的优点在于：

（1）在氩氧消耗和炉衬消耗方面表现优异，实现了低消耗生产，能够有效地节约资源和能源，降低生产成本，提高经济效益；

（2）工艺分工明确，生产过程高效和有序，生产节奏快速且各环节都能够得到精细化的管理和控制，有助于提高生产效率和产品质量；

（3）产品质量高，碳、氮、氢、氧和夹杂物含量低，这意味着所生产的不锈钢具有优异的耐腐蚀性和机械性能，能够满足各种高端应用领域的需求；

（4）可生产的不锈钢品种范围广泛，能够适应市场的多样化需求；

（5）对原料的要求不高，原料选择灵活，以廉价的高炉铁水经预处理脱磷后为原料；

（6）适用于生产规模大、以生产超低碳不锈钢为主的专业性不锈钢厂或联合企业中的转炉特殊钢厂。

3.3.3　三种工艺流程的比较

三种不锈钢冶炼工艺路线的性能比较见表 3-2。

表 3-2　不同不锈钢冶炼工艺路线的性能比较

工艺路线		生产率	Ar 气消耗	耐火材料消耗	生产成本	工程投资
一步法		低	无	较高	高	最低
二步法	EAF+转炉	高	高	低	低	低
	EAF+真空炉	低	低	较高	最高	较高
	转炉+转炉	高	高	低	低	高
三步法		高	低	高	高	最高

（1）一步法冶炼在钢种适应性方面表现较差，对原料条件较为苛刻，且生产率低，因此适应能力有限。

（2）二步法（EAF+转炉）和（EAF+真空炉）在钢种适应性方面表现一般，适应能力较强。（EAF+转炉）的生产率较高，但 Ar 气消耗和耐火材料消耗较高；（EAF+真空炉）

的生产率较低，但 Ar 气消耗和耐火材料消耗也较低。因此，（EAF+转炉）的生产成本较低，（EAF+真空炉）的生产成本最高。二者的工程投资都相对较低。

（3）三步法在钢种适应性方面表现强，且对原料条件较为宽松，因此适应能力较强。其生产率较高，但工程投资也最高。

3.4 不锈钢冶炼设备工艺路线的选择

不锈钢冶炼生产工艺的选择受到诸多因素的影响，包括生产规模、产品种类、原料供应、流程布局、技术装备和能源动力供应等。这些因素随时跟着市场而快速变化，因此在选择生产工艺时应考虑具有一定的灵活性。这意味着在选择冶炼工艺时，需要考虑到各种可能的情景和变化，并选择那些能够适应这些变化的工艺。

3.4.1 根据产品类型

以不锈钢产品中的碳（C）和氮（N）含量为例。对于生产 $w(C+N)>(250\sim300)\times10^{-6}$ 的不锈钢，推荐选择二步法冶炼。当生产规模较大且产品种类多样时，结合上述影响因素，可考虑在二步法的基础上同时配置三步法，这样可以根据不同的产品种类灵活地选择二步法或三步法，以提高生产效率和产品质量。

对于生产要求更高的不锈钢产品，$w(C+N)\leqslant(250\sim300)\times10^{-6}$ 的超低碳、超低氮铁素体不锈钢（如 S44700、S44800 等），必须选用三步法冶炼，在真空精炼炉中完成最终成分的微调、深脱碳和脱气处理，确保不锈钢产品中的成分含量。

3.4.2 根据原料供应和生产规模

不锈钢冶炼的原料主要是废钢、铁水和合金。废钢包括不锈钢废钢和普通废钢。合金主要包括高、中、低碳铬铁，镍铁，硅铁、锰铁等。原料成本约占不锈钢生产成本的70%，因此需要根据原料情况与生产规模来选择不锈钢的冶炼工艺。

（1）对于生产规模较小的企业，且废钢供应充足的条件下，可选用"废钢→电炉→AOD"的全废钢电炉冶炼。

（2）对生产规模较大但废钢供应缺乏的企业，为降低投资，可选用"高炉→铁水→转炉+电炉（废钢）→AOD"的全铁水转炉冶炼。

（3）对生产规模较大且废钢供应充足的企业，可选用"铁水+废钢电炉+转炉"的混合冶炼。

3.4.2.1 全废钢电炉冶炼

全废钢电炉不锈钢冶炼工艺一般选用 EAF 为初炼设备，熔化废钢与部分合金料后进行脱碳精炼，其特点是工艺相对成熟、成本低、产量化（年产量通常为 40 万~60 万吨）等。普通铁素体、奥氏体不锈钢通常采用"二步法"冶炼，如 EAF+AOD；超纯铁素体不锈钢采用"三步法"冶炼，如 EAF+AOD+VOD。

3.4.2.2　全铁水转炉冶炼

全铁水转炉冶炼工艺流程的主要特点是以铁水为主要原料，再根据目标钢种类型加入部分合金。由于铁水中的硅（Si）、硫（S）、磷（P）等杂质元素含量高，铁水须在转炉中先进行"三脱"处理，获得低硫、低磷的不锈钢钢水，再送入精炼设备进行精炼。精炼设备主要使用 AOD、LF 或顶底复合吹炼转炉，如果要冶炼低碳或低氮型不锈钢，接下来还要增设 VOD 或 RH-OB 进行真空精炼；如果要冶炼 Cr-Ni 系或 Cr-N-Mo 系不锈钢，还需要增加电炉来熔化钼铁合金和镍铁合金。根据合金的处理方式不同，可以分为采用电炉熔化合金和采用转炉熔化合金的两种类型。

3.4.2.3　铁水+废钢混合冶炼

铁水+废钢混合冶炼流程采用铁水"三脱"+转炉初脱碳+真空精炼三步法冶炼不锈钢，同时配备转炉和电炉，利用电炉熔化废钢与合金，再倒入转炉并兑入预处理后的铁水共同进行吹炼脱碳。这类冶炼流程的主要优点是对不锈钢的原料选择较为灵活，能够随着市场上的镍价和不锈钢废钢价格的波动，及时调整铁水和废钢的比例；废钢和合金在电炉内熔化，转炉吹炼脱碳时无需补充热量；原料适应性强、可灵活调整普通碳钢和不锈钢的生产比例。主要缺点是工艺流程长、投资大、生产成本较高。

3.4.2.4　RKEF 工艺

RKEF 工艺，其名称源自回转窑（Rotary Klin）和电炉（Electric Furnace）的首字母缩写。在不锈钢冶炼领域，RKEF 技术已成为利用红土镍矿生产镍铁的主流工艺。RKEF 工艺主要以红土镍矿为原料，原料在干燥窑、回转窑中经历干燥、焙烧和预还原等多个阶段后，在矿热电炉中进行熔炼还原金属镍和部分铁。熔炼过程中，渣与镍铁得到有效分离，最后进入 AOD 或 VOD 中进行精炼，脱除粗镍铁中的硫、磷、碳等杂质，使镍铁达到更高的纯度与质量标准。RKEF 工艺流程，如图 3-12 所示。

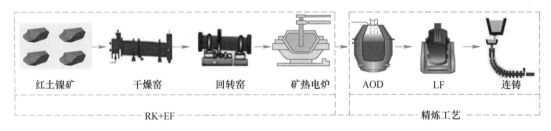

　　　红土镍矿　　　　干燥窑　　　　回转窑　　　　矿热电炉　　　　AOD　　　　LF　　　　连铸

　　　　　　　　　　└──── RK+EF ────┘　　　　　　　　　└── 精炼工艺 ──┘

图 3-12　RKEF 不锈钢冶炼工艺流程

RKEF 工艺的优点是装备成熟、原料适应性强、产量大、镍铁品位高；缺点是无法回收镍矿中的钴，对钴含量较高的氧化镍矿并不适用，适宜处理钴含量（质量分数）小于0.05% 的矿石。由于工艺能耗高，要求当地电力或燃料供应充足，并且原则上 RKEF 工艺处理品位在 1.6% 以上的红土镍矿具有较好的经济性，镍品位每降低 0.1%，生产成本增加3%~4%。青拓集团在国际上首次将 AOD 跟 RKEF 生产工艺流程紧密结合生产不锈钢，这是世界不锈钢生产中的创举。

3.4.3 根据车间条件和动力供应

在不锈钢厂的改扩建过程中，工艺路线的选择尤为关键。这不仅关乎生产效率，更直接影响到企业的经济效益和长期发展。特别是在原车间条件有限、电力供应不足的情况下，如何合理利用现有设施，成为决策的关键。

（1）若车间拥有高炉和转炉设施，没有电弧炉或感应炉，且电力供应紧张，一种可行的工艺路线是利用高炉产生的铁水作为起始原料。通过铁水预处理去除其中的杂质，接下来利用顶底复合吹炼转炉进行进一步的冶炼，使铁水中的碳、硅等元素达到不锈钢生产的要求。最后，通过真空精炼得到高质量的不锈钢。

（2）在氩气供应不足的情况下，AOD 设备的使用将受到限制。此时，可以选择其他具有类似功能的冶炼设备，如 K-OBM-S、K-BOP、CLU 等，这些设备可以在不依赖大量氩气的情况下完成不锈钢的冶炼。同时，还可以采用"转炉/EAF→AOD→真空吹氧精炼炉（VOD、RH-OB、RHKTB）"三步法，通过优化流程，减少了对氩气的依赖，同时保证不锈钢的质量。

3.4.4 我国主要不锈钢企业的冶炼工艺

我国当前的大型不锈钢生产企业主要是联合型钢铁企业，如太钢集团（从 2012 年 1 月 1 日起受托管理中国宝武旗下宝钢德盛不锈钢有限公司和宁波宝新不锈钢有限公司）、酒钢集团、柳钢集团，均是既生产不锈钢同时也生产碳钢。我国不锈钢废钢相对不足，若仅用废钢为原料冶炼不锈钢，其成本和能耗高，且若废钢品质差则会向钢水中带入有害杂质元素，因此国内主要不锈钢生产企业大多青睐于使用预处理后的铁水作为冶炼不锈钢的主要原料，尤其是联合型钢铁企业。我国大型不锈钢生产企业目前主要使用新型一步法和二步法来对不锈钢进行冶炼，在冶炼超低碳、氮等高品质不锈钢时才使用三步法。

3.4.4.1 太钢不锈钢

太钢不锈钢有炼钢一厂、炼钢二厂南区和炼钢二厂北区，共 3 个不锈钢冶炼区域。

（1）炼钢一厂采用"EAF→AOD"工艺，主要生产双相不锈钢、耐热钢、高合金不锈钢和高附加值不锈钢种。

（2）炼钢二厂南区采用"铁水预处理→K-OBM-S→VOD→LF"工艺，主要用于生产超纯铁素体不锈钢和马氏体不锈钢。

（3）炼钢二厂北区采用"脱磷转炉（铁水三脱）→AOD→LF/VOD、电炉+中频炉→AOD→LF/VOD 或中频炉→AOD→LF"工艺，该区域工艺路径配置灵活，产品几乎覆盖全部的不锈钢品种。

3.4.4.2 宝钢德盛不锈钢

宝钢德盛不锈钢的生产工艺配置为：铁水罐顶喷脱磷站 2 座、120 t 高功率 EAF 炉 2 座、135 t AOD 炉 2 座、钢包处理站 LTS（Ladle Treatment Station）1 座和 120 t VOD 炉 1 座。宝钢德盛不锈钢采用的工艺流程比较多样化。

（1）流程一：铁水罐脱磷→EAF→AOD→LTS 处理站/VOD，主要生产 200 系、300 系和 400 系等牌号的不锈钢。

（2）流程二：铁水罐脱磷→AOD→VOD，主要生产 200 系和 400 系的部分钢种。

（3）流程三：EAF→AOD→LTS 处理站/VOD，主要用于生产 200 系、300 系和 400 系的不锈钢。

3.4.4.3　酒钢宏兴

酒钢宏兴不锈钢炼钢车间冶炼生产工艺配置为 1 座铁水罐脱磷站、1 座脱磷转炉、1 座 EAF、2 座 AOD、2 座 LF 精炼炉、1 座 VOD，其产品覆盖范围广，以 300 系和 400 系不锈钢为主，主要冶炼流程为：

（1）铁水罐脱磷→EAF/中频炉→AOD→LF 或 EAF→AOD→LF，主要生产 200 系和 300 系不锈钢；

（2）脱磷转炉→AOD→LF 或脱磷转炉→AOD→VOD→LF，为新型生产工艺，主要用于生产 400 系列或超纯净钢种。

3.4.4.4　青拓集团

青拓集团在引进国外先进工艺的基础上，于 2010 年率先在福建宁德建设并投产了国内第一条 RKEF 生产线。这种工艺利用含镍富铁的氧化镍矿生产含镍生铁（镍铁），与一般的传统工艺（烧结+矿热炉）相比具有显著的优势。镍铁生产传统上是矿业公司的经营范围，而不锈钢生产则是钢铁企业的业务领域。青拓集团跨界思维，将镍铁生产和不锈钢冶炼工艺打通，独创了一套 RKEF+AOD 双联法不锈钢冶炼工艺。青拓集团在国内率先利用该工艺技术，以红土镍矿为主原料冶炼不锈钢流程为：

红土镍矿→冶炼→连铸→热轧不锈钢带

镍铁水不经过冷却，直接热送到 AOD 炼钢炉，两次热装热送，改变了不锈钢生产的传统模式，节约了大量的能源，大大提高了不锈钢的炼钢速度，减少了原料的损耗，产生了极大的经济效益。此举实现了不锈钢连续化一体化生产的历史性突破，大大减少污染物排放，吨钢能耗约减少 50%，该项技术于 2014 年获得国家发明专利。

青拓集团建成的全球第一条 RKEF+镍铁热送生产线用于生产镍含量 8% 以上的 300 系不锈钢；建成国内最大的高炉+镍铁热送生产线，用来生产镍含量 1% 以上的 200 系不锈钢。这种镍资源利用的工艺创新和产品开发相结合，使青拓集团在全球不锈钢行业竞争力方面处于领先地位。

【知识拓展】

藏在唐诗中的冶金

秋浦歌

［唐］李白

炉火照天地，红星乱紫烟。

赧郎明月夜，歌曲动寒川。

李白的《秋浦歌》以秋浦（今安徽贵池）的金属冶炼为背景，赞颂了冶炼工人的勤劳与艺术。诗中"炉火照天地，红星乱紫烟"描绘了冶金现场的壮观景象，火焰照亮夜空，火星与烟雾交织。"赧郎明月夜，歌曲动寒川"则刻画了工人在明月下劳作，劳动的歌声温暖着寒冷河流的形象。

这首诗不仅生动展现了古代冶金的热烈场景，更深刻塑造了冶炼工人健美、勤劳、朴实的形象。他们夜以继日地在炉火旁工作，脸颊被烤得通红，展现出劳动人民乐观豪爽的性格。在寒冷的秋夜，他们的歌唱声在山谷河道中回荡，传递着劳动的快乐。

作为一首古代工业劳动的赞歌，李白这首诗在浩如烟海的古典诗歌中独树一帜。它不仅热情赞美了冶矿工人的劳动，还直接描写了冶金生产过程，对研究中国冶金史与科技史具有重要参考价值。在李白笔下，光、热、声、色交织，明暗、冷暖、动静映衬，生动表现了火热的劳动场景，塑造了古代冶炼工人的独特形象，是古代诗歌宝库中的艺术珍品。

参考资料：《从唐诗看古代冶炼工艺》，科普时报，2022 年 10 月 21 日。

【模块重要知识点归纳】

1. 生产实践中，主要采用以下两种方法来达到不锈钢冶炼"脱碳保铬"的目的

（1）稀释法（假真空法）。将氩气、氮气等惰性气体或水蒸气等，与氧气混合后吹入钢水，混合气体稀释了一氧化碳在气相中的浓度和分压。

（2）真空法。利用真空技术直接降低体系总压强，使一氧化碳的绝对压力和分压降到极低的水平，从而提高不锈钢的脱碳效率和脱碳深度。

2. 不锈钢冶炼的要求

（1）严格控制冶炼化学成分。

（2）妥善处理"脱碳"和"保铬"。

（3）降低冶炼成本。

（4）保证表面质量。

3. 主要冶炼方法

（1）电弧炉（EAF）。利用电极电弧产生的高温熔炼矿石和金属的电炉，具有工艺灵活性大，能有效地除去硫、磷等杂质等优点，但存在成本高、炉龄短、产品稳定性差等不足，目前已很少单独使用。

（2）真空提升脱气法（DH）。由真空室、提升机构、加热装置、合金加入系统和真空系统等构成，具有精炼效果好、钢水温降小、脱气效果好等优点，但设备较复杂，操作费用和设备投资、维护费用都较高，目前已逐渐被 RH 法所替代。

（3）真空循环脱气法（RH）。由真空槽、浸入管（上升管、下降管）、真空排气管道、合金料仓、循环流动用吹氩装置、真空槽预热装置等构成，在真空槽内进行钢水脱气，具有处理周期短，生产能力大，精炼效果好，容易操作等优点。

（4）氩氧脱碳法（AOD）。用一定比例的氧—氩或氧—氮的混合气体从炉体底部侧面喷入炉内，对钢水形成强烈搅拌的同时降低一氧化碳分压，促进脱碳反应的进行。AOD 是现今世界范围内最主要的不锈钢冶炼手段，一般与电弧炉（EAF）联合使用。

（5）真空吹氧脱碳法（VOD）。采用直接抽真空的方式降低一氧化碳分压，其绝对压力能够控制到低于 10 Pa，在冶炼不锈钢时能把碳含量（质量分数）降到 0.02% ~ 0.08% 而几乎不含氧化铬，且反应动力学条件良好，去气和去夹杂物效果良好。VOD 法被认为

是生产超低碳、高纯度、低氮不锈钢产品最有效的方法之一，可以与转炉、电弧炉等配合使用。

（6）真空脱气法（VD）。向放置在真空室中的钢包里的钢水进行吹氩精炼，具有去除气体和夹杂效果好、建设投入和生产成本远低于 RH 法及 DH 法等优势，适用于小规模电炉生产商等进行的特殊钢精炼。但同时存在着处理周期长、速度慢、无加热装置等问题，目前已很少单独使用，往往与具有加热功能的 LF 等联合使用。

（7）钢包精炼法（LF）。在非氧化性气氛下，通过电弧加热、造高碱度还原渣，对钢水进行精炼，通常从钢包底部吹氩搅拌。可在其后配备 VD 或 RH 等真空处理设备，或者在原设备基础上增加能进行真空处理的真空炉盖或真空室，生产中将具有真空处理功能的 LF 法又称作 LFV 法（Ladle Furnace+Vacuum）。该工艺因设备简单、投资低、操作灵活和精炼效果好等优势而成为不锈钢冶炼的后起之秀，在我国的精炼工艺中占据一席之地。

（8）气氧精炼法（GOR）。与 AOD 工艺相似，均采用向炉内吹入氩气或氮等惰性气体以达到降低 CO 分压、去碳保铬的目标。GOR 具有炉容比大、适合强化吹炼等优点，在我国不锈钢企业得到了一定的应用。

4. 工艺流程

（1）一步法冶炼流程。传统一步法冶炼（单炉冶炼法），在电弧炉完成炉料熔化、脱碳、还原和精炼等冶金任务。随着对不锈钢性能要求的提高以及不锈钢冶炼技术的发展，仅靠 EAF 的一步法冶炼工艺的缺陷日益明显：原料要求苛刻；原材料、能源消耗大；成本高、冶炼周期长；生产率低、质量差等，传统一步法冶炼工艺已被淘汰。

（2）二步法冶炼流程。二步法冶炼（双联冶炼法），主要以"钢水初炼"+"钢水精炼"模式为主，EAF 或转炉作为初炼设备生产不锈钢母液，然后送往精炼设备中进一步精炼为合格的不锈钢钢水。二步法中的精炼设备还可分为常压精炼和真空精炼，从而形成"EAF/转炉+常压精炼（AOD、CLU、GOR 等）"二步法工艺和"EAF/转炉+真空精炼（VOD、RH 等）"二步法工艺。目前世界上大多数不锈钢厂采用的 EAF+AOD 二步法冶炼不锈钢，占世界不锈钢总产能的 70% 以上。

（3）三步法冶炼流程。三步法冶炼（三联冶炼法）。为克服二步法冶炼工艺中钢水深脱碳困难的不足，生产中逐步将精炼工艺进行组合优化，进而形成了"电弧炉或转炉"+"复吹转炉（AOD、K-OBM-S、CLU、MRP 等）"+"真空吹氧精炼（VOD、RH、RH-OB）"的三步法冶炼模式。这种方法充分利用了 AOD 和 VOD 法各自的优势，使钢水脱碳深度进一步提高。其优点在于：氩氧消耗和炉衬消耗低；各环节分工明确，生产节奏快，操作优化；产品质量高，碳、氮、氢、氧和夹杂物的含量低，可生产不锈钢品种的范围广；可采用铁水冶炼，对原料的要求不高，原料选择灵活。适用于生产规模大、以生产超低碳不锈钢为主的专业性不锈钢厂或联合企业中的转炉特殊钢厂。

（4）RKEF 工艺。对于以红土镍矿为原料生产镍铁的技术，RKEF 是当前的主流生产工艺，目前已被很多企业采用进行不锈钢冶炼。RKEF 工艺主要以红土镍矿为原料，原料在回转窑中经过干燥、焙烧和预还原后，在电炉中进行熔炼还原金属镍和部分铁，并将渣和镍铁分开，生产粗镍铁，最后进入 AOD 或 VOD 中进行精炼，脱除粗镍铁中的硫、磷、碳等杂质。其优点是装备成熟、原料适应性强、产量大、镍铁品位高；缺点是无法回收镍矿中的钴，对钴含量较高的氧化镍矿并不适用，适宜处理钴含量小于 0.05% 的矿石。

📖 **思考题**

3-1 简述不锈钢的冶炼要求。

3-2 简述 RH 法与 DH 法的工作原理。

3-3 为什么 AOD、VOD 炉适于冶炼不锈钢？试比较 AOD 法与 VOD 法特点及应用。

3-4 何谓 LF 法，主要优点有哪些？

3-5 不锈钢冶炼设备根据冶金功能主要分为哪几类？

3-6 简述二步法冶炼和三步法冶炼的主要特点及应用。

3-7 不锈钢冶炼工艺路线选择的主要考虑因素有哪些？

3-8 什么是 RKEF 工艺，其主要功能如何？

模块 4　不锈钢连铸工艺

不锈钢连铸工艺

【模块背景】

　　不锈钢与普通碳钢的连铸工艺有什么不同？连铸技术为什么能取代模铸技术？不锈钢连铸工艺主要由哪些设备组成？结晶器为什么会被称为连铸设备的"心脏"？钢水在连铸中是怎样一步步地由液态变成固态的？高温钢水中的热量究竟去了哪里？连铸坯究竟要被冷却多少次才能进入下游工序？是不是钢水温度越高，越有利于连铸？什么叫中间包冶金？通过本模块的学习，大家将会对不锈钢连铸工艺建立基本的认识，以助于后续开展对不锈钢连铸工艺的实际操作及计算、分析、设计和研究。

【学习目标】

知识目标	1. 掌握不锈钢连铸的定义、优势、分类与特点，了解不锈钢连铸与普通钢连铸的区别； 2. 熟悉不锈钢连铸过程中，钢水流动、结晶、凝固的传热传质原理及特点； 3. 熟悉钢水在结晶器中的传热原理及设计参数、操作因素和钢水成分对结晶器中传热的影响； 4. 熟悉铸坯在二次冷却区中的传热原理及铸坯表面状态、喷水强度、冷却水温度和水滴运动速度等对二冷区凝固传热的影响； 5. 理解连铸坯的凝固结构及控制； 6. 熟悉不锈钢连铸工艺相关设备（钢包、回转台、中间包、结晶器、二冷区等）的功能、类型和结构； 7. 了解不锈钢连铸生产的技术经济指标。
技能目标	1. 能描述不锈钢连铸的原理与特点，能区分不锈钢连铸与普通钢连铸的区别； 2. 能分析钢水及连铸坯在连铸过程中的流动、传热与传质现象，并能初步判断不同现象产生的原因； 3. 能区分不同类型连铸设备的功能、类型与结构，并能初步进行相应设备的运行状态分析； 4. 能绘制不锈钢连铸的工艺流程图，并能初步进行相应的工艺流程设计。
价值目标	1. 学习学科著名专家的奋斗事迹，强化实践能力，弘扬探索创新、精益求精、坚持不懈的劳动精神与工匠精神； 2. 培养严谨的职业道德规范，树立法治意识、安全意识、责任意识和伦理意识； 3. 训练辩证的科学思维，培养探索未知的责任感和使命感； 4. 能够多层次、多角度看待事物的能力，培养通过举一反三，运用专业知识技能，分析、解决生活生产中实际问题的能力。

【课程思政】

创新驱动，铸就行业领先地位

东北大学教授王国栋，1942 年 10 月出生，是中国工程院院士，享誉国际轧制技术领域。作为科研先锋和忠诚的中共党员，他以卓越的成就和对党和人民的坚定承诺，赢得了广泛尊敬。

王国栋院士荣获多项国家科技大奖，包括国家科技进步奖一等奖 2 项、二等奖 6 项，以及国家技术发明二等奖 1 项，充分彰显其科研领域的杰出贡献。此外，他还获得了省部级科技进步二等奖以上奖项 21 项和冶金及行业科技奖二等奖以上奖项 14 项，这些荣誉是对他不懈努力和创新精神充分的肯定。

秉承"真做科研、做真科研"的理念，致力于轧制理论、工艺、自动化等领域的前沿研究。王国栋院士深入钢铁企业，准确把握技术发展趋势与企业需求，结合企业实际，因地制宜为企业排忧解难与提升技术装备水平。他聚焦行业关键技术，推动钢铁材料的绿色化、数字化、高质化和强链化，为我国钢铁工业的发展做出了显著贡献。

2014 年，王国栋院士领导的钢铁共性技术协同创新中心成功申报。10 年来，协同创新中心在绿色低碳、企业急需的重大关键共性技术项目上取得突破，推动了钢铁企业的技术创新和产业升级。

他带领团队与企业合作，开发了一系列国际领先的钢铁产品，如低温压力容器用钢、超高强工程机械用钢等，引领行业发展。同时，王国栋院士也是一位杰出的教育家，培养了众多有报国情怀、专业扎实、务实创新的钢铁行业人才，为我国钢铁行业的人才培养和高质量发展做出了重要贡献。

参考资料：中国工程院院士王国栋荣获"2023 年度感动沈阳人物"称号 [N]. 中国冶金报社，2024-01-31.

4.1 连铸的定义、优势与分类

4.1.1 连铸的定义

钢铁生产过程中，钢水的凝固成型是关键环节，决定了产品的质量和生产效率。模铸和连铸是两种常用的钢水凝固方法。

（1）模铸。模铸是一种传统的钢水凝固方式。钢水被浇注到模具中，随后在模具中冷却凝固形成钢锭。钢锭脱模后，经过初轧机进行开坯处理，进一步得到钢坯。模铸的主要缺点在于其生产过程的间断性：每次浇注都需要制作模具、冷却和脱模，这不仅增加了生产周期，还降低了生产效率，同时增加后续钢坯生产工序的能源消耗。此外，由于需要为每个钢锭制作模具，占地面积也较大。

（2）连铸。连铸是连续铸钢（Continuous Steel Casting, CSC）的简称，采用连续的方式，将钢水注入结晶器中进行凝固得到一定长度的铸坯，经切割后直接得到钢坯，直接供轧钢生产使用。连铸的主要工序为：钢包→中间包→结晶器→二次冷却→拉坯矫直→切割→辊道输送→移坯车（推钢机）→铸坯，其中，中间包、结晶器、二次冷却和拉矫机为关键装置，主要功能为：

（1）中间包，起缓冲、分配钢水的作用；

（2）结晶器，钢水表面凝固成型，产生坯壳；

（3）二次冷却，使钢水完全凝固，同时起导向夹持的作用；

（4）拉矫机，起拉坯、矫直的作用。

在冶金技术的发展历程中，不锈钢相较于碳素钢更早地实现了从模铸到连铸的转变。这主要归因于不锈钢优良的连铸特性，以及连铸技术对于降低成本、提高产能的显著效果。考虑到不锈钢的生产成本通常高于碳素钢，采用连铸技术能够更有效地控制成本，同时提高生产效率。

4.1.2　连铸的优势

连铸工艺较模铸工艺具有提升效率、节约成本、降低能耗等多重优势，主要如下。

（1）简化生产工序，缩短工艺流程。连铸工艺省去了脱模、整模、均热、初轧开坯等传统工序。据估算，采用连铸工艺，建设投资降低 40%，占地面积减少 30%。随着薄板坯连铸机的出现，与传统板坯连铸相比，薄板坯连铸的厚度仅为 50~70 mm，远小于传统板坯的 150~300 mm。传统板坯连铸所需平均时长为 40 h，而连铸仅需 1~2 h，生产效率得到了极大的提高。

（2）提高金属收得率与金属成材率。传统的模铸工艺在钢锭开坯工序中，由于切头切尾的操作，金属损失率达到了 10%~20%，这意味着从原始的钢水转化为成品钢锭的过程中，仅有 84%~88% 的金属得到了有效利用。相比之下，连铸工艺中的金属损失率仅为 1%~2%，钢水到成坯的收得率大幅提升至 95%~96%。

（3）改善劳动环境，提高劳动生产率。在炼钢生产过程中，模铸是一项劳动强度大、劳动环境恶劣的工序。随着连铸工艺的引入，提高了设备工艺和操作水平，同时采用计算机控制和管理，改善了劳动环境，提高生产率，确保了生产的安全和稳定。

（4）降低能源消耗：1）连铸省去了钢锭开坯工序加热炉的能耗；2）连铸提高了成坯率和成材率产生的间接节能。据测算，与模铸相比，采用连铸生产 1 t 铸坯的综合能耗可降低约 130 kg（标准煤）。若连铸坯采用热装（Continuous Casting-Hot Charge Rolling，CC-HCR）和直接轧制（Continuous Casting Direct Rolling，CCDR）新工艺，可进一步降低能耗和周期。

（5）扩大产品类型和提升产品质量。由于连铸过程中钢水的凝固速度快、冷却效率高，这使得连铸坯的断面较小，元素偏析程度相对较低。因此，连铸技术可以更加有效地控制钢的化学成分，减少不同部位之间的化学成分差异，使钢材中的化学成分均匀，从而适应更多种类的钢种生产，提高钢材的整体质量。与模铸相比，连铸技术在生产效率和产品质量上都具有明显的优势，这使得连铸技术在现代钢铁生产中占据了重要的地位。

不锈钢连铸技术已走向成熟并得到了持续地改进和提高，其中典型技术包括：

（1）夹杂物去除及防止新夹杂物形成的无氧化连铸技术；

（2）钢包加热促进夹杂物漂浮技术；

（3）控制凝固组织状态以减少偏析、提高成品板成型性能的电磁搅拌技术（EMS）；

（4）以提高生产效率和产能为目标的顺序凝固技术；

（5）结晶器在线调宽以连续生产出不同宽度铸坯的技术。

连铸不锈钢板坯的厚度一般为150~200 mm，随着技术的发展，目前已经开发出了板坯厚度为25~50 mm的连铸机，用于生产薄规格产品。薄规格不锈钢板坯的连铸机的出现，不仅满足了市场对于更轻薄、更高性能不锈钢材料的需求，同时也提高了生产效率，降低了成本。薄规格不锈钢板坯的应用范围非常广泛，包括汽车、家用电器、建筑等多个领域。

4.1.3 连铸的分类及特点

连铸机可根据结构形式或铸坯断面进行分类。

4.1.3.1 按结构形式分类

根据连铸机的结构形式，可分为立式连铸机、立弯式连铸机、直结晶器多点弯曲式连铸机、直结晶器弧形连铸机、弧形连铸机、多半径弧形（椭圆形）连铸机和水平连铸机，如图4-1所示。

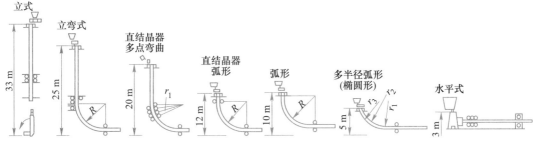

图4-1 连铸机的分类

A 立式连铸机

立式连铸机的结构特点为结晶器、二次冷却段、拉坯和切割段等工艺设备沿结晶器的中心线垂直排列，是应用最早的一种连铸机形式。

其优点在于：

（1）由于特殊的结构设计，铸坯在四面都能得到均匀的冷却，从而减少了裂纹的产生，能够实现钢水流动与冷却强度的有效控制；

（2）铸坯运行过程中无需进行弯曲矫直变形，有助于夹杂物的上浮，提高了铸坯的整体质量。

其缺点在于：

（1）设备机身高，向空中或是地下发展均较困难，增加投资成本；

（2）钢水静压大，铸坯容易产生鼓肚现象，影响产品质量；

（3）拉速相对较慢，生产效率低。

以上缺陷限制了立式连铸机在工业生产中的应用和发展，然而在特定领域和特殊钢种的生产中，立式连铸机仍具有不可替代的优势，如某些特殊钢种、高品质钢或超大断面钢种，如高纯净钢、高合金钢、高 S/P 钢、特厚板坯、超大圆坯/方坯等，立式连铸机能够提供更为合适的浇注条件，进而满足产品对质量和性能的高要求。

B　立弯式连铸机

为解决立式连铸机机身过高的问题，开发了立弯式连铸机，其结构特点为：结晶器以上部分与立式连铸机相同，铸坯通过拉坯机以后，用顶弯装置将铸坯进行弯曲变形，然后在水平段进行矫直、切割。立弯式连铸机在保留了立式连铸机铸坯四面冷却均匀、夹杂物易控制、裂纹少等优点的同时，也有效降低了设备的高度。然而，立弯式连铸机的不足之处在于尽管降低了设备高度，但设备重量比立式略有增加，建设成本高；铸坯在凝固过程中被弯曲和矫直时，存在矫直半径过小和矫直区间过短的问题，使得铸坯内部的应力集中，导致裂纹形成。

C　弧形连铸机

为进一步提高连铸机的性能和效率，在立弯式连铸机的基础上，通过独特的设计，开发了弧形连铸机。弧形连铸机的主要特点在于：

（1）结晶器和二次冷却区被巧妙地布置在半径相同的弧线上，弧形铸坯经过二次冷却区之后，在水平切线位置进行矫直后切成定尺，这一设计使得在不缩短二次冷却区长度的前提下，降低了机身 30%~50% 的高度，同时省去了翻钢机、顶弯机等设备，降低了设备投资费用；

（2）钢水静压较小，实际生产中更容易控制和避免钢坯鼓肚现象；

（3）由于其拉速高、流速小，提高了生产效率。

然而，弧形连铸机也存在一些缺点。由于钢水在内外弧两侧的凝固条件不同，夹杂物容易向内弧偏析聚集，同时，铸坯在浇注过程中会发生弯曲变形，容易产生裂纹，从而影响铸坯的质量和性能。此外，弧形结晶器和二次冷却设备等的加工制造及安装调整也较为复杂，增加了设备的维护成本。

弧形连铸机的发展较为快速。近年来，新建的连铸机主要以弧形连铸机为主，未来随着技术的不断进步和应用的深入，弧形连铸机有望进一步优化和完善，为不锈钢产业的发展作出更大的贡献。

D　多半径弧形（椭圆形）连铸机

椭圆形连铸机原则上归属于弧形连铸机，区别在于其二次冷却区是由不同曲率半径的几段弧线组成的。与弧形连铸机比较，椭圆形连铸机进一步降低了连铸机的高度，但二次冷却区的设备加工制造及安装调整的难度较大，而且由于各段的曲率半径不同，设备没有互换件，不便于维护。

E　水平连铸机

水平连铸机中，包括结晶器、二冷区、拉矫、切割装置等部件均设置在水平位置上。水平连铸机的中间包和结晶器是紧密相连的。中间包水口与结晶器相连处装有分离环，拉坯时，结晶器不振动，而是通过拉坯机带动铸坯作周期性的推拉运动来实现。

其优点在于：

（1）机身高度降低，投资减少，设备维护方便；

（2）钢水静压小，有效防止铸坯鼓肚变形，确保铸坯的高清洁度和低夹杂物含量；

（3）铸坯无弯曲矫直，裂纹少，铸坯质量好。

其缺点在于：

（1）夹杂物容易在结晶器上部聚集，影响产品质量；

（2）拉速和流数相对较低，限制了生产能力提高。

4.1.3.2 按铸坯断面分类

连铸机根据铸坯断面外形与尺寸的不同，可以分为方坯连铸机、板坯连铸机、圆坯连铸机、异型坯连铸机等。

A 方坯（矩形坯）连铸机

断面尺寸在 150 mm×150 mm 以下的叫小方坯，超过这一尺寸的叫大方坯。在小方坯中，断面尺寸 120 mm×120 mm 是一个关键的界限，大于此尺寸时，采用浸入式水口和保护渣浇注技术，而小于此尺寸时则选择敞开浇注或气体保护浇注。矩形断面的长边与宽边比小于 3 时，同样归类为方坯连铸机。

B 板坯连铸机

铸坯断面为长方形，其宽厚比一般在 3 以上，根据尺寸和用途的不同，板坯可细分为小板坯（扁坯）、常规板坯、宽厚板坯、薄板坯。

C 圆坯连铸机

铸坯断面为圆形，直径范围为 60~400 mm，根据直径大小，还可细分为小圆坯、大圆坯、空心圆。

D 异型坯连铸机

连铸机具有特殊形状断面的铸坯，如工字形、U 形。

E 方、板坯兼用连铸机

在一台铸机上，既能浇板坯又能浇方坯，是一种多功能设备，提高了设备生产效率和灵活性。

此外，连铸机按拉速可分为高拉速连铸机和低拉速连铸机；还可以按钢水静压力大小分为高头型连铸机（静压力较大）和低头型连铸机（静压力较小），如立式、立弯式连铸机属于高头型连铸机，弧形、椭圆形、水平连铸机属于低头型连铸机。

4.2 不锈钢连铸的原理与特点

连铸过程涉及钢水的流动、传热、传质、相变凝固和夹杂物运动等现象。

4.2.1 钢水的结晶

不锈钢是以铁为基础的合金，包含铬、镍、钛等多种合金元素，因此其钢水的结晶过程具有独特性。

（1）必须严格控制温度，以确保钢水能够顺利结晶。如果温度过高或过低，都可能导致结晶不完整或产生缺陷，从而影响不锈钢的质量和性能。

（2）钢水结晶过程为选分结晶。最初析出的是溶质元素含量较低、纯度高、熔点高的晶体；随着结晶的进行，晶体中的溶质元素含量逐渐升高，熔点则相应降低，导致晶体和液体的成分随着温度的下降而不断地变化；结晶过程完全结束且达到平衡时，晶体才有可能达到和原始合金一样的成分。

不锈钢钢水结晶过程的独特性和复杂性对生产和加工提出了更高的要求。然而，通过掌握其结晶特点和规律，并采取适当的工艺措施，生产者可以成功地生产出高质量、高性能的不锈钢产品，满足各种应用领域的需求。

4.2.1.1　结晶温度范围和两相区

钢水结晶的温度范围及结晶过程中，固相和液相的成分变化，如图 4-2 所示。图 4-2 中，液相线至固相线之间的温度区间称为结晶温度范围，以 $\Delta T_{结晶}$ 表示。由于结晶器壁（或钢锭模壁）散热，完全凝固前的铸坯内部存在明显的温度梯度，通常会出现 3 个结晶区域：固相区、两相区和液相区。其中，钢水在两相区内进行形核和晶核的成长，铸坯的凝固过程可视为两相区由铸坯表面逐渐向铸坯中心逐步推移。决定两相区宽度的主要因素是钢水结晶温度范围 $\Delta T_{结晶}$ 和凝固前铸坯内部的温度梯度，结晶温度范围越宽，钢水过热度越低和铸坯表面冷却强度越小，则两相区越宽。

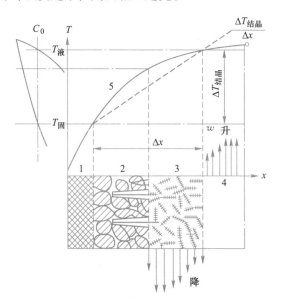

图 4-2　钢水结晶过程的温度分布和相区
1—固相区；2，3—两相区；4—液相区；5—温度分布曲线

4.2.1.2　偏析现象

偏析：钢水结晶时，由于溶质元素在固态和液态中的溶解度存在差异，以及选分结晶的作用，导致凝固后的铸坯中出现化学成分不均匀的现象。偏析是钢铁生产过程中一个需要特别关注的问题，因为它不仅会导致钢中二次夹杂物的形成和聚集，还会影响钢中气体的析出和排出，从而对钢的质量产生严重影响。

偏析的程度因钢中所含元素、气体和非金属夹杂物的不同而有所差异。为了更好地理解和控制偏析现象，通常将其分为两类：显微偏析和宏观偏析。

显微偏析主要由结晶的不平衡性所引发，主要反映在钢的显微组织上，通常需要借助显微镜、电子探针和扫描电镜等来观察和分析。显微偏析可进一步细分为"晶内偏析"和"晶间偏析"，前者指同一晶粒内的化学成分不均匀性，后者则指不同晶粒之间的化学成分差异。在生产过程中，冷却速度越慢，显微偏析就越严重。

宏观偏析主要由于凝固过程中的选分结晶作用，导致两相区树枝间的液体富集溶质元素分布不均匀所引起，主要发生在铸坯或钢锭中。同时，钢水凝固时液体的温度差、密度差、体积收缩及气体排出等因素会引起液体对流运动，从而加剧宏观偏析。宏观偏析主要发生在铸坯或钢锭中，往往在特定区域呈带状分布，因此又称为"区域偏析"或"低倍偏析"。连铸生产中可通过硫印、酸浸等低倍检验来识别。

为了减轻偏析程度，通常主要采用以下措施：

（1）加快铸坯或钢坯的冷却速度，可以抑制凝固过程中溶质元素的析出，从而减少显微偏析；

（2）优化铸坯断面或锭型，如采用矩形断面、扁锭、小锭等，可以缩短凝固时间，减轻偏析程度；

（3）降低钢水中有害元素（如硫、磷、砷等）、气体及夹杂物的含量；

（4）调整合金元素的类型或含量，降低凝固时固相和液相的密度差，以减弱钢水流动，从而抑制偏析；

（5）采用合理的浇注工艺，如适当降低浇注温度和浇注速度，连铸时防止铸坯鼓肚等。

4.2.1.3 气体的形成和排出

钢水结晶过程中，氢、氮、氧等气体在钢水中的溶解度会随着钢水温度的降低而下降，特别是在钢水由液态转变为固态时，溶解度的急剧下降导致这些气体在结晶过程中富集和析出。当气体的上升速度大于树枝晶的生长速度时，气体能够顺利地排出钢水；反之，气体则会被困在树枝晶之间形成气孔，对钢的力学性能产生不利影响。

4.2.1.4 非金属夹杂物

钢中的非金属夹杂物对钢材的性能有着显著的影响。根据夹杂物的尺寸，可以将其分为超显微夹杂、显微夹杂和大型夹杂三类。

（1）超显微夹杂（尺寸小于 $1~\mu m$）。由于尺寸小且分布均匀，它们在钢中的数量虽然较多，但对钢材的性能危害相对较小。然而，这并不意味着可以忽视它们的存在，因为当这些超显微夹杂聚集在一起时，仍然可能对钢材的性能产生不利影响。

（2）显微夹杂（尺寸 $1\sim50~\mu m$）。主要是由脱氧产物和凝固过程中的再生夹杂物组成，其中，再生夹杂物主要是氧化物和硫化物。显微夹杂在钢中的分布对钢材的疲劳性能、韧性等力学性能有着显著的影响。

（3）大型夹杂（尺寸大于 $50~\mu m$）。钢水中的大型夹杂物主要是外来夹杂物，尽管数量较少（不到夹杂总量的1%），但它们分布集中且颗粒粗大，对钢材的危害甚大。

减少钢中非金属夹杂物的关键在于尽量减少外来夹杂物对钢水的污染，同时促使已存在于钢水中的夹杂物的排出，从而净化钢水。生产中，主要采取以下措施。

（1）减少钢中含氧量。防止冶炼过程的过氧化，脱氧要完全，或采用炉外精炼技术对钢水进行处理。

（2）减少钢中硫含量，采用钢包处理或炉外精炼技术，也可加入其他合金元素来控制硫化物的形态和分布，以减少它的危害。

（3）采取措施防止夹杂物进入钢水，如出钢时采用挡渣操作；采用保护浇注，防止二次氧化；使用性能适宜的保护渣，采用高质量的耐火材料；保证浇注系统的清洁等。

（4）促进钢水中夹杂物在浇注和凝固过程中的上浮和排出，如采用大容量深熔池的中间包；采用形状适宜的浸入式水口；在连铸结晶器内使用"电磁搅拌 EMS"技术等。

4.2.2　连铸坯的凝固

4.2.2.1　连铸坯的凝固特点

连铸坯的凝固过程实质上是一个传热过程。在连铸机内（切割铸坯以前），钢水由液态转变为固态高温铸坯所放出的热量包括 3 个部分：

（1）将过热的钢水冷却到液相线温度所释放的热量；

（2）钢水从液相线温度冷却到固相线温度，即从液相到固相的相变过程中所释放热量；

（3）铸坯从固相线温度冷却到被送出连铸机时所释放的热量。

以上热量的放出是在连铸机的一次冷却区（结晶器）、二次冷却区（包括辊子冷却系统的喷水冷却区）和三次冷却区（从铸坯完全凝固开始至铸坯切割以前的辐射传热区）完成的，如图 4-3 所示。

从图 4-3 可以看出，连铸坯的凝固是一个复杂而又关键的过程，它涉及多个物理和化学现象，直接影响着最终钢材的质量和性能。在这个过程中，坯壳生成、钢水运动、传热以及钢水凝固同时进行，形成液相穴。这个液相穴可以看作是一个在连铸机内以固定速度运动的、长度较大的钢锭。铸坯在运行过程中，沿着液相穴在凝固区间逐渐将液体转变为固体。液相穴内液体的流动对铸坯的凝固结构、夹杂物分布、溶质元素的偏析以及坯壳的均匀生长都起到了重要的作用。

钢水坯壳在冷却过程中会发生金属相变（δ→γ→α），特别是在二次冷却区，铸坯与夹辊和喷淋水交替接触，导致坯壳温度不断变化，从而使金属组织发生相应的变化。这种变化类似于使铸坯受到反复的热处理。同时，由于溶质元素的偏析作用，可能会发生硫化物、氮化物质点在晶界沉淀的现象，增加钢坯的高温脆性。

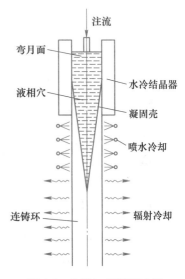

图 4-3　连铸坯的凝固过程

连铸坯在凝固过程中表现出的这些特点对铸坯的表面质量和内部质量都有重要的影响。另外，连铸坯在结晶器和二冷区的传热性能直接影响到连铸机的产量和铸坯的质量。

当其他工艺条件一定时，增加冷却强度可提高拉坯速度，从而提高生产效率。同时，冷却传热过程又与铸坯缺陷（如内部裂纹、表面裂纹、铸坯鼓肚等）密切相关。因此，在连铸生产过程中，需要综合考虑传热性能、生产效率以及铸坯质量等多个因素，以确保生产的顺利进行和产品质量的稳定。

4.2.2.2　结晶器中坯壳的形成

高温钢水注入结晶器后，与结晶器的冷却内壁发生接触从而急剧冷却，迅速形成了"钢水-坯壳-铜内壁"的交界面。在钢水静压力的作用下，初生的钢水外坯壳与结晶器内壁紧贴在一起。随着凝固的继续进行，坯壳厚度逐渐增加，坯壳试图收缩离开结晶器内壁，然而钢水静压力又将坯壳挤向结晶器内壁，如此反复进行。当坯壳厚度达到能抵抗钢水静压力时，坯壳开始脱离结晶器内壁，在内壁与坯壳之间形成了空气缝隙（简称：气隙），增加了传热的阻力，延缓了坯壳厚度的增长，坯壳温度有所回升。如此反复进行，直到坯壳被拉出结晶器。结晶器内钢水凝固放出的热量主要沿着坯壳→气隙→铜壁→冷却水导出，冷却水带走的热量占结晶器总散热量的95%以上。

沿结晶器的竖直方向，按坯壳表面与铜壁的接触状况，可将钢水的凝固过程分为弯月面区、紧密接触区、气隙区3个区域，如图4-4所示。

A　弯月面区

钢水浇注到结晶器中与结晶器内壁接触，在表面张力的作用下与铜壁内壁形成一个半径很小的弯月面，如图4-5所示。

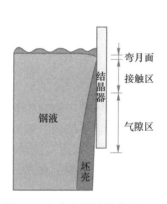

图4-4　钢水在结晶器内的凝固

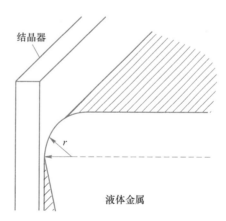

图4-5　钢水与铜壁形成的弯月面

弯液面根部附近的冷却速度较快，很快就可以观察到新坯壳的生成。随着冷却的持续进行，坯壳逐渐增厚。弯液面在表面张力的作用下表现出弹性薄膜特性，有助于维持弯液面的稳定性。当结晶器振动时，弹性薄膜性能确保钢水面顺利向下输送并形成新的固体坯壳。然而，当钢水中的某些夹杂物或杂质运动到钢—渣界面且未被保护渣吸收时，氧化铝等夹杂物会降低钢水的表面张力，进而减小弯月面的半径。这种情况下，弯月面的弹性薄膜性能会受到影响，可能导致弯月面破裂，从而影响产品质量。同时，夹杂物还可能黏附在坯壳上，形成表面夹渣，降低产品质量。

因此，保持弯月面的弹性薄膜性能，使钢水面具有一定的界面张力，对坯壳的表面质量和均匀性十分重要。

B　紧密接触区

弯月面下部的新坯壳处于一个非常关键的位置。由于这个区域的新坯壳还不够厚实，可能无法完全抵抗来自钢水静压力的作用，导致坯壳仍然紧贴在内壁上，如图 4-6 所示。在这种情况下，坯壳与铜壁之间的接触变得尤为紧密，热量传输主要以热传导的方式进行。随着坯壳逐渐向下移动，它与铜壁的接触面积增大，传热效率也相应提高，坯壳会变得越来越厚。

为了保持坯壳的稳定性和质量，需要确保在弯月面下部区域提供足够的冷却和支持。这可以通过优化结晶器的设计、调整冷却水的流量和温度以及控制连铸机的拉坯速度来实现。此外，还需要定期检查和维护结晶器内壁，以确保其表面平滑、无缺陷，以减少坯壳与铜壁之间的摩擦和阻力。

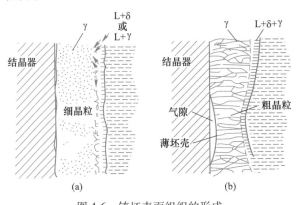

图 4-6　铸坯表面组织的形成
（a）坯壳与铜壁紧密接触；（b）坯壳产生气隙

C　气隙区

连铸坯壳凝固到一定厚度时，会发生 $\delta \to \gamma$ 相变。这种相变导致坯壳产生收缩力，使其向内弯曲并脱离结晶器内壁，这就在结晶器内壁与坯壳之间形成了气隙。然而，这个气隙在初期是不稳定的，受到钢水静压力的作用，坯壳会向外鼓胀，导致气隙消失。因此，在接近紧密接触区的部分坯壳上，气隙的形成和消失处于一个动态平衡的状态。当坯壳的厚度增加到足以抵抗钢水的静压力时，气隙才能稳定存在。根据不同的坯型，气隙的宽度也会有所不同。气隙稳定形成后，坯壳与结晶器内壁之间将以热辐射和热对流的方式进行传热。结晶器内气隙的形成过程，如图 4-7 所示。

由于气隙具有较大的热阻，坯壳向结晶器铜壁的传热速率降低，导致坯壳表面温度回升，从而降低了坯壳的强度和刚度。在钢水的静压力作用下，此时坯壳容易发生变形，形成皱纹或凹陷。此外，气隙的形成降低了传热凝固效率，使坯壳变薄。坯壳的局部收

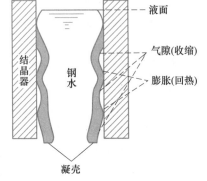

图 4-7　结晶器内气隙的形成过程

缩会造成某一局部区域的组织粗化，从而增加了裂纹的敏感性。为了确保铸坯在离开结晶器时不会发生变形或漏钢，被拉出的铸坯的坯壳必须具有足够的厚度。

4.2.2.3 二次冷却区中铸坯的形成

钢水在结晶器中形成具有一定形状和厚度的凝固坯壳。由于钢水熔点高、热容量大，出结晶器的连铸坯坯壳较薄，其内部仍为高温钢水。这种带有"液芯"的铸坯在钢水内部静压力的作用下，很容易产生变形甚至漏钢。为使铸坯快速凝固并保证后续的拉坯顺利进行，在结晶器出口至拉矫机之前设置了二次冷却区（二冷区），在该区域通过喷水冷却使铸坯逐渐完全凝固。

4.2.3 钢水在结晶器中的传热

4.2.3.1 传热方式

钢水在结晶器内的凝固传热可分为拉坯方向和水平方向。拉坯方向的传热仅占结晶器总传热量的 3%~6%，通常可忽略不计。因此，结晶器中钢水的凝固过程可近似地看作是钢水向结晶器壁面的单向传热过程。传热过程可描述为：

$$q = h(t_s - t_c) = 1/R_{总}(t_s - t_c) \tag{4-1}$$

式中 q——结晶器壁的热流密度，W/m^2；

h——总传热系数，$W/(m^2 \cdot ℃)$；

t_s——结晶器内钢水的平均温度，℃；

t_c——结晶器内壁的冷却水温度，℃；

$R_{总}$——总热阻，$m^2 \cdot ℃/W$。

传热过程的总热阻可以用各个部分的热阻之和来表示，主要由以下部分构成，如图4-8 所示。

图 4-8 结晶器传热热阻分布

$$R_{总} = R_1 + R_2 + R_3 + R_4 + R_5 + R_6 \tag{4-2}$$

式中 R_1——结晶器壁-冷却水之间的热阻，$m^2 \cdot ℃/W$；

R_2——结晶器壁的导热热阻，$m^2 \cdot ℃/W$；

R_3——气隙的热阻，$m^2 \cdot ℃/W$；

R_4——保护渣膜的热阻，$m^2 \cdot ℃/W$；

R_5——凝固坯壳的热阻，$m^2 \cdot ℃/W$；

R_6——凝固坯壳-钢水之间的热阻，$m^2 \cdot ℃/W$。

A 结晶器壁-冷却水之间的热阻 R_1

热量主要通过热对流的形式在冷却水与结晶器壁之间进行传递，这部分热阻（R_1）通常占总热阻的 10%左右。传热过程可视为冷却水的管内强制对流，得到下式：

$$R_1 = 1/h_1 \tag{4-3}$$

式中　h_1——冷却水管内强制对流传热系数。研究表明，当冷却水流速达到 6 m/s 时，

　　　　　$h_1 \approx 4$ W/(cm² · ℃)。

　　B　结晶器壁的导热热阻 R_2

热量主要通过热传导的形式沿结晶器壁进行传递，R_2 可计算为：

$$R_2 = \delta_2/\lambda_2 \tag{4-4}$$

式中　δ_2——结晶器壁的厚度，cm；

　　　　　λ_2——结晶器壁的导热系数，W/(cm · ℃)。

由于铜的导热性能良好，导热系数较高，故该部分热阻 R_2 仅占总热阻的 5%左右。

　　C　气隙的热阻 R_3

由于气体的传热系数较小（0.2 W/(cm² · ℃)），因此该部分的热阻 R_3 较大（占总热阻的 80%以上），且热阻大小与气体的种类和气隙的厚度有关。

　　D　保护渣膜的热阻 R_4

保护渣膜在结晶器中起润滑作用，主要以导热为主，R_4 可计算为

$$R_4 = \delta_4/\lambda_4 \tag{4-5}$$

式中　δ_4——保护渣膜的厚度，cm；

　　　　　λ_4——保护渣膜的导热系数，W/(cm · ℃)。

　　E　凝固坯壳的热阻 R_5

凝固坯壳传热主要以热传导为主，坯壳内的温度梯度可达到 550 ℃/cm，其热阻 R_5 可计算为：

$$R_5 = \delta_5/\lambda_5 \tag{4-6}$$

式中　δ_5——凝固坯壳的厚度，cm；

　　　　　λ_5——凝固坯壳（钢）的导热系数，W/(cm · ℃)。

　　F　凝固坯壳—钢水之间的热阻 R_6

浇入结晶器内的钢水引起结晶器内钢水的强制对流运动，进而将热量传递给凝固坯壳，其热阻可计算为：

$$R_6 = 1/h_6 \tag{4-7}$$

式中　h_6——凝固坯壳与钢水之间的对流传热系数（W/(cm² · ℃)），可用平行平板之间素流传热进行计算，估算为 1 W/(cm² · ℃)。

综上所述，气隙热阻 R_3 占总热阻的 80%以上，是结晶器传热的限制性环节，减小气隙的热阻是改善结晶器传热的关键。实际上，气隙的大小又取决于坯壳的收缩和坯壳抵抗钢水鼓胀的能力。在结晶器的角部，坯壳的凝固和收缩最快，气隙最早形成使传热恶化，推迟了凝固。随着坯壳向下移动，气隙从角部扩展到中心，由于钢水静压力的作用，结晶器中间部位的气隙比角部位置要小得多，因此角部坯壳最薄，常常是产生裂纹和拉漏的敏感部位，如图 4-9 所示。

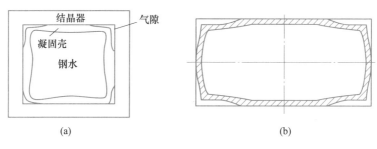

图 4-9 方坯和板坯横向气隙形成

（a）方坯；（b）板坯

【知识拓展】

华菱湘钢与中南大学携手突破海工钢生产技术瓶颈

2015 年，面对生产 DH36/EH36 海工钢时的技术挑战，华菱湘钢与中南大学携手合作，由王万林教授领衔的团队，创新性地引入了"连铸结晶器钢液凝固关键技术"。这一技术通过对结晶器内腔形貌进行综合优化，有效解决了铸坯表面边部和跨角裂纹，以及轧制展宽过程中角部烂钢和深边部裂纹的问题。

在研发过程中，团队对结晶器的角部倒角、锥度、冷却水流量和水槽结构进行了精细调整。这些优化措施显著减少了铸坯表面的裂纹，同时在轧制展宽过程中，边直裂的出现位置从边部 100 mm 以内缩减到 10 mm 以内，缺陷率从 80% 降至 5% 以下，大幅提升了轧制成材率。

这些技术突破不仅提升了湘钢产品的质量和生产效率，也使湘钢的海工钢得以在共建"一带一路"国家的重大工程项目中发挥重要作用。例如，俄罗斯的亚马尔能源项目和中海油泰国石油项目，都采用了湘钢的产品，彰显了湘钢在国际市场上的竞争力和技术创新实力。

参考资料：科技新进展：连铸结晶器凝固关键技术及应用［EB］. 中国金属学会服务平台，2020-7-3.

4.2.3.2 设计参数对结晶器传热的影响

A 结晶器锥度的影响

为了减小下部气隙厚度、改善传热，结晶器的内部形状应与坯壳的冷却收缩相适应，使坯壳与结晶器的铜内壁保持良好的接触，结晶器形状的设计原则通常为"上大下小，锥度合适"。锥度是结晶器的一个十分重要的设计参数，若锥度过小，坯壳将会过早从结晶器内壁上脱离，形成气隙，降低坯壳的厚度，出现鼓肚、变形甚至拉漏；若锥度过大，尽管增加了结晶器传递的热量，但使拉坯阻力增大，造成拉坯困难甚至导致拉裂，加剧结晶器下部的磨损。

结晶器的锥度应按照钢种、拉速及铸坯断面尺寸来选择。结晶器断面尺寸的减小量应不大于从弯月面到结晶器出口处铸坯的线收缩量（Δl）。对于铸坯的线收缩量（Δl），可根据从弯月面到结晶器出口处坯壳的温度变化 ΔT 和坯壳收缩系数 β 来确定，即：

$$\Delta l = \beta \cdot \Delta T \tag{4-8}$$

式中　β 为坯壳收缩系数。对于铁素体不锈钢为 $16.5 \times 10^{-6}/℃$，对于奥氏体不锈钢为 $22.0 \times 10^{-6}/℃$。

B　结晶器长度的影响

钢水在结晶器内冷凝时，50%以上的热量是在结晶器上部传递的，而结晶器下部由于气隙的形成，传递的热量减少。因此，结晶器下部主要是起支撑坯壳的作用。显然，降低结晶器长度有利于热量的传输，还可减小拉坯阻力，降低设备费用，但应以不增加铸坯拉漏的危险性为原则。在此原则约束下，通常结晶器长度为 700~900 mm。

C　结晶器铜壁厚度的影响

在一定范围内结晶器铜壁厚度对传热的影响可忽略。方坯结晶器铜壁厚度为 8~15 mm，热流量变化很小；板坯结晶器铜壁厚度由 40 mm 降至 20 mm，热流量仅提高了 10%。

D　结晶器材质的影响

结晶器的正常工作温度通常为 200~300 ℃。特殊情况时，最高温度可达 500 ℃。因此，要求结晶器材质的导热性好、抗热疲劳、强度高、高温膨胀小、不易变形等。尽管纯铜材料具备较高的导热性，但弹性极限低，应力作用下易产生变形。因此，当前多采用高铜合金（如 Cu-Cr、Cu-Ag 等）作为结晶器材质。这些合金的导热性能虽比纯铜略低，但在高温下长期工作可保持足够的强度和硬度，使结晶器壁的寿命比纯铜高几倍。

4.2.3.3　操作因素对结晶器传热的影响

A　冷却强度的影响

冷却强度是指单位时间内通过结晶器水缝中的水量，其对结晶器的传热效率有重要影响。冷却水要高效地将钢水凝固所释放出的热量带走，保证铜壁上没有积累过多的热量。冷却水与结晶器壁之间存在 3 种传热方式：(1) 强制对流传热；(2) 核态沸腾传热；(3) 膜态沸腾传热。

实际生产中，正常情况下冷却水与结晶器壁之间是处于强制对流传热状态，应尽力避免后两种情况的发生，尤其是要禁止第三种膜态沸腾的发生。结晶器内的冷却水一旦沸腾，会造成热量的剧烈波动，极不利于结晶器寿命和铸坯质量。对于小方坯连铸机，其结晶器的铜壁较薄，更需注意防止沸腾的情况发生。

B　冷却水质量的影响

结晶器的传热速率几乎是高压锅炉的 10 倍。如此高的热量很容易使结晶器的壁面温度超过 100 ℃，进而使冷却水沸腾。同时，水垢会在铜壁表面沉积，增加传热热阻，导致铜壁温度升高，进一步加速了水的沸腾。因此，结晶器中必须使用软水，且软水质量要求为：

(1) 总盐含量≤400 mg/L，硫酸盐含量≤150 mg/L，氯化物含量≤50 mg/L，硅酸盐含量≤40 mg/L；

(2) 悬浮质点≤50 mg/L，质点尺寸≤0.2 mm；

(3) 碳酸盐硬度≤2°dH；

（4）pH值控制在7~8。

C 结晶器润滑的影响

结晶器润滑不仅能减小拉坯阻力，使得铸造过程更为顺畅，还能通过填充气隙来优化传热效果。在敞开浇注的情况下，通常使用油作为结晶器润滑剂。油在高温下裂化分解为C-H化合物，这些化合物能够有效地填充气隙，从而有利于热量的传递。

除使用油润滑外，保护渣也被广泛应用于结晶器的润滑。保护渣粉被添加到结晶器内的钢水面上，形成一层液渣层。当结晶器振动时，液渣被带入气隙中，从而在坯壳表面形成一层均匀的渣膜，既起到润滑作用，减小拉坯阻力，同时改善传热性能。

D 拉速的影响

当拉速提高时：一方面，单位时间内通过结晶器的钢水量增加，使得沿结晶器传递的平均热流量增加；另一方面，提高拉速降低了单位质量钢水从结晶器中导出的热量，减薄坯壳厚度。因此，选择最佳拉速时，既要维持好结晶器出口处的坯壳厚度，又要能充分发挥连铸机的工作效率。

E 钢水过热度的影响

钢水过热度对铸坯的凝固结构有重要影响。钢水过热度高，会延缓钢水在结晶器中的凝固，出结晶器的坯壳较薄且铸坯表面温度高，使高温坯壳的强度降低，增加了断裂和拉漏的概率。

4.2.4 铸坯在二冷区中的传热

铸坯在二冷区的凝固过程是既涉及单相传热又涉及相变传热。在二冷区中，铸坯中心部分的热量通过已经形成的坯壳传递到表面。坯壳表面受到喷淋水的冷却，温度迅速降低，从而在铸坯的表面和中心之间形成了显著的温度梯度。这种温度梯度是铸坯散热的主要驱动力，促使热量从高温的中心区域流向低温的表面。根据测算，带液芯的铸坯要全部凝固，还需要释放出200~300 kJ/kg的热量。铸坯在二次冷却区中的传热方式为：

（1）辐射传热，占总传热量比例为25%；

（2）喷雾水滴相变蒸发，占总传热量比例为33%；

（3）喷淋水加热对流，占总传热量比例为25%；

（4）辊子与铸坯的接触传导，占总传热量比例为17%。

不同类型的连铸机或不同的工艺条件下，各种传热方式的传热比例可能有很大的区别。对小方坯连铸机而言，二次冷却区主要是辐射传热和喷雾水滴相变蒸发两种传热方式；而对于板坯和大方坯连铸机，则存在上述4种传热方式，但占主导地位的仍然是喷雾水滴相变蒸发传热。因此要提高二次冷却区的传热效率，获得最大的凝固速度，主要在于改善喷雾水滴与铸坯表面之间的传热过程。

4.2.5 不锈钢连铸与普通钢连铸的区别

尽管不锈钢连铸和普通碳钢连铸具有很多共性，但也有不同的特点，主要表现在：

（1）不锈钢的导热性能差，在凝固过程中温度梯度大，导致不锈钢铸坯的低倍组织粗大，柱状晶区特别发达，甚至形成穿晶结构，同时柱状晶区发达还可能造成中心偏析、中心疏松和中心裂纹等缺陷；

（2）不锈钢中含多种合金元素，尤其是铬、镍、钛等元素含量高，在浇铸过程中极易氧化；

（3）钢水与钢包、中间包、衬砖以及空气接触时间比模铸时间长，因此容易产生氧化物夹杂；

（4）钢水黏度大、流动性差，特别是在浇铸含钛不锈钢时，析出的 TiO_2、Al_2O_3 易在水口内壁积聚，造成水口堵塞；

（5）不锈钢的凝固形态比较复杂，在凝固和冷却过程中存在脆性温度区间，铸坯容易产生裂纹。

4.3　连铸设备

不锈钢连铸机主要由钢水包、钢包回转台、中间包、结晶器、二次冷却、振动机构、拉矫机和切割机等组成。

4.3.1　钢包

钢包一般指钢水包，承担着盛装、运载、倾倒钢水及部分炉渣的作用。在进行浇注作业时，可通过调整钢包的水口大小来控制钢水的流量。钢包中还可以配置电极加热、合金加料、吹氢搅拌、喂丝合金化、真空脱气等进行精炼，进一步提高钢水的温度控制精度、成分控制精度以及钢水纯净度，以满足后续浇注生产对钢水质量的要求，即钢包精炼。

钢包主要由钢包本体、耐火衬和水口启闭控制机构等装置组成，如图 4-10 所示。

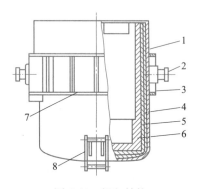

图 4-10　钢包结构
1—包壳；2—耳轴；3—支撑座；4—保温层；5—永久层；6—工作层；7—腰箍；8—倾翻吊环

4.3.2　钢包回转台

钢包回转台是连铸中用于运载和承托钢包进行浇注的设备，设置在钢水接收跨与浇注跨列柱之间，用于把钢包转到或转出浇注位置。浇注时，钢水接收跨一侧的吊车将钢包放在回转台上，根据预先设计的旋转半径，钢包水口正好被回转台回转到中间包上方的规定位置，向中间包供给钢水。浇注完成后，空包则通过回转台回转到初始位置。

钢包回转台按转臂旋转方式不同，可以分为两类：一类是两个转臂可各自单独旋转；

另一类是两臂不能单独旋转。按转臂的结构形式可分为直臂式和双臂式两种。因此，钢包回转台主要有以下几种形式：（1）直臂整体旋转整体升降式，如图4-11（a）所示；（2）双臂整体旋转单独升降式，如图4-11（b）所示；（3）双臂单独旋转单独升降式，如图4-11（c）所示。此外，还有一种可承放多个钢包的支撑架，也称为钢包移动车。

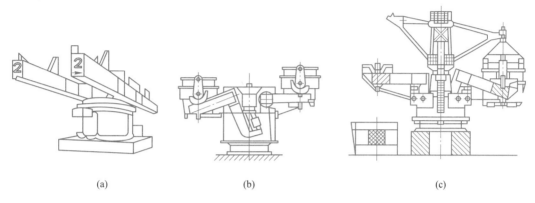

图 4-11　钢包回转台类型

（a）直臂整体旋转整体升降式；（b）双臂整体旋转单独升降式；（c）双臂单独旋转单独升降式

蝶型钢包回转台是属于双臂整体旋转单独升降式，它是目前使用较多的一种形式。

4.3.3　中间包

4.3.3.1　中间包的功能

中间包是连铸工艺中，位于钢包和结晶器之间的一个由耐火材料组成的容器。冶炼后的钢水经由钢包注入中间包，再由中间包水口分配到各个结晶器中去，如图4-12所示。

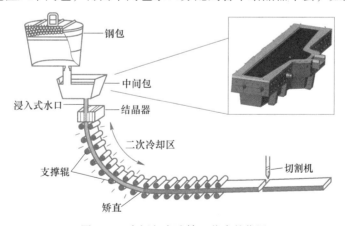

图 4-12　中间包在连铸工艺中的位置

中间包是钢铁生产流程由间歇操作转向连续操作的衔接点，对不锈钢产品的产量和质量具有重要影响，其功能主要在于：

（1）稳定钢水，降低钢水静压力，保持中间包稳定的钢水液面，再将平衡的钢水注入结晶器中；

（2）净化钢水，促使钢水中的脱氧产物与非金属夹杂物进一步上浮，以净化钢水；

（3）分流钢水，对多流连铸机，通过中间包将钢水分配到各个结晶器；

（4）贮存钢水，当需要多炉连浇时，中间包储存一定量的钢水，可保障连续浇注，保证拉速不降低，为多炉连浇创造条件；

（5）精炼钢水，根据连铸对不锈钢质量的要求，可将部分炉外精炼手段移到中间包内实施，即中间包冶金。

4.3.3.2　中间包的结构

A　断面形状

根据中间包的功能，其结构应满足尺寸紧凑、保温良好、外形简单、结构稳定可靠、便于砌砖、清包和浇注操作等要求。常见的中间包断面形状主要有三角形、梯形、矩形、V 形和 T 形，这些设计主要考虑减少钢水在注入时产生涡流，同时便于吊装、存放、砌筑、清理等操作。根据中间包上的水口数，可分单流、多流等。图 4-13 所示为不同断面形状和水口数的中间包类型，其中：（a）（e）结构为单流；（b）（f）（g）结构为双流；（c）结构为 4 流；（d）结构为 6 流；（h）结构为 8 流。

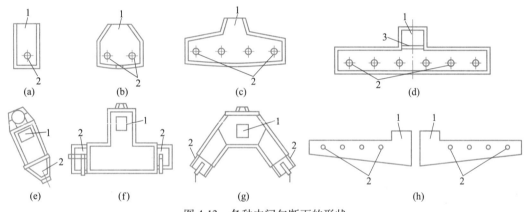

图 4-13　各种中间包断面的形状
1—钢包注流位置；2—中间包水口；3—挡渣墙

B　整体结构

中间包主要由本体、包盖、内衬（工作层）及水口等装置组成，其立体结构如图 4-14所示。外壳用钢板焊成，要求有足够的刚性，以便在高温工作、搬运、清理时不变形；内衬砌有耐火材料；两侧有吊钩和耳轴，便于吊运。

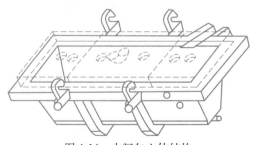

图 4-14　中间包立体结构

中间包形状和大小主要取决于钢水流的位置和流股数量，矩形中间包和椭圆形中间包结构，如图 4-15 和图 4-16 所示。

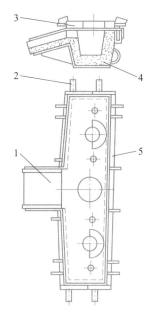

图 4-15 矩形中间包
1—中间包包盖；2—耐火衬；
3，5—壳体；4—耐火材料

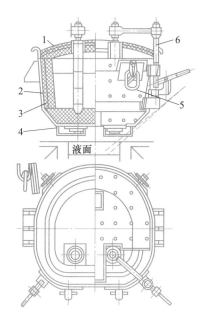

图 4-16 椭圆形中间包
1—溢流槽；2—吊耳；3—中间包包盖；4—水口；
5—吊环；6—水口控制结构（塞棒机构）

C 内衬结构

根据所浇注的钢种以及是否需要预热等条件，中间包还可进一步分为：

（1）高温中间包，浇注前通常需预热至 1500 ℃ 左右，采用镁砖作为内衬；

（2）热中间包，是常见的中间包，浇注前通常需预热至 800~1100 ℃，采用烧成砖或不烧砖或浇注料作为内衬；

（3）冷中间包，采用绝热板作内衬，在浇注前不经预热即可使用。

4.3.3.3 中间包小车

中间包小车是用于支撑、运输、更换中间包的设备。小车的结构要有利于浇注、捞渣和烧氧操作，同时要保证浇注中能前后调节水口中心线位置，在用浸入式水口浇注时要有中间包的升降设备。近年来，为适应多炉连浇时快速更换中间包的需要，采用与钢包回转台类似的中间包旋转台架，如图 4-17 所示。台架上可以放置两个中间包，当使用的中间包损坏时，转动旋转台架，使备用中间包对准结晶器，继续进行浇注。

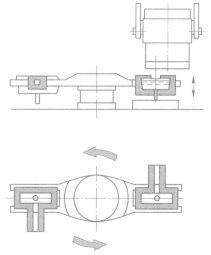

图 4-17 中间包和旋转台架

在采用浸入式水口浇注时，中间包需要下降和提升，中间包的升降是通过中间包小车或旋转台架上的升降系统实现，升降系统一般采用液压系统控制。中间包车或旋转台架上设有称量系统。

4.3.4　结晶器

结晶器是一个强制水冷的无底铜合金模，其性能对连铸机的生产效率、铸坯质量以及后续工艺的顺利和稳定至关重要，是连铸设备的"心脏"。钢水由中间包注入结晶器后，与结晶器水冷内壁相接触，钢水急剧冷却并沿结晶器内壁凝固形成具有一定厚度的坯壳。与结晶器相连的是结晶器振动装置，该装置通过不断地振动进而使结晶器按给定的振幅、频率和波形往复运动，排除钢水中的气体，改善润滑条件，减少拉坯的摩擦阻力，帮助钢坯从结晶器下方拉出。结晶器位置，如图 4-18 所示。

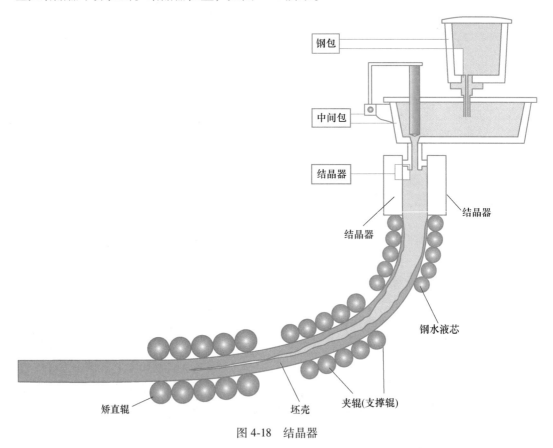

图 4-18　结晶器

4.3.4.1　结晶器的功能

概括来说，不锈钢连铸中结晶器的主要功能有：

（1）使钢水逐渐凝固成所需规格、形状的坯壳；

（2）保证坯壳的稳定生成，使铸坯周边厚度均匀；

（3）通过振动，使坯壳逐渐脱离结晶器壁，且确保不会发生拉断和漏钢；

（4）通过调整参数，使铸坯不产生脱坯、鼓肚和裂纹等缺陷，保证铸坯质量；

（5）决定钢坯外形，若结晶器的横截面是长方形，则钢坯是薄板坯；若横截面是正方形，则拉出的钢坯是长条形，即方坯。

4.3.4.2 结晶器的类型

A 按内壁形状分类

连铸结晶器按其内壁形状可分为直形结晶器和弧形结晶器。

（1）直形结晶器。直形结晶器的内壁沿坯壳移动方向呈垂直形，使得坯壳在移动方向上能够均匀受到冷却，因此导热性良好、坯壳冷却均匀。同时，结构简单，易于制造、安装和调试。但其局限性在于：铸坯在凝固过程中易产生弯曲裂纹，同时增加了连铸机的高度，增加了投资和维护成本。

（2）弧形结晶器。弧形结晶器的内壁沿坯壳移动方向呈圆弧形，因此铸坯不易产生弯曲裂纹。但不足之处在于导热性比直形结晶器差，夹杂物分布不均。弧形结晶器主要用于全弧形和椭圆形连铸机。

B 按结构类型分类

连铸结晶器按其结构类型可分整体式结晶器、管式结晶器、组合式结晶器及水平结晶器等。

（1）整体式结晶器。整体式结晶器由整块铜锭材料制成，在铜锭的内腔中加工形成若干冷却水通道。这种结构的特点是刚度和稳定性高、不易变形和冷却均匀，但同时存在制造耗铜多、成本高、维修困难（需要更换整个结晶器），在当今注重节能减排和可持续发展的背景下，目前已很少采用。

（2）管式结晶器。由铜管、冷却水套、底脚板和足辊等部件组成，用铜管制成所需要的断面，在铜管外面套有钢制冷却套管以形成冷却水通路（冷却水缝）。这种结晶器结构简单，制造方便，广泛用于小方坯连铸机上。

（3）组合式结晶器。使用铜质内壁和钢质外壳组成的复合壁板。在与钢壳接触的铜板面上铣出许多沟槽形成中间水缝，冷却水在槽中通过。适用于板坯、大方坯、大矩形、薄板坯的生产。

4.3.4.3 结晶器的结构

结晶器的结构主要包括内壁、外壳、冷却水装置及支撑框架等。现代大型连铸机的结晶器大多数采用组合式，即由复合壁板组合而成。结晶器铜板母材材质主要有铜铬锆和铜银合金两种，镀层材质则是镍铁合金或镍钴合金居多。组合式连铸结晶器结构，如图4-19所示。

4.3.4.4 结晶器的主要参数

连铸结晶器的主要工艺参数包括：（1）断面尺寸；（2）长度；（3）倒锥度；（4）冷却强度；（5）材质；（6）使用寿命；（7）内壁厚度等。

A 断面尺寸

结晶器的断面尺寸应根据冷态铸坯的断面尺寸（公称尺寸）来确定。由于铸坯冷却时

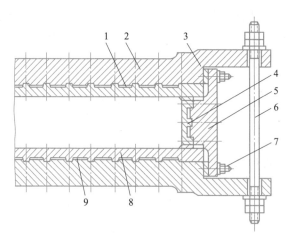

图 4-19　组合式连铸结晶器的结构

1—外弧内壁；2—外弧外壁；3—调节垫块；4—侧内壁；5—侧外壁；
6—双头螺栓；7—螺栓；8—内弧内壁；9—水缝

会发生凝固收缩，尤其是弧形铸坯在矫直时还可能产生变形，因此结晶器的内腔断面尺寸应比铸坯的公称尺寸略大（通常为 2% ~ 3%）。此外，不同钢种的收缩率也是不同的，这需要在生产过程中根据实际情况进行调整，以达到最佳的铸坯质量和生产效率。

　　B　长度

结晶器长度的设计原则是要能保证铸坯在离开结晶器时，出口处的坯壳具有一定厚度，避免产生拉裂、拉漏。结晶器长度的计算如下。

设连铸机的拉坯速度为 v，钢水在结晶器中的停留时间（凝固时间）为 τ，则结晶器的有效长度（结晶器容纳钢水的长度）$L_{有效}$ 为：

$$L_{有效} = v \cdot \tau \tag{4-9}$$

其中，停留时间 τ 与铸坯出结晶器的坯壳厚度 δ 有关，根据凝固定律：

$$\delta = K \cdot (\tau)^{1/2} \tag{4-10}$$

$$L_{有效} = v \cdot (\delta/K)^2 \tag{4-11}$$

式中　$L_{有效}$——结晶器的有效长度，mm；

　　　　v——连铸机的拉坯速度，m/min；

　　　　δ——铸坯出结晶器下口时的坯壳厚度，mm，一般为 10 ~ 25 mm；

　　　　K——凝固系数，m/min$^{1/2}$。

根据经验值，方坯取 0.03 ~ 0.033；扁板坯取 0.024 ~ 0.028；圆坯取 0.025 ~ 0.028。

考虑到生产中钢水面距结晶器上口有 80 ~ 120 mm 的距离，所以结晶器的长度为：

$$L = L_{有效} + (80 ~ 120) \tag{4-12}$$

结晶器越长，在相同的拉速下，离开结晶器时铸坯的坯壳越厚，安全性更高。然而，结晶器过长会增加坯壳与结晶器壁面的摩擦力，气隙热阻越大，冷却效率降低。可见，结晶器过长过短都不好，通常结晶器长度为 700 ~ 900 mm。

　　C　倒锥度

为了适应铸坯在凝固过程中的收缩，减少铸坯表面与结晶器间形成气隙，改善结晶器传热，加速坯壳生长，结晶器内腔通常设计成上大下小，锥度合适的形状。

倒锥度主要取决于铸坯断面、拉速和钢的高温收缩率。倒锥度绝对值过小容易增加气隙体积，可能引起铸坯变形、纵裂等缺陷；倒锥度绝对值太大则加大了拉坯的摩擦阻力，引起横裂甚至坯壳断裂。

D 冷却强度

一般来说，结晶器内壁的导热性能越好、冷却水流速越大，则冷却强度越大。然而，冷却水流速增大到一定数值后，冷却强度不仅不再加大，相反使水压增加。过高的水压容易使结晶器发生挠曲。因此在实际生产中，为了保证结晶器具备良好的传热性能，结晶器冷却水的参数控制为：

(1) 流速为 6~12 m/s，压力为 0.4~0.9 MPa；

(2) 进、出水的温差为 5~6 ℃（最大不超过 10 ℃）；

(3) 最大供水量，对于板坯和大方坯为 500~600 m^3/h，对于小方坯为 100~150 m^3/h。

E 材质

结晶器的材质主要是指结晶器内壁所使用的材质。结晶器的内壁由于与高温钢水直接接触，工作环境特殊。因此，内壁材质应具有以下性能：导热性能好，膨胀系数小，高温强度、耐磨性、塑性和可加工性良好。目前，结晶器内壁使用的材质主要如下。

(1) 铜。优点是导热系数高、加工性能好、价格便宜等；缺点是膨胀系数高、弹性极限低、耐磨性能差、工作寿命短，且磨损后会造成铸坯表面铜的局部富集，导致星状裂纹等，目前已较少单独使用。

(2) 铜合金。纯铜中掺混铬（Cr）、镍（Ni）、银（Ag）、锆（Zr）、铝（Al）、锌（Zn）等合金元素，提高铜的强度和使用寿命。合金的导热性虽比纯铜略低，但在高温下长期工作可保持足够的强度和硬度，使结晶器壁的寿命比纯铜高几倍，铜铬锆和铜银合金是当前使用较多的结晶器内壁材质。

(3) 铜板镀层。在结晶器内壁铜合金板上镀层可以提高结晶器使用寿命，防止铜表面与铸坯表面直接接触，改善铸坯质量。镀层材质是镍铁合金或镍钴合金居多。

F 使用寿命

结晶器使用寿命实际上是指结晶器内腔保持原设计尺寸和形状的时间长短，可用结晶器浇注铸坯的总长度来表示。常规操作条件下，一个结晶器可浇注 10000~15000 m 长度的板坯；也可以用结晶器从开始使用到修理前所浇注的总炉数来表示，其范围为 100~150 炉。

提高结晶器寿命的措施有：

(1) 改善结晶器中冷却水的水质；

(2) 保证结晶器足辊、二次冷却区的对弧精度；

(3) 定期对结晶器进行维护检修；

(4) 选择适当的结晶器内壁材质及设计参数等。

G 内壁厚度

在保证强度的前提下，较薄的结晶器内壁厚度可以减少热阻，提高传热效率，从而有助于铸坯的冷却和凝固。然而，内壁厚度也不能过薄，否则可能无法保证结晶器的强度和耐用性。结晶器在连铸过程中承受着高温、高压和磨损等多种因素的影响,因此必须具有一定的结构强度以维持其正常运行。因此,确定结晶器内壁厚度时需要综合考虑传热效率、结构强度和使用寿命等多个方面。通常,结晶器的内壁最小允许值为 6~10 mm,小断面板坯可取下限,大断面板坯可取上限。内壁磨损后,可通过机械加工以重复使用。

4.3.4.5　结晶器的断面调宽

为了适应生产多种规格铸坯的需要,缩短更换结晶器的时间,采用可调宽度的板坯结晶器。结晶器可采用离线或在线的方式来调宽,离线调宽是将结晶器吊离生产线后,再对结晶器宽面或窄面的尺寸进行调节;在线调宽就是在生产过程中完成对结晶器宽度的调整,即结晶器的两个侧窄边多次分小步向外或向内移动,直到预定的宽度。

4.3.4.6　结晶器的润滑

连铸生产时,为防止铸坯坯壳与结晶器内壁黏结,减少拉坯阻力和结晶器内壁的磨损,改善铸坯表面质量,有必要对结晶器进行润滑。目前,主要的润滑手段为润滑油润滑和保护渣润滑两种。

A　润滑油润滑

润滑油润滑可以采用植物油或矿物油,将润滑油均匀地涂抹到结晶器铜壁表面上,在铸坯坯壳与结晶器内壁之间形成一层厚度为 0.025~0.05 mm 的油膜和油气膜,从而实现润滑的作用。

B　保护渣润滑

保护渣通常由特定的氧化物(如 SiO_2-CaO-Al_2O_3 等)和添加剂(助熔剂、骨架材料和发热材料等)组成,通过人工或振动给料器将其加入结晶器中。

4.3.4.7　结晶器的振动

连铸生产时,若因操作不当或润滑不够等,连铸坯坯壳的一部分会黏结在结晶器内壁上,且黏结部分的钢坯抗拉强度又小于该处的黏结力,受到拉坯力时该处坯壳将被拉断。被拉断的钢坯粘黏在结晶器壁上,而其余部分的钢坯在重力作用下继续运动,钢水会自动补满拉断部分的空隙,形成一段新的坯壳把两段重新连接起来。由于新的坯壳强度更低又会被拉断,这就会导致钢坯连续地被拉断,钢水继续填充被拉断部分,直到钢坯被拉出结晶器,此时便发生了漏钢事故。

为了克服上述缺点,发展了结晶器振动技术。结晶器振动的目的,是为了防止铸坯在凝固过程中与结晶器内壁黏结而发生粘挂、拉裂或拉漏事故,以保证拉坯的顺利进行。另外,由于结晶器上下振动,周期地改变液面与结晶器壁的相对位置,有利于保护渣在结晶器壁的渗透,可改善润滑状况,减少拉坯时的摩擦阻力,降低粘结的发生概率。

4.3.4.8　结晶器的保护渣

为了提高连续浇注钢坯的质量,强化保护浇注工艺,可使用固态粉渣覆盖在结晶器的钢水面上形成一层保护渣。保护渣基本上以 SiO_2-CaO-Al_2O_3 三元系为基本,再添加各种助熔剂、骨架材料和发热材料配制而成。保护渣加入结晶器钢水面上,整个渣层的厚度为

30~50 mm。

结晶器保护渣的作用如下。

（1）保温：粉状松散的渣层覆盖在结晶器钢水液面上，起到有效的保温作用。

（2）防氧化：保护渣加入钢水后，覆盖于钢水面上的液-渣层隔绝空气与钢水表面的接触，保护钢水表面不受空气的二次氧化。

（3）净化：为防止钢水中的夹杂物进入坯壳，引发铸坯表面或皮下缺陷。因此，保护渣应具有良好的吸收和溶解夹杂物的能力。为此保护渣应具有黏度低，润湿性好，吸收夹杂物后自身性能可保持稳定等特点，目前用的都属于硅酸盐类的保护渣。

（4）润滑：在结晶器壁与连铸坯壳之间形成一层渣膜，起润滑、减少拉坯阻力、防止结晶器壁与凝固壳黏结等作用。

（5）改善传热：位于坯壳和结晶器内壁之间间隙内的液态渣，可以充填坯壳与结晶器壁之间的气隙，改善传热的均匀性，改善结晶器传热。

4.3.4.9 结晶器的性能要求

在设计与选用结晶器时，要考虑结晶器应具有如下性能。

（1）良好的导热性。这能使钢水凝固速率提升，短时间内形成足够厚度的坯壳。

（2）良好的结构刚性。结晶器壁一面与高温钢水接触，另一面通冷却水，且结晶器壁面较薄，因此在它的厚度方向上会产生较大的温度梯度与热应力。因此，其结构必须具有足够的刚度，以适应极大的热应力。

（3）便于调整装配。为便于及时调节铸坯尺寸或进行快速修理，现代结晶器都采用了整体吊装调整或在线调宽技术。

（4）结构简单。为了便于制造和维护。

（5）振动时惯性力要小。为提高铸坯表面质量，结晶器的振动广泛采用高频率小振幅。高频振动时，惯性力过大，不仅对结晶器的强度和刚度提出挑战，同时会影响结晶器的运动轨迹。此外，结晶器的重量要小，以降低振动时产生的惯性力。

【知识拓展】

连铸结晶器面临的技术挑战

乌克兰亚速钢厂为应对连铸坯中心偏析和中心疏松问题，开发了一种连铸结晶器喂钢带技术，该技术适用于不同规格和形状的连铸坯，具有简单、有效、成本低的优势。然而，尽管这项技术已在乌克兰亚速钢厂成功产业化，并用于生产船板和石油管线用钢，其技术细节仍然严格保密。

中国福建三明钢厂在2008年引进了这项技术，聘请了乌克兰专家布拉科夫进行现场指导，通过向厚坯连铸结晶器内喂入钢带，取得了良好的冶金效果。但是，喂钢带工艺在实际应用中存在参数控制难题，如喂入速度和尺寸不当可能导致"夹钢带"现象，或改善效果不佳。尽管连铸结晶器喂钢带工艺在高温熔体流动、相变、热质传递以及凝固组织演变等方面取得了一些研究进展，但现有工艺制度还存在的不完善以及相关研究没有跟上等不足，这些都限制了喂钢带技术的广泛工业应用和发展。为了推动这一技术的发展，这方面需要从以下几个基础层面开展深入研究：

（1）考虑钢带喂入结晶器后受热变形产生的热应力，并将其纳入计算模型中。

（2）研究凝固过程中等轴晶粒的形成机制，包括异质形核、枝晶破碎、激冷形核等多种来源。

（3）开发能够综合计算钢带移动与变形、钢带重熔/热坯凝固相变传热、溶质再分配以及铸坯凝固组织演变的复杂计算模型。

由此可见，技术创新永无止境，需要一代代新人接续奋斗。

参考资料：荣文杰，刘中秋，李宝宽，姚毓超. 连铸结晶器喂钢带工艺技术研究进展[J]. 连铸，2023（5）：2-10.

4.3.5　二次冷却区

二次冷却就是在结晶器出口之后对铸坯进行第二次冷却和支撑的过程。

4.3.5.1　二次冷却区的作用

通常，钢水在结晶器里成为具有一定厚度坯壳的过程称为一次冷却；坯壳出结晶器之后受到的冷却称为二次冷却。由于钢水熔点高、热容量大，虽经过一次冷却后铸坯已经形成，但其坯壳较薄，铸坯内部仍含有液态钢水，俗称为"液芯"。如果这种带液芯的铸坯不继续冷却和采用一定方式支撑，那么，带"液芯"的高温铸坯在内部钢水的静压力下会产生变形，甚至漏钢。所以，必须对铸坯进行更进一步的冷却。二次冷却区的冷却效果对铸坯的质量和生产效率具有重要影响。

综上所述，二次冷却区的主要作用是：

（1）冷却凝固，当带"液芯"的铸坯离开结晶器以后，二冷区向铸坯表面喷淋冷却水或气水混合物，使铸坯快速冷却凝固，再进入拉矫区；

（2）支撑导向，对未完全凝固的铸坯起支撑、导向的作用，以避免铸坯发生变形；

（3）弯曲成型，对于采用直结晶器的弧形连铸机，二冷区的前段同时还承担着将直坯弯曲成弧形坯的职责；

（4）输运矫直，对于多辊拉矫机时，二冷区的部分夹辊本身又是驱动辊，起拉坯的作用；对于椭圆形连铸机，二冷区本身又是分段矫直区。

4.3.5.2　二次冷却区的结构

现代连铸机的二次冷却区大多采用房式结构，即整个二次冷却设在喷水室内，以便将冷却铸坯产生的水蒸气集中排出。由于二次冷却区长期处于较大的热应力和拉坯力的作用下，为确保装置能够稳定可靠地运行，因此二次冷却的支撑导向装置通过刚性很强的共同底座安装在基础上，以抵抗拉坯力的冲击、振动和高温热应力，如图 4-20 所示。

板坯连铸机由于铸坯断面很大，从结晶器下口出来的坯壳较薄，尤其是高速连铸机，到矫直区后铸坯的中心仍处于液态，很容易发生鼓肚变形，严重时有可能造成漏钢。因此，在结晶器的下口一般设有密排足辊或冷却格栅。

方坯连铸机，尤其是小方坯连铸机由于浇注的断面较小、冷却快、钢水静压力小，在出结晶器出口时坯壳已形成足够的厚度，足够的强度能承受钢水静压力的作用而不发生变

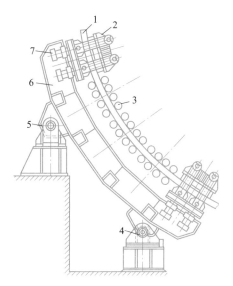

图 4-20 二次冷却区支撑导向装置的底座
1—铸坯；2—扇形段；3—夹辊；4—活动支点；5—固定支点；6—底座；7—液压缸

形现象。因此，很多方坯连铸机的二次冷却装置较为简单，导向装置只设置少量辊子用于引锭杆的导向，整个弧形段有很少的夹辊。

4.3.5.3 冷却喷嘴

喷嘴作为冷却系统的重要组成部分，需要综合考虑铸坯的断面和形状，以及不同冷却部位的具体要求来确定喷嘴类型。从技术功能的角度来看，理想的喷嘴应能够使冷却水充分雾化，促进水滴与铸坯表面的充分接触；而且喷射出的水滴应具有一定的速度，以确保能够克服铸坯表面附近的气流和蒸汽的阻碍，充分接触铸坯表面进行有效冷却。从经济的角度来看，喷嘴的设计应具有结构简单、易于制造维护、不易堵塞、耗铜量少等特点。

A 压力喷嘴

压力喷嘴是利用冷却水本身的压力作为能量将液态水雾化成水滴。常用的压力喷嘴喷雾形状有实心圆锥形喷嘴、空心圆锥形喷嘴、扁喷嘴和矩形喷嘴等，如图 4-21 所示。

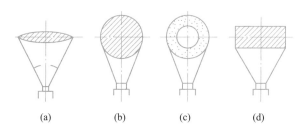

图 4-21 常用的压力喷嘴类型
（a）椭圆扁形喷嘴；（b）实心圆锥形喷嘴；（c）空心圆锥形喷嘴；（d）矩形喷嘴

从压力喷嘴喷出的水滴以一定速度射到铸坯表面，水滴与铸坯表面发生传热，将铸坯热量带走。为了保证铸坯冷却的均匀性，还可根据实际情况采用广角压力单喷嘴或多压力喷嘴系统，如图 4-22 所示。

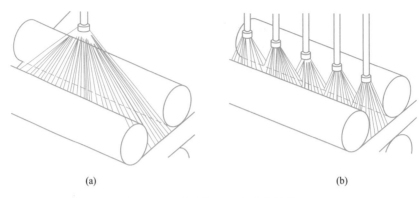

(a)　　　　　　　　　　　　　　　　　(b)

图 4-22　二次冷却区压力喷嘴的设置

（a）广角压力单喷嘴；（b）多压力喷嘴

B　气-水雾化喷嘴

气-水雾化喷嘴是将高压空气和水从不同的方向汇入喷嘴或在喷嘴外混合，利用高压空气极高的动能将水雾化成极小的水滴，是一种使用较为成熟的高效冷却喷嘴，可分为单孔型和双孔型，如图 4-23 所示。

气-水雾化喷嘴的优势在于：（1）产生雾化水滴的直径小于 50 μm，使得冷却水能够更好地渗透到铸坯表面，实现均匀且高效的冷却；（2）在喷淋铸坯时还有 20%~30% 的水分通过蒸发潜热带走热量，冷却效率高；（3）采用高压空气可节约大量冷却水，这一特点有助于实现钢铁行业的可持续发展，尤其在当前水资源日益紧张的背景下。但不足之处在于其结构相对复杂。近年来，气-水雾化喷嘴在板坯、大方坯连铸机上得到推广应用。

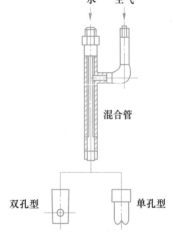

图 4-23　气-水雾化喷嘴结构

4.3.6　拉坯矫直机

4.3.6.1　拉矫机的功能

使用弧形连铸机时，由于铸坯被拉坯机从二次冷却区拉出后是弯曲的，必须进行矫直，拉坯和矫直两道工序常在一个机组里完成，故称其为拉坯矫直机（简称拉矫机）。

弧形连铸机的拉坯矫直机由拉坯矫直辊和引锭杆两部分组成。浇注前，用引锭杆的头部堵住结晶器下口；开浇后，结晶器内的钢水与引锭杆的头部凝固在一起，经拉矫机的牵引，铸坯随引锭杆从结晶器下口拉出，直至铸坯被矫直、脱掉引锭杆为止。之后，铸坯将被拉矫辊夹紧后连续拉出。引锭杆会被送离连铸生产线存放、清理以备下次使用。

因此，拉坯矫直机的主要功能可简单归结为：拉坯、矫直、送引锭、处理事故和检测二冷段状态等，具体如下。

（1）将铸坯从二次冷却区内拉出。在拉坯过程中，拉坯速度将根据不同条件（钢种、浇注温度、断面等）的要求在一定范围内进行调节。

（2）将弧形铸坯经过一次或多次矫直，使其成为水平铸坯。矫直时，对不同的钢种和断面以及带"液芯"的铸坯，都须避免裂纹等缺陷的产生，并能适应特殊情况下低温矫直铸坯。

（3）对于未配置上引锭杆的连铸机，在浇注前要先将引锭杆放置在结晶器的底部。

（4）在处理事故障碍时，先打开盖板将结晶器取出，通过引锭杆向上顶压事故坯，再用吊车吊走事故坯。

（5）对于板坯连铸机，在引锭杆上安装辊缝测量仪，通过拉矫机的牵引来检测二次冷却区的装配及工作状态。

4.3.6.2 引锭杆

结晶器是个"无底的钢锭模"，而引锭杆的头部则充当了结晶器的"活底"。浇注前，用引锭杆的头部堵住结晶器下口；开浇后，结晶器内的钢水与引锭杆的头部凝固在一起，经拉矫机的牵引，铸坯随引锭杆从结晶器下口拉出，直至铸坯被矫直、脱掉引锭杆为止。引锭杆会被送离连铸生产线存放、清理好以备下次使用。

引锭杆包括锭头和锭杆两部分组成，锭头和锭杆通常用销轴联结。锭头送入结晶器内，不能擦伤内壁，所以锭头的断面尺寸要稍小于结晶器下口。

4.3.7 铸坯切割装置

从拉矫机连续不断拉出的铸坯，应按照下游轧机的要求剪成定尺长度。由于铸坯的剪切是在浇注过程中进行的，因此剪切机必须和铸坯同步运行。铸坯的切割方法有两种类型：火焰切割和机械剪切。

A 火焰切割

火焰切割是利用氧气和可燃气体混合燃烧产生的火焰来切割铸坯，常用的可燃气体有乙炔、丙烷、天然煤气和焦炉煤气等。

B 机械剪切

机械剪切又分为机械飞剪、液压飞剪和步进剪三种。

机械飞剪和液压飞剪都是用上下平行的刀片作相对运动来完成对运行中铸坯的剪切，只是驱动刀片上下运动的方式不同。前者通过电动机、齿轮减速等机械系统控制；后者通过液压系统控制。用液压飞剪，设备重量虽然能减轻一些，但液压系统复杂。

步进剪是把一次剪切分为几次完成，即剪切机刀片每次只切入铸坯一小段深度。采用步进剪可使设备重量减轻。但是步进剪切坯的切口不规整，而且用在大型连铸机上会造成设备尺寸过大，因此步进剪只用于小方坯连铸机上。

4.3.8 连铸电磁搅拌（EMS）

4.3.8.1 电磁搅拌的原理

电磁搅拌技术简称 EMS（Electro Magnetic Stirring）。当磁场以一定速度切割钢水时，钢水中产生感应电流，载流钢水与磁场相互作用产生电磁力，从而驱动钢水搅拌运动。铸坯在整个冷却过程中有很长的液相穴深度，液相穴内钢水的运动对降低过热度、改善结晶结构和防止成分偏析十分重要，如图 4-24 所示。电磁搅拌的实质就是借助在铸坯的液相穴内感应产生的电磁力，改变液相穴内钢水的运动行为，由此强化钢水的热量传递、质量传递和动量传递过程，从而控制铸坯的凝固。电磁搅拌能够有效改善金属凝固组织，提高产品质量，目前已广泛应用于连铸生产中。

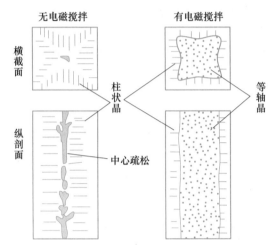

图 4-24　电磁搅拌铸坯

4.3.8.2　电磁搅拌的分类

（1）按磁场的激发原理来分类，可分为两种：1）基于异步电动机原理的旋转搅拌，如图 4-25（a）所示；2）基于同步电动机原理的线性搅拌，如图 4-25（b）所示。将两类搅拌方式叠加可得到螺旋搅拌，如图 4-25（c）所示。螺旋搅拌能使钢水在水平方向上产生旋转和做垂直运动，具有较好的搅拌效果，但构造较为复杂。目前，生产中小方坯、圆坯多使用旋转搅拌；直线搅拌和螺旋搅拌主要用于板坯。

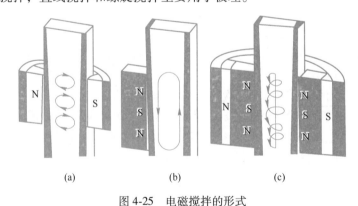

图 4-25　电磁搅拌的形式
（a）旋转搅拌；（b）线性搅拌；（c）螺旋搅拌

（2）根据铸机类型、铸坯断面和搅拌器安装位置的不同，目前处于实用阶段的有以下几种类型：

1）按使用电源来分，有直流传导式和交流感应式；

2）按激发的磁场形态来分，有恒定磁场型、旋转磁场型、行波磁场型、螺旋磁场型，目前，正在开发多功能组合式电磁搅拌器，即一台搅拌器具有旋转、行波或螺旋磁场等多种功能；

3）按使用电源相数来分，有两相电磁搅拌器、三相电磁搅拌器；

4）按电磁搅拌在连铸机的设置位置来分：结晶器电磁搅拌（M-EMS）、二冷区电磁搅拌（S-EMS）和凝固末端电磁搅拌（F-EMS），如图 4-26 所示。

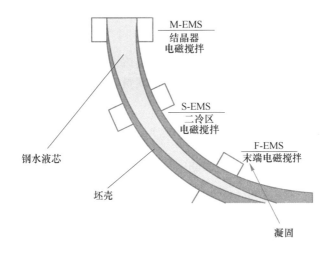

图 4-26　电磁搅拌线圈安装位置

4.3.8.3　结晶器电磁搅拌（M-EMS）

在 M-EMS 中，电磁搅拌装置安装在结晶器的铜内壁与外壳之间，如图 4-27 所示。为保证足够的电磁力穿透结晶器壁，使用低频电流；采用不锈钢或铝等非铁磁性物质做结晶器水套；一般采用旋转搅拌的方式。

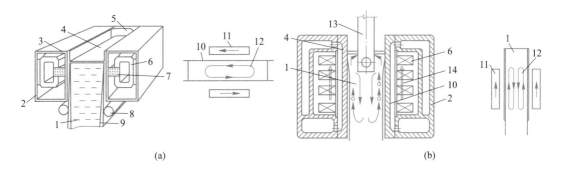

(a)　　　　　　　　　　　　　　　　(b)

图 4-27　结晶器电磁搅拌器 M-EMS
(a) 水平旋转搅拌；(b) 上下直线搅拌
1—钢水；2—冷却水套；3—铜板（宽面）；4—保护渣；5—铜板（窄面）；6—绕组；7—铁芯；8—支撑辊；
9—坯壳；10—结晶器；11—搅拌器；12—流动方向；13—水口；14—直线磁场方向

4.3.8.4　二冷区电磁搅拌（S-EMS）

S-EMS 主要作用是用来打碎液芯穴内树枝晶搭桥，消除铸坯中心疏松和缩孔；扩大铸坯中心等轴晶区，消除中心偏析；促使铸坯液相穴内夹杂物上浮，减轻内弧夹杂物集聚；使夹杂物在横断面上分布均匀，改善铸坯内部质量。

4.4　不锈钢连铸的工艺流程

4.4.1　钢水准备

根据不锈钢产品质量和连铸工艺的要求，对连铸钢水的温度、成分和纯净度进行精确和适度的控制，有节奏地、均衡地向连铸机供应质量合格的钢水，是连铸顺利生产的首要条件。

4.4.1.1　钢水温度

钢水温度过高或过低，均会直接降低连铸工艺的技术经济性和产品质量，见表4-1。

表 4-1　钢水温度对连铸工艺的影响

钢水温度	影　响
过高	（1）出结晶器时坯壳薄，容易漏钢； （2）耐火材料侵蚀加快，导致铸流失控，易发生事故； （3）增加非金属夹杂，影响板坯内在质量； （4）铸坯柱状晶发达； （5）加剧中心偏析，导致产生中心线裂纹
过低	（1）容易发生水口堵塞，浇注中断； （2）铸坯表面易产生结疤、夹渣、裂纹等； （3）增加钢水黏度，非金属夹杂物难以上浮，影响铸坯质量

实际生产中，首先，要根据冶炼的钢种严格控制钢水温度，使其在较窄的范围内变化；其次，要最大限度地减少钢水在各装置中以及各装置间衔接时的温降。简单来说，对连铸钢水温度的要求是：低过热度、稳定、均匀。

（1）低过热度，就是在保证顺利浇注的前提下，尽可能减小钢水的过热度，小方坯一般控制在 20~30 ℃。

（2）均匀，钢包内的钢水温度通常是上下部低、中间高，使得中间包内的钢水温度也是两头低、中间高，不利于浇注过程的控制，因此要求钢包内钢水温度上下均匀。

（3）稳定，连浇时，各炉的钢水温度差，控制在 10 ℃范围内。

　　A　浇注温度

浇注温度 $T_{浇}$ 指中间包内的钢水温度，也是浇注过程中间包所需要保持的钢水目标温度，可由下式表示：

$$T_{浇} = T_L + \Delta T \tag{4-13}$$

式中　$T_{浇}$——浇注温度；

　　　T_L——液相线温度；

　　　ΔT——钢水的过热度。

液相线温度 T_L 是钢水开始凝固时的温度，是确定浇注温度的基础，因钢种不同而异，主要取决于钢水中的主要元素含量（质量分数），常用的经验公式如下：

$$T_L = 1537 - [\ 88(C\%) + 8(Si\%) + 5(Mn\%) + 30(P\%) + 25(S\%) +$$
$$5(Ca\%) + 4(Ni\%) + 2(Mo\%) + 2(V\%) + 1.5(Cr\%)\ ] \tag{4-14}$$

过热度 ΔT 主要是根据铸坯的质量要求和浇注性能来确定，同时要综合考虑钢包和中间包的热状态、中间包的容量和形状、钢水纯净度和铸坯质量等。不同钢种的过热度参考值见表4-2。

表 4-2　钢水过热度的参考取值

钢种	板坯、大方坯/℃	小方坯/℃
高碳钢、高锰钢	+10	+15~20
合金结构钢	+5~15	+15~20
铝镇静钢、低合金钢	+15~20	+25~30
不锈钢	+15~20	+20~30
硅钢	+10	+15~20

B　出钢温度

钢水从冶炼炉出钢到进入中间包将经历 5 个降温过程，如图4-28 所示。

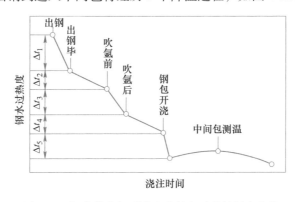

图 4-28　钢水从出钢到进入中间包过程的温度变化

因此，钢水的出钢温度可表示为：

$$T_{出钢} = T_{浇} + \Delta T_{总} \tag{4-15}$$

式中，$\Delta T_{总}$ 为钢水从出钢到进入中间包过程中的总温降，可表示为：

$$\Delta T_{总} = \Delta T_1 + \Delta T_2 + \Delta T_3 + \Delta T_4 + \Delta T_5 \tag{4-16}$$

式中，ΔT_1 为钢水从熔炼炉流出到进入钢包过程中的温降，也称为出钢温度损失。对转炉出钢温度损失的经验数据是：大于 50 t 的转炉，出钢时间为 3~6 min，平均温降为 10 ℃/min；小于 50 t 的转炉，出钢时间为 2~4 min，平均温降为 15 ℃/min；ΔT_2 为钢水在运输和镇静期间的温降，与钢包容量、钢包内衬材料、钢包加覆盖剂以及运输距离等有关，一般为 1.0~1.5 ℃/min；ΔT_3 为钢水在钢包精炼或炉外精炼过程中的温降，主要取决于精炼的方法和处理时间，一般为 6~10 ℃/min；ΔT_4 为精炼后的钢水在静置和运往连铸平台过程中的温降，一般为 5~1.2 ℃/min；ΔT_5 为钢水从钢包注入中间包过程中的温降，与中间包的容量、形式、内衬材质及烘烤温度等因素有关。

控制好出钢温度是保证目标浇注温度的首要前提，必须最大限度地减少温降，保持钢水温度的连续性。一方面应在车间设计时充分重视，布置紧凑，以减少运输过程时间；另一方面应在钢包预热和保温上采用有效措施。

生产实践中常用的钢包预热保温措施有：

(1) 钢包加绝热层，例如，110 t 钢包加 30 mm 厚的绝热层，温降速度比无绝热层的平均降低 20%~40%；

(2) 钢包高温烘烤，例如，70 t 钢包采用快速烘烤装置，烘烤 15 min 后钢包内衬的温度可达 850 ℃以上，烘烤的钢包平均温降由 80~90 ℃减少到 30~60 ℃；

(3) 红包出钢，加快钢包周转，提高钢包的内衬温度，有利于保持钢水温度的稳定；

(4) 钢包外表加保温材料，减少热损失；

(5) 钢包加盖，这不仅可使钢包长时间有效保温，还可使钢水面上的熔渣保持液态，便于浇注后清渣。

4.4.1.2　钢水温度的调节

在实际生产中，由于原料、操作等因素的影响，往往出现钢水的实际温度高于或低于预定温度，以及温度分布不均匀等情况。为满足连铸浇注的温度要求，出钢后必须对钢包内的钢水温度进行调节。

冶炼炉中的钢水进入钢包后，由于钢包内衬吸热和钢包外壁散热，导致钢包四周和底层的钢水温度低于钢包中心区域的温度。例如 25 t 的钢包，钢水中心和外侧的温差可达 70~100 ℃，50 t 的钢包可达 60~70 ℃。此时，若直接将钢水注入中间包，由于中间包内衬在短时间内吸收大量热量，会造成中间包内的钢水温度急剧下降，导致水口处堵塞，中断浇注。另外，钢包内的钢水温度分布不均匀也会使得浇注温度波动起伏，导致结晶器中凝固成型的坯壳厚度不一致，降低铸坯质量。

A　钢包吹氩搅拌

在现代化连铸生产中，钢包吹氩搅拌已成为确保钢水温度稳定且成分均匀的一个关键的步骤，是当前钢铁生产中确保连铸钢水质量的重要措施。钢包吹氩搅拌调温的功能如下。

(1) 均匀钢水温度。某不锈钢企业对 25 t 钢包吹氩搅拌的试验发现，吹氩搅拌后中间包的钢水温差平均仅有 3 ℃，而未吹氩搅拌的钢水温差可达 14 ℃。

(2) 均匀钢水成分。出钢时，在钢包内掺杂一定数量的铁合金（如硅锰、硅铁等），再通过吹氩搅拌可促进钢水成分均匀。

(3) 促使夹杂物和气体的碰撞上浮和排除。某不锈钢企业对 30 t 钢包吹氩搅拌的试验发现，吹氩搅拌 3 分钟，氧化物夹杂平均减少 28%，总氧含量降低 17.5%。

需要注意的是，在进行吹氩搅拌时，必须严格控制吹氩的流量和压力，吹氩流量和压力的控制原则是钢水不产生翻腾，否则会加剧钢水发生二次氧化，同时增加钢水中氮和夹杂物的含量，降低钢水质量。

B　钢包升温调节（热补偿）

为补偿钢包中的钢水因运输、贮存等产生的温度下降，恢复钢水温度，确保浇注顺利进行，生产中常采用以下手段对钢水进行升温。

（1）电弧加热法。利用石墨电极产生温度极高的电弧加热钢水。钢包容量越大，加热效率越高。然而，电弧加热法耗电量大，且设备成本和维护成本也相对较高。

（2）感应加热法。利用线圈产生的交流磁场在钢水中产生感应电势从而加热钢水。感应加热法具有热效率高（70%），升温速度快（2.5 ℃/min）等优势。

（3）等离子加热法。高温下，氩、氮等气体将变成等离子状态，利用高温等离子体来加热钢水，升温速度为 5~6 ℃/min，热效率可达 70%~80%。然而，等离子加热设备复杂且昂贵，运行成本相对较高。

（4）化学加热法。利用发热剂（如铝粉）与氧气在高温下发生化学反应放出的热量加热钢包内钢水，特别适用于低温钢水的应急补救处理，其操作简单、成本较低。经化学加热处理的钢水，其化学成分和钢中非金属夹杂物含量几乎没有变化，对钢水质量影响较小。需要注意的是，化学加热法的升温速度和加热效率相对较低，不适用于大量或快速的钢水升温需求。

C　钢包降温调节

当钢水温度过高时，不仅会影响钢水的质量，还可能对连铸机的正常运行造成威胁。因此，合理地进行钢包降温调节，保证钢水温度处于适宜范围，是确保连铸生产顺利进行的关键。

（1）吹气搅拌。在钢包顶部或底部吹入气体（氩气或氮气）搅拌钢水，增加钢水的对流换热，降低钢水温度。

（2）吹气搅拌+冷废钢。在吹气前或吹气的同时向钢水中添加小块的常温废钢，通过废钢的熔化吸热降低钢水温度，可以完善降温效果。然而，需要注意的是，冷废钢的质量和加入量应严格控制，以避免对钢水成分和夹杂物含量造成不良影响。

（3）镇静。一种自然降温的方法，通过适当延长钢水在钢包内的静置时间，使钢水温度逐渐降低，适用于对降温速度要求不高的情况。

4.4.1.3　钢水成分

A　成分要求

钢水成分对连铸性能和铸坯质量有重要影响，对钢水成分的要求如下。

（1）成分稳定性：为保证多炉连浇时工艺稳定且铸坯性能均匀稳定，必须严格控制钢水的成分范围，从而保证多炉连浇时各炉钢水的成分稳定一致。

（2）钢水流动性（可浇性）：由于中间包水口断面小、浇注时间长，必须保证钢水的流动性良好（黏度不能太高），使之在浇注期间不会对中间包水口造成堵塞、冻结。

（3）材料力学性能：连铸坯在凝固形成坯壳过程中因受到冷却而使其热应力增加，同时受到机械拉力、弯曲及矫直力等外力作用，很容易引起表面裂纹或内裂。因此，必须严格限制对钢水的力学性能有负面影响的元素，如硫（S）、磷（P）等（硫会使钢材产生"热脆"，对钢的热裂纹敏感性有突出的影响；磷会使钢材产生"冷脆"，增加钢的晶界脆性和裂纹敏感性)。

　　B　成分控制

　　(1) 碳 (C):碳是对不锈钢以及普通碳钢的性能影响最大的元素。在多炉连浇时,各炉之间的钢水碳含量 (质量分数) 差异要小于 0.02%。实践证明,当钢水中的碳 (C) 含量超过 0.12%时,连铸坯易产生纵裂、角裂,甚至造成漏钢事故。

　　(2) 硅 (Si)、锰 (Mn):硅、锰的含量既影响钢的力学性能,又影响钢水的可浇性。首先,要求把钢水中硅、锰的含量 (质量分数) 控制在较窄的范围内 (波动值 Si ± 0.05%、Mn ± 0.10%),以保证连浇炉次铸坯中硅、锰含量的稳定。其次,在钢种成分允许的范围内适当提高 Mn/Si 比。

　　(3) 夹杂物:连铸时由于钢水与空气、内衬耐火材料的接触多,增加了非金属夹杂物的来源。同时,滞留于钢水中的夹杂物在结晶器内上浮困难,大颗粒非金属夹杂物易在结晶器内弧侧区域聚集。因此,必须最大限度地降低钢水中初始夹杂物的含量,同时减少钢水在连铸过程中的二次污染。

　　(4) 含氧量:熔炼末期的钢水中残留着一定量溶解的氧 [O],且随着含碳量的降低,氧含量会迅速增加,尤其对于不锈钢而言。若脱氧不充分,则会对铸坯质量造成较大影响。因此,在出钢前,或出钢、浇注过程中,加入一种或几种与氧亲和力较强的元素或合金,使钢水中的含氧量降低到要求限度,同时尽可能将脱氧产物控制为液态,以改善钢水的流动性,保证顺利浇注。

4.4.2　中间包冶金

　　随着对不锈钢质量的要求日益提高,其本质是提高钢水的纯净度。实际上,从炼钢工艺出来的钢水尽管是"干净"了,但是经过运输再浇注到中间包中,钢水可能被再污染。因此,不能简单地认为中间包只起到钢水运输、储存和倾倒的作用。为进一步净化钢水,将炉外精炼中的措施移植到中间包,以此提出了"中间包冶金"的概念,并受到了重视。中间包同时作为连铸工艺中的过渡容器和冶金反应器,起到了净化、调温、成分微调、精炼和加热功能。

　　(1) 净化功能。为提高钢材的纯净度,在中间包中采用挡渣墙、吹氩、陶瓷过滤器等措施,可以大幅度降低钢中非金属夹杂物含量。

　　(2) 调温功能。为降低中间包前、中、后期的钢水温度差 (不高于5 ℃),使其在接近液相线的温度下进行浇注,从而减少中心偏析,提高铸坯质量,可通过向中间包加小块废钢、喷吹铁粉等措施以调节钢水温度。

　　(3) 成分微调功能。由中间包的塞杆中心孔向结晶器加入铝、钡、硼等合金元素,调整钢中的合金成分,既提高了易氧化元素的收得率,同时避免了水口堵塞。

　　(4) 精炼功能。在中间包钢水表面加入双层渣吸收钢中上浮的夹杂物,或者在中间包加入钙元素来改变 Al_2O_3 的夹杂形态,从而防止水口堵塞。

　　(5) 加热功能。在中间包采用感应加热和等离子加热等措施,准确控制钢水浇注温度。

4.4.2.1 钢水流形控制

控制中间包内钢水的流动形态对于确保连铸生产过程的稳定性和钢水质量至关重要，其主要目的体现在以下方面。

（1）消除包底铺展的流动。通过优化流动形态，防止钢水在钢包底部形成不必要的流动，有助于避免钢水温度的不均匀和夹杂物的聚集。

（2）使下层钢水的流动有向上趋势。有助于减少分层现象，提高钢水的均匀性。

（3）延长由入口流到出口的时间。增加钢水在中间包内的停留时间，这有利于钢水温度的均匀化和夹杂物的上浮去除。

（4）增加熔池深度。旋涡可能会导致钢水的二次氧化和夹杂物的卷入，对钢水质量产生负面影响。通过增加熔池深度，可以降低旋涡的强度，减少其对钢水质量的不利影响。

在中间包设计中，增大中间包容量和有效容积、减小死区体积是提高钢水质量和连铸生产效率的重要手段。通过合理设计中间包的形状和尺寸，可以实现对钢水流动形态的有效控制。同时，通过改进内部结构如加设挡渣墙、挡渣坝或导流隔墙等，可以进一步优化钢水的流动形态，提高钢水的纯净度和温度均匀性。

一方面要增大中间包容量；另一方面在容积一定的条件下，增大有效容积，减小死区体积。对于不够大的中间包，可通过改进内部结构，如加设挡渣墙、挡渣坝或导流隔墙并采用过滤器等。中间包使用挡渣墙后的钢水流动特征，如图4-29所示。

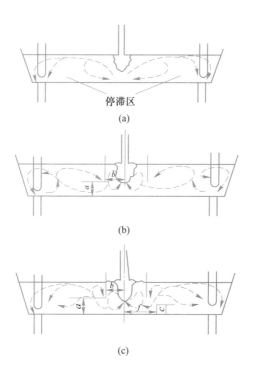

图4-29 中间包内钢水流动特征对比

（a）中间包内钢水无控制；（b）中间包内砌有挡渣墙；（c）中间包内挡渣墙和挡渣坝联合使用

4.4.2.2　中间包过滤技术

近年来，中间包采用多孔耐火材料作过滤器，以去除钢水中的杂质，得到广泛重视。带有过滤器中间包结构，如图 4-30 所示。

4.4.2.3　中间包吹氩

在中间包底部通过透气砖吹入氩气或其他惰性气体，通过搅拌促进夹杂物上浮，在液面上形成保护层，改善钢水流动状况。

4.4.2.4　中间包加热技术

中间包开浇、换钢包和浇注结束时，钢水温度是处于不稳定状态，都比所要求的目标浇注温度要低，这样使中间包钢水温度波动较大。采用中间包

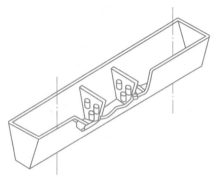

图 4-30　带过滤器中间包结构

加热，以补偿钢水温度的降低，使钢水温度保持在目标温度附近。这不仅有利于改善浇注操作的稳定性，提高铸坯质量，同时能够补偿钢水的热量损失。

目前已开发出多种形式的中间包加热方法，其中包括电弧、等离子和感应加热等，但在生产上使用的主要是感应加热法和等离子加热法。

4.4.3　钢水浇注

4.4.3.1　浇注速度

连续铸钢的浇注速度也就是拉坯速度。拉坯速度的大小决定了连铸机的生产能力。一般来说，浇注速度过快，在结晶器内一旦坯壳破裂，就会产生重皮，严重时造成漏钢。相反，浇注速度过慢，在用润滑油润滑时，气孔会显著地增加；而用浸入式水口加保护渣浇注时，在结晶器器壁和浸入式水口之间就会出现凝壳，使浇注不能进行。铸坯断面越大，出结晶器下口时坯壳厚度应当越厚才不致拉裂。

实际生产中，除保证出结晶器下口处有足够的坯壳厚度外，还应尽量减轻结晶器坯壳厚度的不均匀性。为促进结晶器坯壳的均匀生长，在结晶器操作上应注意以下方面：

（1）浇注温度低；

（2）水口注流与结晶器断面严格对中；

（3）冷却水槽中水流均匀分布；

（4）合理的结晶器锥度；

（5）结晶器液面的稳定性；

（6）防止结晶器变形；

（7）坯壳与结晶器壁之间均匀的保护渣膜等。

4.4.3.2　冷却控制

（1）冷却强度可以用比水量进行表示。比水量是指通过二次冷却区的 1 kg 钢坯所消

耗的冷却水量（$L_水/kg_钢$）。比水量的大小主要取决于钢种、铸坯尺寸、拉速等参数，一般取 0.5~1.5 L/kg，保证足够的冷却强度，使铸坯在拉矫之前完全凝固，还要保证铸坯在运行中表面温度不发生回升。对低碳钢、奥氏体不锈钢（凝固后没有因相变引起的组织应力），冷却强度则可以大一些。

（2）冷却水量的分配。由于铸坯是从上向下逐渐凝固，温度逐步降低的，所以二冷区冷却水用量应该从上向下逐渐减少。在生产上供水量真正做到均匀逐渐递减是很困难的，所以根据连铸机机型和铸坯质量的要求，将二冷区分为若干冷却段，冷却水按比例分配到各冷却段。

4.5 不锈钢连铸生产的技术经济指标

生产企业运作要充分考虑设备与工艺的技术经济指标，不锈钢连铸生产的技术经济指标包括以下几方面。

4.5.1 连铸坯产量

连铸坯产量是指在某一规定的时间内（一般以月、季、年为时间周期）合格铸坯的产量，计算公式为：

$$连铸坯产量 = 生产铸坯总量 - 检验废品 - 轧后或用户退废量$$

4.5.2 连铸比

连铸比是指连铸坯合格产量占总钢产量的百分比，计算公式为：

$$连铸比(\%) = 合格连铸坯产量 / 总合格钢产量 \times 100\%$$

4.5.3 连铸坯合格率

连铸坯合格率是指连铸合格坯量占连铸坯总检验量的百分比，又称为质量指标（一般以月和年为时间统计单位），计算公式为：

$$连铸坯合格率(\%) = 合格连铸坯产量 / 连铸坯的总检验量 \times 100\%$$

4.5.4 连铸坯收得率

连铸坯收得率是指合格连铸坯产量占连铸浇注钢水总量的百分比，比较精确地反映了连铸生产的消耗及钢水收得情况，计算公式为：

$$连铸坯收得率(\%) = 合格连铸坯产量 / 连铸浇注钢水总量 \times 100\%$$

4.5.5 连铸坯成材率

$$连铸坯成材率(\%) = 合格钢材产量 / 连铸坯消耗总量 \times 100\%$$

4.5.6 连铸机作业率

连铸机作业率是指铸机实际作业时间占总日历时间的百分比（一般可按月、季、年统计计算），计算公式为：

连铸机作业率(%) = (连铸机实际作业时间(h)) / (日历时间(h)) × 100%

4.5.7　连铸机达产率

连铸机达产率是指在某一时间段内（一般以年统计）连铸机实际产量占该台连铸机设计产量的百分比，计算公式为：

连铸机达产率(%) = (连铸机实际产量(万吨)) / (连铸机设计产量(万吨)) × 100%

4.5.8　平均连浇炉数

平均连浇炉数是指浇注钢水的炉数与连铸机开浇次数之比，计算公式为：

平均连浇炉数(炉 / 次) = 浇注钢水炉数 / 连铸机开浇次数

4.5.9　平均连浇时间

平均连浇时间是指连铸机实际作业时间与连铸机开浇次数之比，计算公式为：

平均连浇时间(h/ 次) = (连铸机实际作业时间(h)) / 连铸机开浇次数

4.5.10　连铸机溢漏率

连铸机溢漏率指的是在某一时间段内连铸机发生溢漏钢的流数占该段时间内该连铸机浇注总流数的百分比。计算公式为：

连铸机溢漏率(%) = 溢漏钢流数总和 / (浇注总炉数 × 连铸机拥有流数) × 100%

4.5.11　连铸浇成率

连铸浇成率是指浇注成功的炉数占浇注总炉数的百分比，计算公式为：

连铸浇成率(%) = 浇注成功的炉数 / 浇注总炉数 × 100%

浇注成功的炉数：一般一炉钢水至少有 2/3 以上浇成铸坯方能算作该炉钢浇注成功。

【知识拓展】

不锈钢连铸技术新进展

2023 年，中国重型机械研究院股份公司（简称"中国重型院"）为青山集团定制的全球首台多功能不锈钢、特钢连铸机成功完成首次热试。这台连铸机不仅具备生产直径从 ϕ160 mm 至 ϕ700 mm 的不锈钢圆坯的能力，还能生产 190 mm×190 mm 的方坯、300 mm× 500 mm 的矩形坯，以及 300 mm×810 mm 的工/模具钢板坯，满足了市场对不锈钢断面多样化的需求。

此举标志着中国在不锈钢、特钢圆、板、方多功能连铸机领域的重大技术突破，开启了连铸机设计研制的新篇章，并引领了全球不锈钢连铸机技术的发展。中国重型院凭借其研发实力和深厚的技术积累，打破了国外在该领域的垄断，为国内不锈钢产业的发展开辟了新途径。

通过这款连铸机，青山集团的竞争力在世界不锈钢市场得到了显著提升。它使青山集团能够更高效、更精准地满足市场需求，进一步巩固了其在行业中的领先地位。此次成功也向世界证明了中国在不锈钢连铸技术领域的创新实力。

中国重型院研制的连铸机不仅增强了中国在不锈钢技术领域的创新能力，而且为青山集团在全球市场中注入了新的活力。这款连铸机的成功研制，展示了中国在不锈钢连铸技术领域的领先地位，为我国不锈钢产业的持续发展和国际竞争力提供了强有力的支撑。

资料来源：中国日报陕西记者站. 经开区企业中国重型院研制全球首台兼容小方圆坯、大方圆坯、厚板坯多功能连铸机 ［N］. 中国日报网，2023-06-16.

【模块重要知识点归纳】

1. 连铸的定义、主要工序与优势

（1）连铸的定义：连铸是连续铸钢（Continuous Steel Casting，CSC）的简称，采用连续的方式，将钢水注入结晶器中进行凝固得到一定长度的铸坯，经切割后直接得到钢坯，直接供轧钢生产使用。

（2）连铸的主要工序：钢包→中间包→结晶器→二次冷却→拉坯矫直→切割→辊道输送→移坯车（推钢机）→铸坯。其中，中间包、结晶器、二次冷却和拉矫机为关键装置。

（3）连铸的优势。

1）提高金属收得率与金属成材率；

2）简化生产工序，缩短工艺流程；

3）改善劳动环境，提高劳动生产率；

4）降低能源消耗；

5）扩大产品类型和提升产品质量。

2. 连铸机的分类

（1）按结构形式分类。

1）立式连铸机；

2）立弯式连铸机；

3）直结晶器多点弯曲式连铸机；

4）直结晶器弧形连铸机；

5）弧形连铸机；

6）多半径弧形（椭圆形）连铸机；

7）水平连铸机。

（2）按铸坯断面外形与尺寸分类。

1）方坯连铸机；

2）板坯连铸机；

3）圆坯连铸机；

4）异型坯连铸机。

3. 不锈钢连铸的原理

（1）钢水结晶的特点。

1）必须严格控制温度，以确保钢水能够顺利结晶；

2）钢水结晶过程为选分结晶。

（2）偏析的定义与类型。

1）定义，钢水结晶时，由于溶质元素在固态和液态中的溶解度存在差异，以及选分结晶的作用，导致凝固后的铸坯中出现化学成分不均匀的现象；

2）类型，显微偏析和宏观偏析。

（3）连铸坯的凝固。连铸坯的凝固过程实质上是一个传热过程。在连铸机内（铸坯切割以前），钢水由液态转变为固态高温铸坯所放出的热量包括 3 个部分。

1）将过热的钢水冷却到液相线温度所放出的热量；

2）钢水从液相线温度冷却到固相线温度，即从液相到固相转变的过程中所放出量；

3）铸坯从固相线温度冷却到被送出连铸机时所放出的热量。

沿结晶器的竖直方向，按坯壳表面与铜壁的接触状况，可将钢水的凝固过程分为弯月面区、紧密接触区、气隙区 3 个区域。

（4）钢水在结晶器中的传热方式。结晶器中钢水的凝固过程可近似地看作是钢水向结晶器壁面的单向传热过程，其传热热阻主要包括 6 个部分。

1）结晶器壁-冷却水之间的热阻，占总热阻的 10% 左右，传热方式为对流传热；

2）结晶器壁的导热热阻，占总热阻的 5% 左右，传热方式为导热；

3）气隙的热阻，占总热阻的 80% 以上，传热方式为导热；

4）保护渣膜的热阻；

5）凝固坯壳的热阻；

6）凝固坯壳-钢水之间的热阻。

（5）设计参数对结晶器传热的影响。

1）结晶器锥度，设计原则通常为"上大下小，锥度合适"；

2）结晶器长度，通常为 700~900 mm；

3）结晶器铜壁厚度，方坯结晶器铜壁厚度通常为 8~15 mm；

4）结晶器材质，母材材质多采用铜铬锆和铜银合金，镀层材质为镍铁合金或镍钴合金居多。

（6）铸坯在二冷区中的传热方式。

1）辐射传热，占总传热量比例为 25%；

2）喷雾水滴相变蒸发，占总传热量比例为 33%；

3）喷淋水加热对流，占总传热量比例为 25%；

4）辊子与铸坯的接触传导，占总传热量比例为 17%。

4. 连铸设备

（1）钢包。承担着盛装、运载、倾倒钢水及部分炉渣的作用，主要由钢包本体、耐火衬和水口启闭控制机构等装置组成。

（2）钢包回转台。连铸中用于运载和承托钢包进行浇注的设备，设置在钢水接收跨与浇注跨列柱之间，用于把钢包转到或转出浇注位置。

（3）中间包。中间包是位于钢包和结晶器之间的一个由耐火材料组成的容器。经冶炼后的钢水经由钢包注入中间包，再由中间包水口分配到各个结晶器中去。其功能主要在于：

1）稳定钢水；

2）净化钢水；

3）分流钢水；

4）贮存钢水；

5）精炼钢水。

（4）结晶器。结晶器是连铸设备的"心脏"，钢水由中间包注入结晶器后，与结晶器水冷内壁相接触，钢水急剧冷却并沿结晶器内壁凝固形成具有一定厚度的坯壳。

1）连铸结晶器按内壁形状可分为直形结晶器和弧形结晶器。

2）连铸结晶器按结构类型可分为整体结晶器、管式结晶器、组合式结晶器和水平结晶器等。

3）连铸结晶器的主要工艺参数包括：断面尺寸；长度；倒锥度；冷却强度；材质；使用寿命；内壁厚度等。

（5）二次冷却区。二次冷却就是在结晶器出口之后对铸坯进行第二次冷却和支撑的过程，其主要作用是。

1）冷却凝固；

2）支撑导向；

3）弯曲成型；

4）输运矫直。

（6）拉坯矫直机。对于弧形连铸机，当铸坯被拉坯机从二次冷却区拉出后是弯曲的，必须进行矫直，拉坯和矫直两道工序常在一个机组里完成，故称其为拉坯矫直机（简称：拉矫机）。

5. 不锈钢连铸的工艺流程

（1）钢水准备。不锈钢生产中对连铸钢水温度的要求是：低过热度、稳定、均匀；对连铸钢水成分的要求是成分稳定性、钢水流动性（可浇性）和材料力学性能。

（2）中间包冶金。为进一步净化钢水，将炉外精炼中的措施移植到中间包，以此提出了"中间包冶金"的概念。中间包同时作为连铸工艺中的过渡容器和冶金反应器，起到了净化、调温、成分微调、精炼和加热功能。

（3）钢水流形控制。

1）消除包底铺展的流动；

2）使下层钢水的流动有向上趋势；

3）延长由入口流到出口的时间；

4）增加熔池深度。

 思考题

4-1　简述连铸和模铸的区别。

4-2　不锈钢连铸与普通碳钢连铸有什么区别？

4-3　简述钢水在结晶器中的传热过程以及热阻分布。

4-4　钢包仅承担着盛装、运载、倾倒钢水及部分炉渣的作用，这种说法是否正确？

4-5　结晶器被称为连铸设备的"心脏"，其主要功能是什么？

4-6　不锈钢连铸生产时为什么要控制好钢水温度，钢水温度过高和过低会对连铸产生什么样的影响？

4-7　钢水的成分控制主要包括哪些方面？

模块 5　不锈钢热轧工艺

不锈钢热轧工艺

【模块背景】

为什么不锈钢热轧要在再结晶温度以上进行？为什么不同种类的不锈钢要使用不同的加热制度？热轧过程是如何维持加热温度的？层流冷却技术对冷却热轧不锈钢有什么优势？通过本模块的学习，大家将会对不锈钢热轧工艺建立基本认识，以助于后续开展对不锈钢热轧的计算、分析、设计和研究。

【学习目标】

知识目标	1. 掌握金属塑性变形和轧钢的原理与分类； 2. 掌握热轧的原理与特点； 3. 掌握不锈钢热轧的工艺流程，了解板坯准备、加热、轧制和层流冷却等工艺； 4. 了解薄带铸轧、无头轧制、热装直接轧制等不锈钢热轧新技术的原理与优势。
技能目标	1. 能分析生产过程中的金属塑性变形现象； 2. 能根据不同不锈钢类型制定相应的热轧加热制度； 3. 能区分粗轧机、热连轧机和炉卷轧机的用途和特点； 4. 能讲述不锈钢热轧工艺的先进技术案例。
价值目标	1. 了解我国在共建"一带一路"中的大国担当精神，加深理解"一带一路"和人类命运共同体的内涵，扩展国际视野； 2. 了解我国科技前沿取得的成果，培养专业好奇、专业热爱、专业信心与专业恒心，形成坚定的职业意愿与信念； 3. 树立责任意识、法律意识和安全意识； 4. 训练辩证的科学思维，以及多层次、多角度看待事物的能力。

【课程思政】

江苏德龙：树立中印尼合作共赢新典范

"一带一路"倡议自提出以来，已成为推动全球经济增长和区域合作的重要平台。中国企业如江苏德龙集团，通过这一倡议"走出去"，参与国际合作与竞争，为相关国家带来基础设施建设、技术转移和产业升级等机遇。

江苏德龙集团在印度尼西亚东南部苏拉威西省建立的德龙工业园，是中印经贸合作的缩影，为当地创造就业，推动镍业发展，并促进技术交流与人才培养。自 2015 年建设以来，德龙工业园累计实现超 500 亿元人民币营业收入，成为中印尼合作的标杆，为当地经济发展注入动力。

德龙工业园的两大项目——年产 60 万吨不锈钢镍铁冶炼项目和年产 250 万吨镍铁不

锈钢一体化冶炼项目，提升了印尼在全球不锈钢市场的地位，2021年不锈钢的出口额达到208亿美元，实现经济飞跃。

印尼总统佐科对工业园的视察，彰显了中印尼共建"一带一路"的重要性和工业园的关键作用。工业园的成功实践为印尼创造了税收和就业，提供了中印尼深入合作的宝贵经验，有望成为区域合作的典范。

德龙工业园还积极履行社会责任，通过朱明冬&周渊基金会改善教育、医疗等民生状况，捐赠物资应对灾害和疫情。在疫情防控期间，向印尼捐赠氧气、制氧机、口罩、药品和食品等，展现中资企业的责任感。

工业园注重融入当地社会，尊重风俗习惯，与民众和谐共生，为中印尼经贸合作树立典范。作为"一带一路"的推动者，德龙工业园展现了中资企业的海外责任与担当，为构建人类命运共同体贡献力量，相信将为"一带一路"的高质量发展注入更多动力。

参考资料：陈晓莉，张垚. 担当尽责 为中印尼合作共赢树标杆 [N]. 中国冶金报，2023-10-17（8）.

5.1　轧钢基础知识

5.1.1　金属塑性变形

金属塑性变形，也被称为金属塑性加工或金属压力加工，是金属工件在外部力量，特别是压力的作用下，发生塑性形变，进而达到预定的形状、尺寸和性能要求的一种加工技术。作为金属加工领域的关键方法之一，它具有显著的优势和特色。

（1）独特的组织性能优化。金属塑性变形能够显著改善金属的内部结构，如减轻组织偏析现象、增强结构的致密性、细化晶粒等。这些变化不仅提升了材料的综合力学性能，还为其在多种应用场景中的表现提供了坚实的基础。

（2）高效的材料利用率。与传统的加工方法相比，金属塑性变形在成形过程中主要依赖金属在塑性状态下的体积转移，从而避免了大量多余金属的切除。这大大提高了金属材料的收得率，降低了材料浪费，使得生产过程更为经济高效。

（3）高效的生产效率。金属塑性变形允许使用高速加工和连续式（非周期式）生产方式，这使得它特别适合大规模生产。无论是在汽车制造、航空航天还是其他重工业领域，金属塑性变形都能提供稳定且高效的生产能力，满足大规模生产的需求。

按金属塑性变形所使用的工具特征以及工件变形方式，可将金属塑性变形的方法分为锻造、挤压、拉拔、冲压和轧制五大类，见表5-1。

表 5-1　金属塑性变形的方法

类别	工具特征	工件变形方式	示意图
锻造	直线运动的锻锤或锻模	在锻模件体积变形	

续表 5-1

类别	工具特征	工件变形方式	示意图
挤压	直线运动的挤压板及带挤压模的液压缸	在挤压模孔中挤出	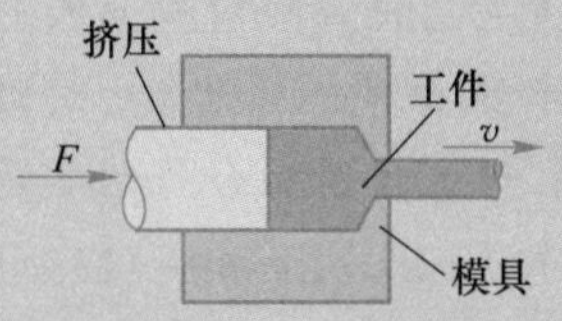
拉拔	直线运动的夹头及拉拔模架	在拉拔模孔中拉出	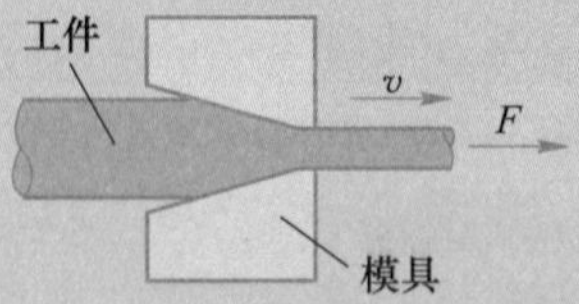
冲压	直线运动的冲模	在冲模间板料成型	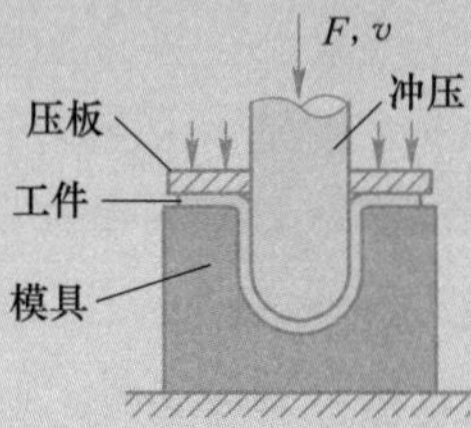
轧制	直线运动的轧辊	在轧辊间压缩成形	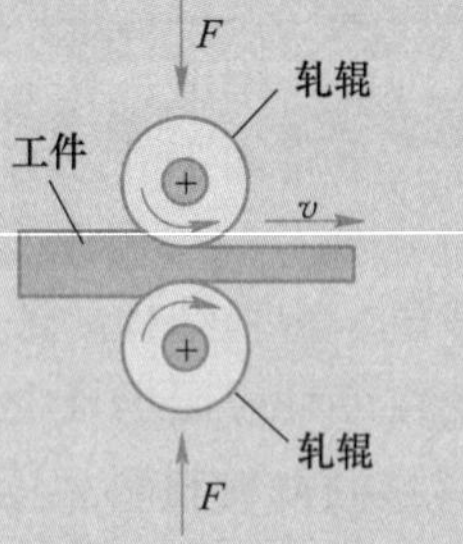

5.1.2　轧钢

5.1.2.1　轧钢的定义

轧钢是一种生产钢铁板管型线材的关键金属加工工艺，其核心在于利用旋转的轧辊与轧件之间产生的摩擦力。不仅将轧件（如钢坯、钢锭等）拖入辊缝之间，还在这个过程中使轧件受到压缩，从而引发轧件塑性变形。轧制的目的不仅是为了使轧件获得所需的形状和尺寸，如钢管、钢板、带钢、线材以及各种型钢等，更在于通过这一过程改善金属或合金的组织和性能。

轧钢作为一种重要的金属塑性加工方法，在现代工业生产中扮演着至关重要的角色。无论是建筑、桥梁、船舶、汽车、机械还是航空航天等领域，都需要用到经过轧制处理的金属材料。随着科技的不断进步和工业的快速发展，轧钢技术也在不断创新和完善，以满足日益增长的高品质金属材料需求。轧钢原理示意图，如图 5-1 所示。

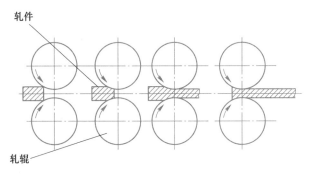

图 5-1 轧钢原理

5.1.2.2 轧钢的分类

（1）按轧制温度分，可分为热轧与冷轧。

1）热轧是在金属再结晶温度以上进行的轧制过程，通常用于生产大型钢材和板材；

2）冷轧是在金属再结晶温度以下进行的轧制过程，主要用于生产薄板、带材和线材等高精度产品。

（2）按轧辊、轧件的位置和相对运动关系分，可分为纵轧、横轧和斜轧。

1）纵轧时，工作轧辊的转动方向相反，轧件的纵轴线与轧辊的轴线相互垂直；

2）横轧时，工作轧辊的转动方向相同，轧件的纵轴线与轧辊的轴线相互平行；

3）斜轧时，工作轧辊的转动方向相同，轧件与轧辊的轴线之间形成一定的倾斜角度。

（3）按轧制产品形状分，可分为带材轧制、管材轧制、型材轧制和线材轧制，这些产品形状各异，规格不一，有些产品甚至需要经过多次轧制才能得到。

（4）按用途及加工工艺分，可分为粗轧、中轧和精轧。

1）粗轧：粗轧在不锈钢的热轧和冷轧过程中起到了至关重要的作用，粗轧作为消除缺陷的粗磨前工序，其作用是降低带钢的表面粗糙度。在粗磨过程中，如果来料的粗糙度过高，不仅会造成重研磨的问题，而且带钢表面的缺陷也难以被完全研磨掉，特别是在热卷表面，粗轧能够有效地帮助去除表面缺陷，为后续的加工过程提供更为平滑的表面。改善粗磨前的板形。热轧卷往往存在较大的浪形，这会对后续的加工过程造成困扰，如不进行粗轧，可能会引起粗磨时带钢局部重研磨，也容易造成机组擦、刮伤缺陷。降低热轧的厚度波动，热轧的厚度精度较低，如直接研磨，则由于原料的厚度波动容易引起重研磨。

2）中轧：在最终轧制之前所经过的轧制，均统称为中轧。中轧可细分为 2B 中轧、BA 中轧、HT 中轧等，可根据具体的工艺要求和产品特性进行选择。在轧制过程中，不锈钢带钢会产生加工硬化现象，这是由于金属在塑性变形过程中，晶粒内部的结构发生变化，导致金属的强度和硬度增加，塑性降低。当加工硬化程度达到一定值后，带钢由于过分硬脆而难以继续轧制。因此，在轧制一定的道次之后，需要对带钢进行软化热处理，如再结晶退火等。这一过程的目的是使带钢恢复塑性、降低变形抵抗力，以便能够继续轧制到更薄的厚度。值得注意的是，轧制的条件、材质的硬度和成品的厚度等因素都会影响所需的轧制道次。在一定轧制条件下，材质越硬、成品越薄，所需的轧程越多。

对于某些特定用途的产品，如冲压板等，具有屈服强度小、延伸率高等特点。为满足这些要求，有时也会在中轧阶段进行特殊的工艺安排，以改善最终产品的力学性能。

3）精轧：不锈钢精轧是轧制过程中的最后一道关键工序，它的目标是直接将带钢轧制到所需的厚度，并满足特定的表面要求，如 2B、BA 或毛面等。当轧制到目标厚度，带钢经酸洗退火等处理后可直接交付给用户，因此要求比粗轧相对要严格。精轧主要的作用是：改善板形，消除热轧卷的板形不良，为后续在退火、平整工序中改善板形而创造条件；提高厚度精度，热轧的纵向厚度精度较低，通过精轧后，带钢的厚度精度可大大提高；改善带钢的表面质量，除了降低带钢表面的粗糙度外，另外获得所需的表面光洁度、亮度、特定表面（如毛面、压花板）等；将带钢微观组织轧制成为细长的纤维组织，为后续退火再结晶形核创造条件。

5.1.3　再结晶与再结晶温度

5.1.3.1　再结晶

为什么经轧制的金属要进行再结晶处理？这是由于当金属进行冷加工变形时，其晶格会发生歪扭，晶粒破碎，产生较大内应力，金属出现较大的加工硬化现象，不利于金属材料后续的成形加工。

再结晶是冷变形金属在加热条件下发生的一种组织转变过程，即指当退火温度足够高且保持足够长的时间，变形金属的组织结构缺陷密度降低（称为回复），随后将产生细小晶核（称为再结晶核），新晶粒继续生长，直到原始变形组织结构完全消失，金属性能也发生显著变化，这个过程称为再结晶。

金属再结晶的完成不仅与退火温度和时间有关，还与金属的成分、原始组织状态、变形程度等因素有关。一般来说，退火温度越高，时间越长，再结晶进行得越充分。但是，过高的温度或过长的时间也可能导致金属或合金的性能过度软化，失去原有的强度和硬度。

经过再结晶处理后，金属的塑性、韧性、耐腐蚀性等性能都会得到明显的提升。这是因为再结晶消除了内应力，改善了晶粒结构，使得金属的组织更加均匀、致密。同时，再结晶也为后续的金属加工和热处理过程提供了良好的基础。

5.1.3.2　再结晶温度

金属的再结晶温度与其成分、原始晶粒尺寸、轧制时的变形程度和退火温度有关，可分为初始再结晶温度、最终再结晶温度和再结晶温度。

（1）初始再结晶温度：新晶粒开始形成时的温度。

（2）最终再结晶温度：微观结构完全被新晶粒占据时的温度。

（3）再结晶温度：初始再结晶温度和最终再结晶温度的算术平均值，主要受合金成分、变形程度、原始晶粒尺寸和退火温度等因素的影响。

5.2　热轧原理与特点

5.2.1　热轧原理

热轧（Hot Rolling，HR）是相对于冷轧（Cold Rolling，CR）而言的，指在金属或合金的再结晶温度以上进行的轧制，而冷轧则是在金属的再结晶温度以下进行的轧制。简单来说，其工艺过程是将从连铸工艺产出的钢坯在加热炉中加热升温到再结晶温度以上，然后经过若干道次轧制最终成为带钢的过程就叫热轧。

热轧能改善金属及合金的加工工艺性能。在热轧过程中，通过高温和轧制力的作用，可以将铸造状态下粗大的晶粒破碎，使得金属的组织结构更加细密。同时，热轧还能有效愈合金属内部的显著裂纹，减少或消除铸造缺陷，提高金属的整体质量。这种转变使材料从铸态组织到加工组织的过程，可以使得金属更加适合后续的加工和处理。热轧通常采用大铸锭、高压下量进行轧制，这使得生产速度快、产量大，为连续化大规模生产提供了有利条件。热轧工艺的高效性和高产性，使得金属加工行业能够更快速地满足市场需求，提高生产效率。在不锈钢产品生产过程中，热轧是决定产品性能、表面质量以及能否顺利进行冷轧的关键工序。

5.2.2　热轧特点

（1）热轧的优点主要如下。

1）改善金属和合金的加工性能。在热轧过程中，铸态粗大的晶粒会被破碎，金属内部的裂纹会得到愈合，铸造缺陷也会得到减少或消除。此外，铸态组织会转变为变形组织，以上综合作用使得金属和合金更加适合后续的加工和处理。

2）降低生产能耗与成本。在热轧过程中，由于金属处于高温状态，其塑性大大提高，同时变形抵抗力相对较低，金属更容易发生形变，从而显著降低了金属变形所需的能耗。

3）提高生产效率与实现自动化。热轧通常采用大铸锭、大压下量进行轧制，不仅提高了生产效率，而且为提高轧制速度、保证产品质量稳定性、实现轧制过程的连续化和自动化创造了有利条件。

（2）热轧的缺点主要如下。

1）残余应力问题。由于冷却不均匀，热轧钢材中会产生残余应力。这种应力是在无外力作用下的内部自平衡应力，常见于各种热轧型材中。型材的截面尺寸越大，其内部的残余应力往往也越大。虽然残余应力是自平衡的，但它对钢构件在外部力作用下的性能仍然会产生不利影响，如增加变形、影响稳定性以及加速疲劳等。

2）分层现象。热轧过程中，钢中的非金属夹杂物（如硫化物、氧化物和硅酸盐）常被压成薄片，进而产生分层现象。这种分层对钢的厚度方向拉伸性能造成严重影响，特别是在焊缝收缩时，会增加产生层间撕裂的风险。焊缝收缩所产生的局部应变通常是屈服点应变的数倍，远高于由外部荷载作用所引起的应变。

3）力学性能控制。热轧工艺在精确控制产品所需机械性能方面存在一定的困难，与冷加工硬化产品和完全退火产品相比，热轧产品的组织和性能往往不够均匀，其强度指数较低，而塑性指数较高。这使得热轧产品在某些应用场景下可能不如其他处理方式的钢材。

4）厚度与表面质量控制。热轧产品在厚度控制方面的精度较差。此外，与冷轧产品相比，热轧产品的表面粗糙度 Ra 较高，限制了热轧产品在一些对表面质量要求较高的领域的应用，通常它们更多地被用作冷轧工艺的原材料。

5.3　不锈钢热轧工艺流程

不锈钢热轧生产工艺流程主要包括板坯准备、加热、除鳞、粗轧、精轧/炉卷轧机、冷却与卷取等工序。

5.3.1　板坯准备

不锈钢热轧用的坯料大多是连铸坯和初轧坯，随着连铸技术的发展，现代基本广泛采用连铸坯。由于不锈钢的表面质量要求极高，且表面又很容易产生各种缺陷，因此，热轧前的坯料都需要经过精细的研磨和清理，尤其是含钛的铁素体不锈钢更是需要进行全面的修磨，以确保其表面质量达到要求。为了更加高效地处理这些坯料，许多企业都采用了重负荷、高速度、机械化的砂轮研磨机。这些设备不仅提高了修磨效率，还保证了坯料表面的平整度和质量。同时，为了减少修磨工作量和提高生产效率，许多企业开始关注并改进连铸工艺技术，其目标是通过优化连铸过程，减少或消除坯料表面的缺陷，从而提高不修磨率。

铁素体不锈钢，特别是中高铬铁素体不锈钢，在低温环境下会遇到一个显著的力学性能问题——低温脆性。当环境温度降至脆性转变温度以下时，这种不锈钢的冲击韧性会急剧下降，从而增加脆性断裂的风险。更重要的是，随着铬含量的增加，脆性转变温度还有上升的趋势，这为铁素体不锈钢的应用带来了更大的挑战。为了避免这种脆性断裂，铁素体不锈钢板坯通常需要进行保温处理。考虑到其脆性转变温度通常为 100~150 ℃，因此在板坯修磨以及后续的输送、保存过程中，都必须确保板坯的温度始终维持在这个脆性转变温度之上。除了铁素体不锈钢，马氏体不锈钢在 300 ℃以下也会发生马氏体相变，这可能导致材料产生变形裂纹。因此，马氏体不锈钢板坯在装入保温炉之前，其温度也必须保持在 300 ℃以上。

在近代连轧机生产过程中，为了提升效率和产量，展宽工序已被完全取消。这一变革使得板坯的长度得以显著增加，从而实现了全纵轧的生产方式。在这种生产方式下，板坯的宽度需要与成品的宽度相等或更大，以确保产品质量和生产过程的稳定性。为了精确控制带钢的宽度，现代连轧机配备了立辊轧机。然而，板坯的长度并不是随意设定的。它主要受到加热炉宽度和所需坯重的限制。增加板坯的重量有助于提高产量和成材率，这可明显提高经济效益。但与此同时，这种增加也受到多种因素的制约，包括设备条件、终轧温度与前后允许的温度差，以及卷取机所能容许的板卷最大外径等。

5.3.2　加热

板坯在加热炉内的加热质量直接关系到后续的生产流程是否顺畅，以及最终产品的质量是否达标。因此，选择适当的加热炉和加热方式，对于确保整个生产过程的稳定性和产品质量至关重要。

5.3.2.1 步进式加热炉

根据加热方式的不同，加热炉主要可以分为周期式加热炉和连续式加热炉两大类。

（1）周期式加热炉是指板坯在炉内保持固定不动进行加热的炉子。这种加热方式适用于某些特殊材质和特殊尺寸的板坯加热，由于其加热过程相对固定和可控，因此在特定场景下有其独特的应用价值。然而，由于其加热效率相对较低，不适用于大规模生产。

（2）连续式加热炉是指板坯在炉内不断移动，从入口到出口进行连续的加热过程。这种加热方式适用于大规模生产，因为它能够显著提高加热效率，满足高产量的需求。随着技术和设备的不断进步，连续式加热炉也经历了由一段式向多段式的发展，进而出现了步进式加热炉。这种加热炉以其高效、稳定和广泛的应用范围，成为当前不锈钢生产中最为常见的加热设备。

与以往常用的推送式加热炉相比，步进式加热炉在不锈钢生产中展现出了独特的优势与特点。

（1）灵活性与适应性。步进式加热炉特别适合加热各种形状的板坯，尤其对于大型和异型板坯，这些板坯在传统的推送式连续加热炉中加热较为困难。此外，通过简单地调整板坯之间的距离，可以轻松改变炉内板坯的数量，显示出其极大的灵活性。

（2）提高生产效率。与传统的加热炉相比，步进式加热炉的生产能力显著提高，炉底强度可以达到 $800 \sim 1000 \ kg/(m^2 \cdot h)$，与推送式连续加热炉相比，在加热等量板坯的情况下，步进式加热炉的炉长可以缩短 $10\% \sim 15\%$。

（3）加热控制精确。由于步进周期是可调的，步进式加热炉可以根据不同板坯的加热要求，精确地调整其在炉内的加热时间。这种精确的控制不仅确保了产品质量，还有助于减少能源消耗和浪费。

（4）故障处理与预防烧损。当轧机出现故障而停机时，步进式加热炉可以迅速做出反应，保持休炉状态或将板坯从炉内退出。这种能力有效防止了板坯因长时间在炉内而导致的氧化烧损和脱碳现象，进一步保证了产品质量和生产效率。

（5）自动化控制的实现。由于步进周期可以精确调整，步进式加热炉为板坯加热过程的自动化控制提供了便利，同时降低了人工操作错误和劳动强度。

如图 5-2 所示为步进式加热炉的工作原理。步进式加热炉工作原理为：铸坯在炉内运行，预热过的空气、燃气混合后经烧嘴燃烧产生热量，一部分由烟气与铸坯对流换热后经排烟口排出，另一部分被炉壁吸收，维持各段炉体温度。高温炉体与铸坯发生辐射换热，

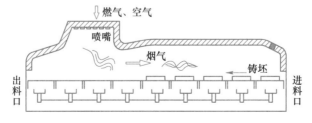

图 5-2　步进式加热炉的工作原理

从而使铸坯的温度升高。由于炉内温度基本维持在 1000 ℃左右，因此铸坯的加热主要是通过炉壁和烟气发生辐射换热。

步进式加热炉独特的三段加热设计确保了板坯的高效、均匀加热。这三段依次为预热段、加热段和均热段，每个阶段都扮演着不可或缺的角色。

（1）预热段：板坯进入加热炉后的第一个区域。该区域的加热速度相对较慢，板坯所承受的温度应力较小，这有助于减少板坯在加热过程中的热应力变形。预热段的设置不仅为后续的快速加热做好了准备，还确保了板坯在加热过程中的稳定性。

（2）加热段：当板坯从预热段进入加热段时，其温度已经升高到了一定的程度。在加热段中，板坯会迅速升温，直至其表面温度达到出炉的要求。这一阶段的加热速度较快，目的是在短时间内将板坯加热到所需的温度范围，以提高生产效率。

（3）均热段：经过加热段后，虽然板坯的表面温度已经达到了要求，但其断面仍存在较大的温度梯度，即板坯的不同部位温度并不均匀。为了消除这种温度梯度，板坯会进入均热段进行进一步的加热。在均热段中，板坯的温度会逐渐趋于均匀，确保整个板坯的温度基本一致，有助于减少板坯在后续轧制过程中的热应力变形，提高产品质量。

加热炉使用的燃料包括：天然气、发生炉与焦炉的混合煤气，以及重油和煤气的混合燃料等。

5.3.2.2　加热制度

不锈钢作为一种特殊的合金钢，其加热操作需要特别精细和谨慎。根据不锈钢的种类——奥氏体、铁素体或马氏体等，其加热过程有所不同。

（1）缓慢加热与预热段温度限制：1）由于不锈钢的导热性能较差，若加热速度过快，易导致不锈钢组织内部应力过大而产生裂纹，因此，加热过程应从低温开始，缓慢升温；2）预热段的温度被限制在 900 ℃以下，这是为了确保板坯在进入主要加热区之前能够均匀受热，减少内部应力。

（2）加热温度范围与过热预防：1）对于马氏体不锈钢，加热温度范围通常在 1100 ℃到 1260 ℃；2）奥氏体不锈钢的加热温度范围则是 1150 ℃~1260 ℃；3）铁素体不锈钢的加热温度通常在 1100 ℃~1180 ℃；4）加热过程中，要特别注意防止过热，特别是在处理含钛的奥氏体不锈钢和铁素体不锈钢时，过热会导致晶粒粗大，影响材料的力学性能和加工性能。

（3）铁素体不锈钢的特殊考虑：1）由于铁素体不锈钢轧制变形抗力较小，其加热温度可以相对较低，但过低的加热温度会增加轧制荷重，并可能导致轧辊表面粗糙；2）对于在高温下会发生相变的铁素体不锈钢，加热温度的控制尤为重要。合理的加热温度可以确保板坯的相组织满足后续加工的要求。

（4）加热温度波动的控制：铁素体不锈钢轧制中，其展宽率会随着温度波动而变化。因此，为了获得稳定的轧制效果，需要尽量减小加热温度的波动。

5.3.3　轧制

不锈钢热轧卷主要采用两种方式生产：一种是半连续或连续式热轧机（热连轧），可用于不锈钢和普通碳钢的混轧；另一种是炉卷轧机，主要用于不锈钢热轧，如图 5-3 所示。20世纪80年代以前，我国一直用炉卷轧机生产不锈钢带钢，但产品的产量和质量不能满足市场需求。1989年，我国引进了首套用于生产不锈钢的1549 mm热连轧机，热轧不锈带钢生产技术开始在我国得到发展，陆续建设了多条生产不锈钢的热连轧生产线。溧阳德龙不锈钢科技有限责任公司（以下简称溧阳德龙）于2022年4月投产的2680 mm宽幅不锈钢热连轧生产线，是世界上最宽规格的不锈钢的热轧生产线（详见本模块"知识拓展"）。

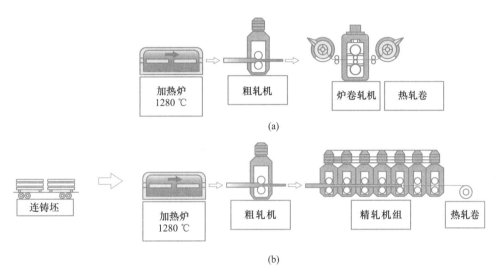

图5-3 采用炉卷轧机和热连轧机组生产热轧不锈钢

（a）炉卷轧机机组；（b）热连轧机组

【知识拓展】

溧阳德龙2680 mm宽幅不锈钢热连轧生产线是由中国重型设备制造企业——中国第一重型机械股份公司一重集团大连工程技术有限公司设计与建造。溧阳德龙2680 mm宽幅不锈钢热连轧生产线被中国重型机械工业协会于2024年2月19日认定为"2023年重型机械世界之最科技成果"。溧阳德龙2680 mm宽幅不锈钢热连轧生产线于2023年10月轧出经固溶处理生产线酸洗的世界上最宽幅2400毫米不锈钢卷顺利下线，标志着德龙宽幅不锈钢产品具备量产能力。这些都彰显了中国在不锈钢生产设备制造与生产工艺领域的进步。

资料来源：佛山市金属材料行业协会（微信公众号）.2024-03-01.《溧阳德龙2680热连轧被认定为世界最宽规格不锈钢热连轧生产线》。

随着炉卷轧机技术不断发展，现代化炉卷轧机逐步应用于生产不锈钢。

热连轧机组主要包括粗轧、精轧、冷却卷取等装置，除此以外，还设置有除鳞、破磷、轧辊冷却、飞剪和带钢冷却等装置。

现代炉卷轧机全面引用了热连轧机的新技术，如采用连铸板坯、步进式加热炉、高压水除鳞技术、带立辊轧机的四辊可逆式粗轧机、保温罩、炉卷轧机后设置层流冷却系统、液压踏步控制的地下卷取机等。

5.3.3.1　粗轧机

粗轧机的配置主要有可逆式（非连续轧制）、半连续式（部分机架进行可逆轧制，其他机架进行连续轧制）和全连续式三大类（进行不可逆连续轧制）。无论是哪一类，粗轧机组都不是同时在几个机架上对板坯进行连续轧制的，因为粗轧阶段的轧件存在长度短、厚度大，从而难以实现连轧。因此，各粗轧机架之间的距离必须根据轧件走出前一机架以后再进入下一机架的原则来确定。另外，还需设置有立辊或立轧破鳞机（VSB）等宽度压下装置来调整板宽，成品的宽度主要取决于粗轧阶段。粗轧机前后还设置有除鳞装置以去除加热后板坯表面上的一次铁鳞和轧制过程中形成的二次铁鳞，除鳞方法以高压水喷射为主。

铁素体不锈钢热轧时的变形抗力比奥氏体不锈钢和马氏体不锈钢都低，因此对于铁素体不锈钢来说，轧制力一般不是问题，关键在于表面质量控制。

为了减少输送辊道上的温降以节约能耗，同时改善边部质量，生产中主要有 3 种方法来改善和补偿温降，分别是保温罩（保温炉）、边部加热器和热卷箱。

（1）保温罩。使用耐火陶瓷纤维作为绝热材料，这种材料受热时具有良好的保温效果。保温罩内部的一面覆盖有金属薄膜，受热时，金属膜迅速升温并成为发热体，通过热辐射将热量传递给钢坯。保温罩具有结构相对简单、成本低且效率高等优点。它可以有效提高板带末端的温度，使板带在整个长度上的温度分布更加均匀，从而减少温度差异导致的质量问题。

（2）边部加热器。主要用于改善板材轧制过程中横向边角部的温降问题，采用电磁感应加热法、煤气火焰加热法等在精轧机入口处对板坯边角部进行加热，改善带钢边部的质量，减少由于温度不均导致的变形或开裂等问题。

（3）热卷箱。在粗轧后、精轧前对板带进行热卷取，可以保存板带热量，减少温降。热卷取的板带首尾倒置开卷，以尾为头进入精轧，可以均匀板带的头尾温度，提高成品厚度精度。热卷箱还可以起储料、增大卷重、减少中间坯厚度和提高产量、质量的作用。但是，表面质量要求比较高的铁素体不锈钢一般很少采用热卷箱，因为板带热卷过程中可能发生表面划伤以及表面氧化物和基体粘结，既不利于开卷，又会恶化表面质量。

5.3.3.2　热连轧机

板坯经过粗轧之后，进入带钢热连轧生产线的核心设备：精轧机组（Hot Strip Finishing Mills，HSFMs），精轧机组通常设置成 6~8 机架的 4 辊或 6 辊轧机。通过精轧，进一步将带钢厚度减小到满足产品的厚度尺寸要求。

传统的连续式热轧带钢轧机已经历了显著的发展，其生产能力、产品质量和自动化水平均得到了极大提升。现代热连轧带钢轧机在自动化方面更是取得了显著的进步，通过引入和整合一系列先进的技术系统，如高速液压压下厚度自动控制系统（HAGC）、自动宽度控制系统（包括 AWC 和 SSC）、板形控制系统等，极大地提高了带钢的生产精度和质量。

现代热连轧带钢精轧机组的特点主要体现在以下几个方面。

（1）张力控制。精轧机组通过在前后轧机之间安装活套装置，实现了对轧制过程中带钢张力的有效控制。这种控制对于保证带钢的稳定性和质量至关重要。

（2）厚度控制。为了实现长度方向的厚度控制，精轧机组全部采用了高应答的交流马达和高速液压压下厚度自动控制技术（HAGC）。这种技术能够迅速而准确地调整轧制压力，从而确保带钢的厚度精度。

（3）宽度控制。粗轧机采用了液压压下传动的立辊轧机，并配备了预置 FF-AWC 和 FB-AWC 等宽度自动控制装置。这些装置可以根据需要精确地调整轧辊的间隙，从而实现对带钢宽度的精确控制。

（4）板形与辊形控制。为了更灵活地控制板形和辊形，轧机上安装了板形控制系统（APFC），配合 CVC 辊形、液压窜辊装置和液压弯辊装置。这些装置可以根据实际情况选择正弯辊或负弯辊，以实现对板形和辊形的精确调整。

（5）轧辊保护与冷却。为了减轻轧制过程中轧辊的磨损、保护轧辊表面和控制轧辊的热凸度，粗轧和精轧机上都设有轧辊水冷装置。通过适当调节冷却水的压力和水量，可以防止冷却水过大造成的温降，同时也防止轧辊冷却水流到带钢表面造成带钢温度不均和变形不均。

（6）终轧温度控制。精轧过程的终轧温度是保证带钢力学性能的一个重要参数。这一参数主要通过调节轧制速度来控制，同时各机架间的喷水装置也可以在一定程度上起到调节作用。通过精确控制终轧温度，可以确保带钢具有优异的力学性能和稳定性。

在钢铁联合企业中，不锈钢热轧带钢大都采用已有的热连轧机生产带钢。对于不锈钢生产，由于其热轧变形抗力比低碳钢高 2~3 倍（除铁素体不锈钢外），因此轧制不锈钢时，要将坯料进入精轧机的温度提高到 1100 ℃。为实现此目的，部分企业已将连续式或 3/4 轧机改造成半连续式轧机。图 5-4 所示为国内外几家著名不锈钢厂商的热连轧机组。

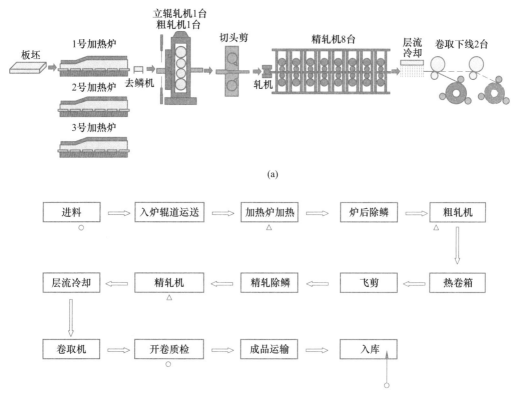

(a)

(b)

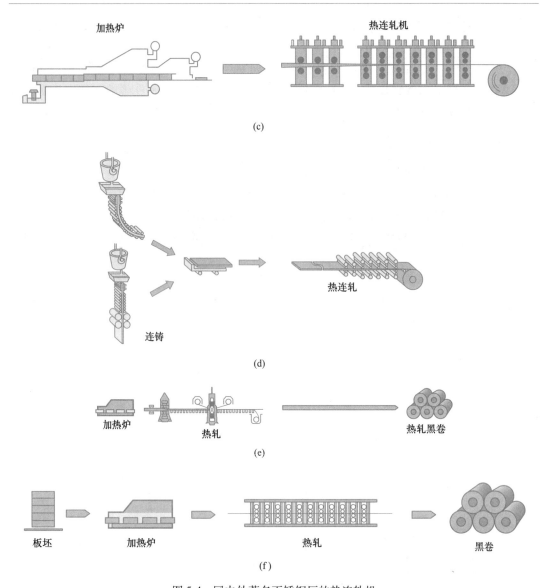

图 5-4　国内外著名不锈钢厂的热连轧机

（a）青拓集团不锈钢热轧卷板生产线流程；（b）溧阳德龙热连轧工艺流程

（c）日本 JFE 热连轧机组；（d）日本新日铁住金的热轧机组

（e）张家港浦项热轧机组；（f）韩国浦项热轧机组

△—生产过程工艺质量控制点；○—质检检查

5.3.3.3　炉卷轧机

A　炉卷轧机的类别

炉卷轧机按产品类型可分为：

（1）以生产不锈钢为主的带钢炉卷轧机；

（2）以生产碳素钢为主的带钢炉卷轧机；

（3）生产钢板和板卷的钢板炉卷轧机。

炉卷轧机按机架布置形式分类:

(1) 单机架带立辊的可逆式粗轧机和单机架带卷取炉的可逆式四辊精轧机;

(2) 双机架前后带卷取炉,中间设立辊串联布置的可逆式四辊精轧机组成的双机架炉卷轧机;

(3) 单机架带立辊,前后带卷取炉的可逆式四辊粗、精轧机。

B 炉卷轧机的结构

炉卷轧机最初的设计思想是用 1 架可逆式精轧机配置 2 个卷取炉来取代热连轧的精轧机组,轧机前后均设有保温炉(炉内温度一般为 800~1100 ℃),保温炉内安装有卷取带钢用的卷筒。热轧过程中,后方卷筒开卷送钢、前方卷筒卷取收钢,由于轧件在卷取炉中保持一定温度,带钢的边部能够得到较好的保温,轧后带钢的边部形状较好,故可在单机架上实现多道次的可逆轧制。此外,炉卷轧机还可以在较大范围内改变轧制道次,因此特别适用于一些加工温度范围窄、变形抗力较大、热塑性低的钢种,如不锈钢、高温合金钢、硅钢等,年产量一般小于 100 万吨。

20 世纪 80 年代以后,新建的炉卷轧机移植了现代热连轧机组的一系列成熟有效的新工艺、新设备、新技术,使传统的炉卷轧机在产品质量、厚度规格和成材率等方面都有了重大突破,基本上消除了第 1 代炉卷轧机的缺陷。由于炉卷轧机投资约为连轧机的 1/3,因此在生产成本上也具有很强的优势。

5.3.4 层流冷却

不锈钢热轧带钢经过高温轧制后,需要迅速而有效地进行冷却,以确保其达到所需的力学性能和微观结构。热轧带钢的冷却技术经历了多个发展阶段,包括喷射冷却、喷雾冷却、层流冷却、水幕冷却、水-气冷却以及直接淬火等,这些技术各有特点。在实际应用中,层流冷却技术因其多重优势而脱颖而出,成为当前热轧带钢生产线的核心设备。

层流冷却技术的核心在于利用层状水流对热轧钢板或带钢进行精确控制的在线冷却。数个层流集管被精心安装在精轧机出口辊道的上方,形成一个连续的冷却带。当热轧钢板经过这个区域时,层流集管释放出的层状水流会迅速而均匀地覆盖在钢板表面,实现高效的冷却效果。

层流冷却技术进一步细分为幕状层流冷却和管层流冷却两种冷却方式。幕状层流冷却是通过形成一道水幕来覆盖钢板表面冷却的,而管层流冷却是利用特定的水管排列和水流控制来实现钢板表面均匀冷却的。

层流冷却技术的优势在于:

(1) 能够处理多种不同类型和规格的热轧钢板,具有很高的产品处理范围;

(2) 通过精确的流量控制,层流冷却技术可以适应不同钢板对冷却速率的需求,从而实现灵活的工艺调整;

(3) 层流冷却技术能实现均匀冷却,避免流态破碎,防止带钢因冷却不均而产生的内应力和变形,确保冷却过程的稳定性和钢板表面的质量;

(4) 具备较高的冷却水回收率,减少了水资源的浪费,并降低了废水处理成本;

(5) 设备维护量相对较小,降低了生产线的维护成本和停机时间。

5.3.4.1　幕状层流冷却

幕状层流冷却是一种在热轧带钢生产中广泛应用的冷却技术，其核心是在精轧机出口辊道的上方设置一系列水幕集管，这些集管释放出的幕状层流水以线状形式直接落到带钢的上表面进行冷却。同时，为了确保带钢的下表面也能得到有效冷却，辊道的下方还会配置水幕或喷射喷嘴来进行下表面的冷却。

幕状层流冷却的优势主要表现在以下几个方面。

（1）宽度方向冷却均匀。由于幕状水流的特性，它能够确保带钢在宽度方向上得到均匀的冷却，避免了因冷却不均而产生的内应力和变形。

（2）冷却效率高。线状水流能够直接且高效地与带钢表面接触，迅速带走热量，提高冷却效率。

（3）设备结构简单。幕状层流冷却所需的集管数量相对较少，这使得整个设备结构更为简洁，降低了制造成本和维护难度。

（4）反应灵敏。当需要调整冷却参数时，反应速度更快，能够迅速适应生产需求。

（5）冷却线长度短。与传统的冷却方式相比，幕状层流冷却能够在较短的距离内实现有效的冷却，节省了生产线的空间。

然而，幕状层流冷却也存在一些局限性：

（1）纵向冷却均匀性不理想。尽管在宽度方向上冷却均匀性较好，但在带钢的纵向方向上，冷却均匀性受冷却位置和水幕冲击点位置的影响较大。当轧线宽度较大时，水幕的效果可能会减弱，导致纵向冷却均匀性下降。

（2）应用限制。由于上述纵向冷却均匀性的问题，幕状层流冷却在处理较宽的带钢时可能会受到限制，这在一定程度上制约了其应用范围的扩大。

5.3.4.2　管层流冷却

管层流冷却作为一种早期应用于带钢加速冷却的技术，其基本原理是通过在精轧机出口辊道的上方安装数根 U 形管，下方则安装一定数量的直喷管，这些上下集管共同组成一条冷却带。当带钢通过冷却带时，喷射出的层状水流会对其进行加速冷却。尽管柱状或管状的层流水速度并不快，但由于其质量大，因此具有较大的动量，足以击破钢板和冷却水之间形成的汽膜，从而实现高效的热交换。管层流冷却的优势在于其水流量的可控性强，这意味着冷却能力可以根据需要进行精确调整。此外，由于 U 形管和直喷管的特殊设计，带钢在横纵向上的冷却都相对均匀，这有助于避免冷却不均导致的内应力和变形。为了提高冷却效果，轧线冷却区的两侧还会设置一定数量的侧喷装置。这些侧喷装置的主要作用是及时除去带钢表面残留的冷却水，确保层流冷却能够达到最佳效果。随着技术的不断进步，管层流冷却因其高效率和均匀性在热轧带钢生产中得到了越来越广泛的应用。

为了增强冷却能力，冶金工作者们提出了常规层流冷却段和加强型层流冷却段联合使用的方案。即沿轧线方向，设置常规层流冷却段、加强型层流冷却段和精调冷却段，加强型层流冷却的水流量是常规冷却水量的 1.5~2 倍。这种工艺能够根据钢种的具体要求，实现冷却过程的精细控制，如分段冷却、调速冷却等，以满足生产工艺需要。

精轧机高速轧出的带钢经过层流冷却后，在短短几秒钟内冷却到卷取温度，然后进行卷取及后续加工。卷取机由夹送辊、侧导板、主卷筒和助卷辊等组成，在精确的条件下将钢带卷取成卷。

5.4 不锈钢热轧新技术

目前，不锈钢热轧工艺技术取得的主要进展包括：

（1）薄带铸轧技术；

（2）无头和半无头轧制技术；

（3）超高精度厚度自动控制技术（Automatic Gauge Control，AGC）；

（4）高精度板凸度和板形控制的技术；

（5）热装与直接轧制技术；

（6）高效冷却控制技术。

5.4.1 薄带铸轧技术

薄带铸轧技术通过直接将钢水浇注到侧封挡板与旋转的结晶辊组成的结晶器中，直接生产出 1~4 mm 厚的热带卷，如图 5-5 所示。与传统板带生产方法相比，薄带铸轧技术省掉了传统的板坯加热和热轧过程，因此能够节约能耗并大幅提高生产效率。目前，该技术已成功用于生产普碳钢和奥氏体不锈钢，研究者们正在不断探索和改进薄带铸轧技术，以期能够拓宽其应用范围，包括生产更多类型的不锈钢和其他合金材料。

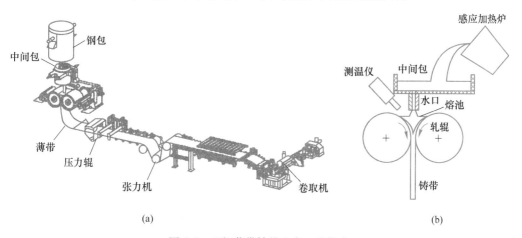

(a)   (b)

图 5-5 双辊薄带铸轧生产工艺技术

（a）流程；（b）原理

5.4.2 无头轧制技术

在传统的轧制过程中，单块中间坯的使用导致了穿带、加速轧制、减速轧制、抛钢、甩尾等一系列复杂的操作，这些操作不仅影响了产品的尺寸公差和力学性能，还可能导致板形不良等问题。这些问题在传统的轧制工艺技术上很难得到根本解决。

热轧带无头轧制新技术的出现，为这些问题提供了有效的解决方案。该技术将薄板坯高拉速铸机与热轧产线直接相连，实现了连铸后铸坯的连续生产，无须进行分切。钢水通过中间包进入连铸机结晶器，经过连续铸轧液芯压下及动态轻压下制成铸坯。随后，铸坯由粗轧机轧制成无头中间坯，最后在卷取前由高速飞剪按要求进行分切卷取。这种连续生产的方式，不仅提高了生产效率，还有助于优化产品的尺寸公差和力学性能，改善板形质量。

无头轧制技术是不锈钢生产技术的一次重大飞跃式发展，实现了缩短工艺流程、部分"以热代冷"、降低成本、提高性能，同时满足节能减排和绿色化制造的发展方向，大幅提高了生产率和成材率，实现经济效益和社会效益的双丰收。

5.4.3　热装与直接轧制技术

连铸坯热装和直接轧制是 20 世纪 80 年代初已在工业上应用的新技术。

5.4.3.1　技术原理

热装是指把热状态下的铸坯直接送到轧钢厂装入加热炉，经加热后轧制。直接轧制是把高温无缺陷的铸坯稍经补偿加热直接轧制的工艺。直接轧制、热装与传统工艺流程的比较，如图 5-6 所示。

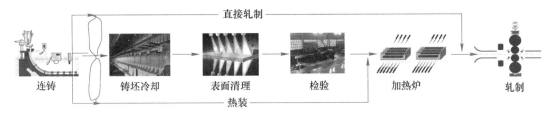

图 5-6　热装和直接轧制与传统工艺流程比较

（1）热装轧制是将连铸坯或初轧坯在热状态下装入加热炉，经加热后轧制的工艺过程。热装温度越高，则节能越多。热装轧制对于板坯的温度要求不如直接轧制严格。

（2）直接轧制则是板坯在连铸后，不再进入加热炉加热而只略经边部补偿加热后，直接送入轧机进行轧制的工艺过程，如图 5-7 所示。

根据连铸机向轧钢机供坯时，铸坯温度和工艺流程的不同，又将热装直轧工艺分为三种。

（1）连铸-直轧工艺（CC-DR）。温度在 1100 ℃ 以上的铸坯，不进入加热炉加热，只对铸坯边角部进行补偿加热后即进入轧机轧制。铸坯金相组织无 $\gamma \rightarrow \alpha \rightarrow \gamma$ 的相变再结晶过程，仍保留粗大的奥氏体晶粒，钒、铌等微量元素也没有冷装铸坯在炉加热的析出、再溶解过程，轧制时需考虑细化晶粒，从节能角度考虑这一技术具有最好的经济效益，但该技术对铸坯质量、铸坯温度、设备可靠性和生产调度管理等方面有着很严苛的要求。

（2）连铸坯热装直接轧制（CC-DHCR）工艺。将温度尚未降到 A3 线（奥氏体和铁素体共存温度线）以下，其金相组织未发生 $\gamma \rightarrow \alpha$ 相变的连铸坯直接送入加热炉，从 700～1000 ℃ 加热到轧制温度后轧制。这种工艺也称为热送热装。

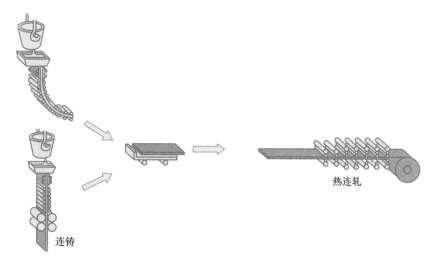

图 5-7 直接轧制技术工艺流程

（3）连铸坯热装轧制（CC-HCR）工艺。将温度已降到 A3 线以下、400 ℃以上，金相组织处于 γ+α 两相状态下或已完成了珠光体转变的连铸坯，装入加热炉加热后轧制。

5.4.3.2 发展历程

自 1968 年麦克劳斯公司首次将红热铸坯送入感应加热炉加热以来，热装工艺在钢铁生产中的应用逐渐得到了广泛推广和发展。20 世纪 70 年代，两次石油危机的影响促使日本开始重视热送热装工艺的研发，多个钢铁公司纷纷投入研发和实践。其中，日本钢管公司京滨钢厂于 1973 年率先尝试了铸坯热装轧制技术，为热装工艺的发展奠定了基础。到了 20 世纪 80 年代，热装工艺的应用进入了高峰期。1981 年，新日铁实现了近程连铸直轧工艺的技术应用，使得热装工艺在生产中的比重不断上升。1985 年，该厂的直接轧制工艺生产铸坯数占总连铸生产量的比重已经达到 90%以上。同时，远程连铸直轧技术也得到了投产应用，进一步推动了热装工艺的发展。除了日本，其他国家的钢铁公司也开始尝试采用铸坯热装工艺。1980 年，德国克勒克纳钢公司不莱梅冶金厂开始尝试采用铸坯热装工艺，至 1987 年该厂的热装率达到了 60%~80%。在美国，LTV 钢公司克利夫兰厂于 1984 年底开始采用铸坯直接轧制技术，至 1994 年该厂的热装率达到了 83.9%。此外，韩国、法国、加拿大、意大利和奥地利等国的钢铁公司也相继研发并逐渐将热送热装工艺投入生产。这些钢铁公司通过不断研发和实践，逐渐提高了热装工艺的效率和稳定性，使得热装工艺在钢铁生产中的应用越来越广泛。

5.4.3.3 技术优势

与传统工艺相比，连铸坯热装和直接轧制工艺有许多优点。

（1）节能降耗。热装和直接轧制工艺能够利用连铸坯的物理热，显著减少能源消耗。与冷装相比，热装可减少约 1/3 的能耗，而直接轧制工艺则能节省高达 5/6 的能量。这意味着在生产过程中，企业能够大大减少燃料消耗，降低生产成本，并对环境产生更小的负担。

（2）提高成材率。由于热装缩短了铸坯在加热炉内的加热时间，减少了铁的烧损，因此成材率得到了提高，增幅为 0.5% ~ 1.5%。这意味着企业能够从每吨钢铁生产中获取更多的合格产品，进一步提高了生产效率和经济效益。

（3）简化工艺流程和缩短生产周期。热装和直接轧制工艺显著简化了钢铁生产的工艺流程。传统的冷装工艺从炼钢到轧材的生产周期约为 30 h，而热装仅需约 10 h，直接轧制工艺更是将这一周期缩短至仅 2 h。这种生产周期的缩短意味着企业能够更快地生产出产品，更快地满足市场需求，从而提高市场响应速度和竞争力。

（4）提高产品质量。由于热装或直接轧制必须采用无缺陷铸坯，并且加热时间缩短，氧化铁皮减少，这使得钢材的表面质量优于常规工艺生产的产品。高质量的产品能够提升企业的品牌形象，满足更高端市场的需求，从而带来更高的经济回报。

（5）节省厂房面积和劳动力。热装和直接轧制工艺取消了铸坯精整环节，减少了铸坯库存所需的厂房面积。同时，由于生产工序的减少，企业能够降低生产费用，节省劳动力，并提高生产效率。这意味着企业能够在更小的空间内实现更高的产出，同时减少人力成本，进一步提高整体盈利能力。

使用以上技术的前提条件为：铸坯温度高；不能依靠人工直接检验出铸坯质量，必须要求连铸机生产出无缺陷的铸坯，进而保证轧制产品的质量。相对来说，热装对板坯的温度要求不如直接轧制严格。

【知识拓展】

溧阳德龙世界之"最"不锈钢产线顺利投产

江苏德龙集团的溧阳德龙金属科技有限公司在 2022 年 4 月 12 日迎来了其 2680 mm 热连轧项目的重要里程碑，随着第一卷 Q235B 产品的成功下线，标志着这一全球单体产量最大、产品宽幅最广的不锈钢生产线正式投产。

该项目总投资达 176 亿元，涵盖了年产 600 万吨的 2680 热轧卷板生产线、年产 300 万吨不锈钢钢坯冶炼生产线以及年产 100 万吨不锈钢平板和 3500 mm 中厚板炉卷生产线。项目全面达产后，预计将实现超 1000 亿元的终端销售收入和超过 15 亿元的税收。

溧阳德龙的 2680 mm 高端不锈钢热连轧生产线，以其全球最大宽幅不锈钢热连轧带钢生产线的地位，配备了 1 套粗轧机、7 套精轧机、热卷箱和 3 套卷取机等先进设备，机械设备总工程量超过 21500 t。主要生产高端不锈钢产品，包括可替代进口的 316L、321（Ni-Cr-Ti）和双相钢等，满足核工业、化工、海洋工业等领域的用钢需求。

项目以高、精、尖产品定位，采用先进的工艺设备，注重节能环保的生产过程，并确保主要产品的优良质量，市场前景广阔。依托德龙镍业的整体优势和溧阳区位优势，溧阳德龙致力于建设一个全球单体最大的花园式智能化高端不锈钢制造企业。

溧阳德龙项目的快速推进体现了中国速度和实干精神，从 2020 年 12 月 16 日的签约和打桩，到 2021 年 8 月 12 日的设备安装，再到 2022 年 1 月 17 日 1 号加热炉的成功点火，每一步都展现了项目的高效和专业。特别是加热炉的筑炉施工仅用 33 天，创下了产量最大、最宽的世界纪录。

溧阳德龙 2680 mm 热连轧项目的成功，不仅代表了中国在不锈钢制造领域的技术进步，也展示了江苏德龙集团在全球高端不锈钢制造中的领导地位。

资料来源：江苏省钢铁行业协会. 世界最大最宽！德龙 2680 mm 不锈钢热连轧生产线投产［EB］. 江苏省钢铁行业协会网站，2022-04-18。

【模块重要知识点归纳】

1. 轧钢的定义

靠旋转的轧辊与轧件之间形成的摩擦力，将轧件（钢坯、钢锭等）拖进辊缝之间，并使之受到压缩产生塑性变形的过程。轧制过程除使轧件获得一定形状和尺寸外（钢管、钢板、带钢、线材以及各种型钢等），同时还使组织和性能得到一定程度地改善。

2. 热轧的定义

在金属的再结晶温度以上进行的轧制。简单来说，从连铸工艺产出的钢坯在加热炉中加热升温到再结晶温度以上，然后经过若干道轧制最终成为带钢的过程。

3. 热轧的特点

热轧的优点主要在于：

（1）降低生产能耗与成本；

（2）改善金属和合金的加工性能；

（3）提高生产效率，为提高轧制速度、实现轧制过程的连续化和自动化创造有利条件。

热轧的缺点主要在于：

（1）热轧后，钢中的非金属夹杂物被压成薄片，恶化了钢在厚度方向上的拉伸性能，当焊缝收缩时，还会造成层间撕裂的风险；

（2）冷却不均匀引起的残余应力；

（3）难以非常精确地控制产品所需的机械性能；

（4）热轧产品厚度控制困难，控制精度较差，表面粗糙度比冷轧表面粗糙度高。

4. 不锈钢热轧工艺流程

不锈钢热轧生产工艺流程主要包括：板坯准备、加热、除鳞、粗轧、精轧/炉卷轧机、冷却与卷取等工序。

（1）板坯准备：不锈钢热轧用的坯料大多是连铸坯和初轧坯，现代基本广泛采用连铸坯。板坯厚度一般为 150~300 mm，多数为 200~250 mm。热轧前的坯料都需要经过认真地研磨、清理，尤其是含钛的铁素体不锈钢必须经过全面修磨。

（2）加热：加热炉按照加热方式的不同可以分为周期式加热炉和连续式加热炉。

（3）轧制：热连轧机组一般由粗轧、精轧、冷却卷取等组成，除了轧机和卷取机外还设置有除鳞装置、轧辊冷却装置、飞剪和带钢冷却装置等。

（4）层流冷却：层流冷却技术是采用层状水流对热轧钢板或带钢进行在线控制冷却工艺，将数个层流集管安装在精轧机出口辊道的上方，组成一条冷却带，对经过的热轧钢板进行在线加速冷却。层流冷却技术分为幕状层流冷却和管层流冷却两种。

思考题

5-1　简述金属塑性变形的定义和分类。

5-2　根据用途及加工工艺，轧钢可以分为哪几类？其各自的作用是什么？

5-3　简述热轧的作用与特点。

5-4　不锈钢热轧生产工艺流程主要包括哪些步骤？

5-5　步进式加热炉在不锈钢热轧生产中的优势是什么？

5-6　简述幕状层流冷却和管层流冷却各自的特点。

模块 6　不锈钢冷轧工艺

不锈钢冷轧工艺

【模块背景】

　　为什么市场上的大部分不锈钢产品需要进行冷轧处理？冷轧除了能让不锈钢产品表面更加光滑、漂亮以外，还有什么功能？冷轧产品的性能是不是一定比热轧产品更好？生产中常见的冷轧机组有哪些？200系、300系和400系不锈钢产品的冷轧工艺有什么区别？影响不锈钢冷轧生产技术指标的因素有哪些？我国在不锈钢冷轧方面取得了哪些进展？通过本模块的学习，大家将会对不锈钢冷轧工艺建立基本认识，以助于后续开展对不锈钢冷轧工艺的实际操作以及计算、分析、设计和研究。

【学习目标】

知识目标	1. 掌握不锈钢冷轧的原理、目的与特点； 2. 掌握不锈钢冷轧的工艺流程，了解常规冷轧机组、森吉米尔二十辊冷连轧机、Z-High 型冷连轧机的特点； 3. 掌握不同类型钢种和表面等级产品在冷轧时的区别； 4. 了解不锈钢冷轧工艺对来料质量、轧辊辊型和操作工艺的要求； 5. 了解不锈钢冷轧的环保降碳技术和特色产品。
技能目标	1. 能绘制不锈钢冷轧工艺流程图； 2. 能分析不同类型钢种和表面等级产品的冷轧特点； 3. 能判断来料、轧辊和操作工艺是否符合不锈钢冷轧的要求； 4. 能运用专业知识和技能，举一反三，分析、解决生活生产中的实际问题。
价值目标	1. 学习大国工匠的奋斗事迹，弘扬探索创新、精益求精、坚持不懈的劳动精神与工匠精神； 2. 培养为了团队、班级、学校、行业以及国家的整体目标，不计个人得失、敢为人先、勇挑重担的奉献精神； 3. 加深学生对冶金学科与国运兴衰之间的了解，培养专业好奇、专业热爱、专业信心与专业恒心，形成坚定的职业意愿与信念； 4. 引导学生认识凡事均要把握"度"的处事理念，辩证地看待错与对、利与害、得与失的科学思维； 5. 培养学生严谨的工作作风和责任心，树立安全第一、遵循规范的职业准则，遵纪守法的法治意识。

【课程思政】

宝武太钢的"大牛"

　　在宝武太钢集团有个"大牛"人。说他是"大牛"，还真不是瞎吹，您看看他拥有的这些荣誉——先后担任党的十八大、十九大、二十大代表，还获得全国"五·一"劳动奖章、全国技术能手、太钢十大杰出青年、太钢特级劳模、太原市"五·一"劳动奖章获得者、太原市特级劳模、山西省特级劳模、山西省"全省优秀共产党员"等荣誉称号；2021年6月，被授予山西省"全省优秀共产党员"荣誉称号，2021年6月还通过全国钢铁行业技能大赛获奖被人力资源和社会保障部授予"全国技术能手"称号，2022年12月入选第二批中央企业"大国工匠"培养支持计划名单，2024年第二季度"中国好人榜"敬业奉献好人。他所带班组还荣获全国"五·一"劳动奖章。

要说牛国栋身那股子"牛"劲，在于他凡事都不想"差不多"，要做就要做到最好！为此，牛国栋不负青春时光，工作中不耻下问，一遍遍向老师傅们请教；理论结合实践，刻苦"啃"下一本又一本专业图书。下班后，还在工作现场揣摩设备与操作，时常就是两三个小时……不到一年，牛国栋就成了班组的技术能手，在太钢集团技术比武中连续两届获得冠军，这就是"功夫不负有心人"。

当太钢引进了世界上规模最大的宽幅 BA 板生产线（高端不锈钢冷轧加工的生产线）时，由于当时自主核心技术有差距，以致起初操作时问题不断。关键时刻，牛国栋主动站出来担任了宽幅轧机大班长，勇敢挑战难题，对设备进行调试。由于其技术扎实，用时不到一个月，牛国栋带领团队攻克技术难关，实现一次轧钢成功，创造了单机架轧机调试时间最短、投产最早、产品质量起点最高纪录。

宝武太钢集团重视高技能人才培养，2011年太钢成立了"牛国栋创新工作室"。依托此平台，牛班长带领团队不断总结经验，发表《冷轧中关于悠卷的新解与思考》论文，解决了轧钢断带问题；他还提出了"控制悠卷断带五步法"个人操作法、"优化12号轧机轧制工艺，提高 BA 板命中率项目""焊缝连续通过五机架连轧机一减二抬三调整"操作法等，推广不锈钢冷轧板生产操作法25项，完成创新项目151项，累计创效上亿元。

作为全国技术能手与"牛国栋创新工作室"负责人，他履行传帮带责任，为企业培养出5名高级技师、22名技师和50名高级轧钢工，"牛国栋创新工作室"先后被评为国家、省、市劳模创新工作室。

牛国栋团队的座右铭："创新就是每天进步一点点，每天改变一点点。"正是这样一群怀揣匠心的领跑者，挑战一个个"不可能"，让民族工业插上腾飞的翅膀。

资料来源：张毅，韩诺楠.【二十大代表风采】把一个个"不可能"变成"能"——记中国宝武太钢集团不锈钢冷轧厂冷连轧作业区班长牛国栋.《山西日报》.2022年10月8日。

6.1　不锈钢冷轧的原理、目的与特点

6.1.1　冷轧的原理

目前，不锈钢冷轧带钢已成为市场消费的主要产品形式，据统计，约70%的不锈钢被加工为冷轧带钢投向市场。不锈钢冷轧带钢具有强度高、加工硬化快、品种规格多等优点，但对表面质量的要求十分苛刻，且生产加工工艺复杂、难度大。

冷轧（Cold Rolling, CR）是在常温下，以热轧后的带钢为原料，经退火酸洗去除氧

化皮后进行轧制。未经退火处理得到的冷轧后成品称为轧硬卷，由于连续冷变形引起的冷作硬化使轧硬卷的强度、硬度上升，韧性塑性下降，因此冲压性能将恶化，且机械加工性能较差，轧硬卷必须经过退火处理才能恢复其机械性能。轧硬卷一般是用来做无需折弯、拉伸的产品。简单来说，冷轧，是在热轧的基础上进行的加工轧制工艺。一般来讲，冷轧与其上下游的工艺是"热轧→退火酸洗→冷轧→退火酸洗"这样的加工过程。

6.1.2 冷轧的目的

冷轧要实现以下几个目的。

(1) 提升厚度精度：热轧处理的不锈钢带钢，虽然热塑性良好，但其厚度精度通常为 0.03~0.06 mm，这一精度在许多领域，特别是冲压行业是不够的。过大的厚度波动会对模具产生不利影响，甚至导致模具损坏。不锈钢冷轧采用多辊轧机，借助其强大的机架刚度和辊缝抗变形能力，能够显著提高厚度精度，满足更多行业的需求。

(2) 改善板形质量：热轧带钢的板形往往难以达到用户要求，而冷轧技术则能够有效改善板形，为后续的酸洗退火、平整、矫直等工艺提供良好的基础，使带钢的平直度满足用户的最终需求。

(3) 为调整组织结构奠定基础：轧制过程可使得带钢的晶粒破碎变得细长，形成纤维状组织。这种组织结构在后续的退火过程中可以得到恢复和再结晶，从而便于通过退火工艺来控制带钢的晶粒度和金相组织，达到所需的力学性能。

(4) 精细化调整带钢表面粗糙度：经过退火酸洗后的不锈钢黑皮卷，其表面粗糙度通常为 2.5~5.0 μm。通过冷轧技术可以进一步细化这一过程，利用轧辊和工艺润滑的精准控制，可将带钢的表面粗糙度进一步降低至 0.5 μm，从而生产出各种光泽度的带钢表面。

(5) 获得所需要的硬度：在某些特定应用领域如电子行业，广泛使用轧硬态的不锈钢产品，对带钢的硬度有着不同的要求，通过常规平整是无法实现的。因此对于这些行业和产品，轧制还起到了调整带钢硬度的作用。

6.1.3 冷轧的特点

冷轧工艺具有以下优缺点。

(1) 冷轧的优点主要在于：1) 冷轧钢板的表面质量、外观、尺寸精度均优于热轧板；2) 冷轧可以使钢材产生很大的塑性变形，从而提高了钢材的屈服点；3) 冷轧可以将不锈钢加工成 2B、BA、2D、HL、No.4、2F 等不同用途的表面。

(2) 冷轧的缺点主要在于：1) 易产生加工硬化，导致轧制压力增大、轧制道次增加、塑性变形终止甚至断裂，不同不锈钢钢种的轧制薄化变形率受限，为 50%~90%，因此，后续必须退火；2) 冷轧型钢样式一般为开口截面，使得截面的自由扭转刚度较低。在受弯曲时容易出现扭转，在受压时容易出现弯扭屈曲，这意味着与热轧型钢相比，冷轧型钢的抗扭性能较差；3) 冷轧型钢的壁厚较小，在板件衔接的转角处往往没有额外的加厚处理，使其在承受局部性集中荷载时表现较弱；4) 虽然冷轧成型过程中没有进行热态塑性压缩处理，但截面内仍然存在残余应力，必然会对钢材的整体和局部屈曲特性造成影响。

6.2　不锈钢冷轧的工艺流程与设备

6.2.1　工艺流程

不锈钢冷轧工艺流程为：热轧钢卷准备→热卷退火酸洗→钢卷研磨→冷轧→冷轧带钢退火酸洗→调质轧制→精加工研磨→精整，10Cr17（430 系）不锈钢冷轧生产工艺流程，如图 6-1 所示。经酸洗后的原料表面若有缺陷或对成品表面要求极高时，不能直接轧制，需要对原料进行修磨后才能轧制。轧制一般能在一个轧程内完成，当需要两个或两个以上轧程时，必须经过中间软化退火。

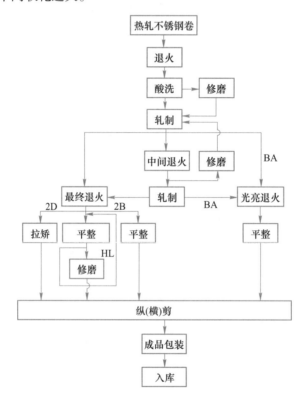

图 6-1　430 不锈钢冷轧工艺流程

6.2.2　主要设备

（1）原料退火酸洗设备。原料退火酸洗线又称热线，主要包括退火和酸洗两个功能，主要设备组成有开卷机、焊机、活套、退火炉、冷却段、破鳞机、抛丸机、酸洗部分、卷取机。根据不同的需要，部分原料酸洗线还会配备轧制、平整、切边等功能设备。

（2）轧机设备。一般而言，不锈钢冷轧工艺中用来生产不锈钢的冷轧机主要是二十辊轧机。因其具有良好的刚度，在生产不锈钢过程中有广泛的应用。多采用热轧厚度为3.0~5.5 mm 的不锈钢热轧产品，经过冷轧设备的压延加工之后，生产成品不锈钢冷轧产品。

（3）成品退火酸洗设备。成品退火酸洗主要是使经冷轧后的不锈钢通过退火软化，得到要求的性能，并通过酸洗消除退火过程中生成的氧化皮等杂质，从而改善带钢的表面质量。目前，世界上成熟的炉型有周期式退火炉和连续式退火炉。

（4）精整设备。精整是使冷轧板带钢成为交货状态产品的工艺过程，其目的是保证产品的实物要求和质量。精整包括平整、纵切、横切、拉矫等工序。有时根据用户要求还要进行修磨，获得磨砂板、发纹板等。带钢平整主要是改善板形，确保钢板的平直度符合用户要求。对于某些特定的钢种，平整经过一定的延伸能够改善带钢的力学性能。此外，带钢平整还可以按用户需要确保带钢表面光洁度或一定的粗糙度。

不锈钢冷轧工艺的全流程产线，如图 6-2 所示。通常来讲，热轧带钢需经过罩式炉（BAF）、热卷退火酸洗机组（HAPL）、多辊可逆轧机（CRM）或冷连轧机（TCM）、粗磨机组（CGL）、冷卷退火酸洗机组（CAPL）或光亮退火机组（BAL）、研磨机组（CGL）、平整机（SPM）及（或）拉矫机组（TLL）或纵切（STL）或重卷（RCL）或横切（CTL）8 个以上的专业化机组完成全部生产流程。

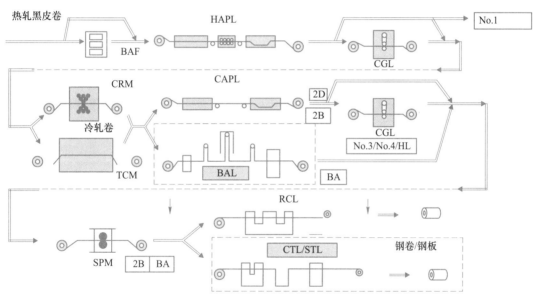

图 6-2　不锈钢冷轧工艺全流程产线

6.2.3　常规冷轧机组

轧机按轧辊辊系结构可分为二辊式、四辊式和多辊式。

（1）二辊式冷轧机是早期出现的结构形式最简单的冷轧机。二辊式轧机辊径大，咬入性能好，轧制过程稳定，但轧机刚度较小，轧制产品厚度大、精度差，难以保证高质量的轧制。目前，这种轧机只用于轧制较厚的带钢或作平整机用。

（2）四辊式冷轧机一般多采用工作辊传动，其工作辊和支撑辊直径之比约为 1∶3，机架具有较大的刚度，是一种多用途的典型冷轧机。

（3）多辊轧机是指一个机架内轧辊数多于 4 个的轧机，早期是六辊式和十二辊式的，现在普遍使用二十辊轧机。多辊轧机的辊系结构使得轧机刚性很大、工作辊挠度很小。工作辊是由弹性模量很大的材质制成的，能承受很大的轧制压力，加上较完善的辊形调节系统，所以多辊轧机可以轧制极薄带钢和变形困难的硅钢、不锈钢以及高强度的铬镍合金材料。

冷轧带钢生产工艺经历了从单张到成卷生产的变革，由可逆式轧制到全连续轧制的发展。现代冷轧机的装备水平趋向高效率、高质量、连续化及自动化。

可逆轧制是带钢在机架上往复地进行多道次的轧制，这样每个道次都要启动、加减速、停车和换向。因此，可逆轧机限制了轧制速度和生产能力的提高，且在带钢头尾部的加减速段厚度偏差增大是不可避免的，导致产品质量难以提高。

串联式布置的连轧机适应了生产能力和产品质量不断提高的需要，连轧时带钢顺序通过机架，一次就完成了压下变形，是一种高效率生产的冷轧机。全连续轧机有以下三种形式。

（1）单一全连续轧机，也称无头轧制（Endless Rolling），是将热轧带卷头尾焊接，从而实现不间断轧制。与传统的可逆轧机相比，单一全连续轧机生产能力提高了 30%~40%，连续冷轧机不需频繁穿带、甩尾，因此避免了工作辊表面损伤，提高带钢表面质量，减小冲击，使轧制平稳；同时，提高成材率。

（2）联合式全连续轧机。单一全连续轧机再与其他生产工序联合，称为联合式全连续轧机。常见的有酸洗冷轧联合机组、冷轧退火联合机组等。采用联合式全连续轧机的优势在于：减少设备和主厂房面积，降低投资；进一步提高成材率；由于轧制速度比常规轧机低，主电机功率相应可减少 30% 左右，电气设备功率和能耗降低；工序设备减少，自动化程度提高，减少人工操作。

（3）全联合式全连续轧机。单一全连轧机与上游的连续酸洗机组以及下游的连续退火机组（包括清洗、退火、冷却、平整、检查工序）联合工作，称为全联合式全连续轧机。采用全联合式全连续轧机的特点在于：传统板带生产技术从不锈钢黑卷酸洗到最终成品，通常需 12 d，而采用全联合式全连续轧机只需 20 min 左右，大幅缩短生产周期。但需要注意的是，全联合式全连续轧机对设备维护要求非常高。

在常规的冷轧机组中，虽然理论上既可以轧制普通碳钢也可以轧制不锈钢，但实际情况是，当机组的设计主要侧重于轧制普通碳钢时，混合轧制这两种材料会带来一系列的问题和挑战。主要在于不锈钢和普通碳钢在轧制要求上存在显著的差异，如表面质量、冷却润滑、机架变形量、垫纸和套筒使用等，生产中很难做到两者平衡兼顾。更重要的是，为了满足产量大的普通碳钢生产，不锈钢的生产可能会受到很大的限制。这可能导致生产效率降低，成本增加，甚至可能影响到不锈钢产品的质量。

06Cr13Al、022Cr11Ti、10Cr17、022Cr18NbTi 等 400 系列钢种的加工硬化程度相对较低，通常可以用常规的四辊或六辊冷连轧机进行轧制。轧制时，最大压下率可达到 85%。然而，对于加工硬化程度较高的如 06Cr19Ni10、022Cr19Ni10、06Cr17Ni12Mo2 等 300 系列不锈钢，轧制过程相对复杂和具有挑战性，为了应对加工硬化带来的问题，通常采用乳化液进行辊系润滑和冷却。尽管如此，由于轧机机架和轧制道次数的限制，且工作辊直径较大，导致轧制出的产品表面质量与单机架轧机相比，有一定差距。因此，通常用于生产一些对表面质量要求不是很高的产品。

6.2.4　森吉米尔二十辊冷连轧机

不锈钢冷轧最初是在二辊和四辊轧机上进行的。随着科学技术和自动化水平的发展，原有的轧机已经不能满足生产厚度更薄、强度更高的不锈钢的要求。这是由于四辊轧机的轧辊直径较大，轧制时轧辊自身产生的弹性压扁值通常会超过所要轧制的带钢厚度。当轧辊材质一定时，要减小轧辊的弹性压扁值，就必须降低辊径，而轧辊的辊径越小，相应又会带来轧辊横向刚度不足的问题。为了解决这一对矛盾，在四、六辊轧机的基础上，冶金工作者们不断创新，逐渐开发出了直径小、刚度好的十二辊、十八辊、二十辊、三十辊等一系列新型多辊轧机。

不锈钢，尤其是奥氏体不锈钢，属于加工硬化倾向较大的金属材料，必须使用高精度、高效率和高刚度的多辊轧机。单机架多辊轧机具有辊径小、单道次变形量大的特点，非常适合高质量、小批量、多品种的不锈钢轧制。目前，世界上冷轧不锈钢主要采用二十辊或十二辊轧机，其中森吉米尔（Sendzimir）二十辊轧机为主力机型，最具有代表性，使用也最为成熟稳定，世界上90%以上的冷轧不锈钢均是由森吉米尔轧机轧制的。目前，森吉米尔轧机发展较快，向着大型化、高速化发展。

森吉米尔二十辊轧机示意图，如图6-3所示，由开卷机、卷取机、两组轧制油擦拭器、轧机本体（辊系）、测厚仪等组成，通常轧机两侧的设备呈对称布置，有的轧机根据设计和选型不同，部分设备存在差异，如取消开卷机等。

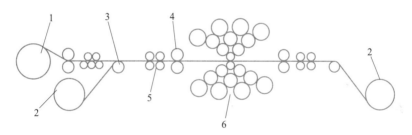

图6-3　森吉米尔二十辊轧机

1—开卷机；2—卷取机；3—板形辊；4—二辊擦拭器；5—四辊擦拭器；6—本体辊系

森吉米尔二十辊轧机在性能上有如下特点：

（1）整体铸造的机架刚度大、轧制力呈放射状作用在机架的各个断面上；

（2）轧机本体呈塔形分布，工作辊通过第一、第二中间辊和支撑辊作用在机架上，轧辊宽度方向上的挠曲变形很小，可以使用小直径的工作辊，实现高强度带钢的大压下；

（3）具有轴向、径向辊形调整、轧辊直径补偿、轧制线调整等装置，并采用液压压下及液压 AGC 系统，产品板形工整、尺寸精度高；

（4）采用润滑油，轧制的带钢表面质量好；

（5）设备质量轻，基建投资少。

森吉米尔轧机的20支轧辊分上、下各10支进行布置，10支轧辊又按照1-2-3-4结构呈塔形布置，典型的森吉米尔二十辊冷轧机辊系布置，如图6-4所示。

森吉米尔二十辊冷轧机，其核心部件之一是轧辊轴承，作为支撑轧辊旋转并承受旋转轧辊传递载荷的关键部件，其性能直接关系到整个轧机的运行质量和生产效率。冷轧机轧

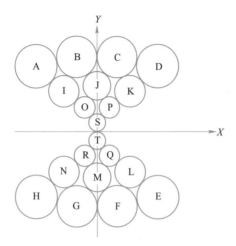

图 6-4　森吉米尔二十辊轧机辊系布置

A~H—支撑辊；I~N—第二中间辊；O~R—第一中间辊；S，T—工作辊

辊主要采用滚动轴承，滚动轴承基于滚动摩擦原理工作，与传统的滑动摩擦相比，具有摩擦阻力小、易于启动、提速快、结构紧凑等优势，被广泛应用于轧机工作辊止推、第一中间辊轴承座、第二中间辊轴承座、支撑辊、擦拭器等。滚动轴承的正确安装是确保轧机功能和寿命的关键，在安装过程中，必须根据不同的情况选择正确的装配方法。错误的安装方法不仅可能导致轧机运转不正常，还可能严重缩短轴承和设备的使用寿命。因此，对于机械结构的安装人员来说，掌握滚动轴承的正确安装方法至关重要。

6.2.5　Z-High 型冷连轧机

随着轧制技术的不断发展，新型 Z-High 型冷连轧机正逐渐受到业界的广泛关注。这种轧机结构类似于带有侧支撑的六辊轧机，适用于生产 12Cr17Mn6Ni5N（200 系）、06Cr19Ni10、022Cr19Ni10（300 系）和 10Cr17、022Cr18NbTi（400 系）不锈钢产品。Z-High 型轧机的轧辊配置结构，如图 6-5 所示。

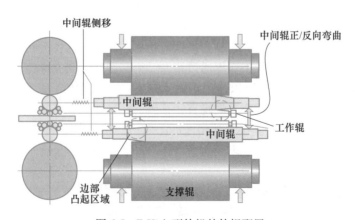

图 6-5　Z-High 型轧机的轧辊配置

其特点为工作辊的辊径较常规六辊轧机小很多，可以实现单道次大压下量轧制，所需轧制力低。通过采用中间辊维度、中间辊弯辊和支撑辊凸度等手段，轧机能够有效地控制板形，生产出符合高标准质量要求的不锈钢产品。然而，Z-High 型也存在一些不足之处，最主要的问题在于工作辊的侧支撑辊及其滚柱轴承容易磨损，导致轧机的稳定性和生产效率降低的同时，增加了维护成本。

Z-High 型轧机早期主要应用于退火酸洗线上的在线压下，如瑞典 Avesta 的 NybyBruks 工厂、美国 J&L 公司的 Midland 工厂、法国 Ugine Isbergues 工厂以及国内的太原钢铁公司和宝钢股份有限公司，均在退火酸洗线上配置了此类型轧机。另外，最近几年也有使用 Z-High 轧机进行不锈钢多道次连轧的尝试，如联众不锈钢和宝钢德盛公司利用 Z-High 轧机生产铬锰氮系奥氏体不锈钢。

6.2.6　各类轧机的比较

表 6-1 列出了不锈钢冷轧机组的种类和主要技术特点。

表 6-1　不锈钢冷轧机的种类和主要技术特点

种类		Z 轧机	KST 轧机	KT 轧机	UC 轧机	CR 轧机
制造厂商		森吉米尔	神户制铁	神户制铁	日立	三菱重工
简称		森吉米尔轧机	Kobelco Sandvik 二十辊轧机	Kobelco 十二辊轧机	万能凸度控制轧机	束型轧机
特征	板形控制	分段辅助轧辊弯曲；中间辊横向移动	分段辅助轧辊弯曲；一段中间辊横向移动	分段辅助轧辊弯曲；一段中间辊横向移动	中间辊移动；中间辊弯曲；工作辊弯曲	辅助辊凸度调整；中间辊弯曲；工作辊弯曲
	厚度控制	液压驱动螺旋压下和偏心调整	电机驱动螺旋压下	电机驱动螺旋压下	液压驱动螺旋压下；电机驱动螺旋压下	液压驱动螺旋压下；电机驱动螺旋压下
	机架结构	整体式	四柱组合式	四柱组合式	组合式	组合式
	工作辊直径减少	可极度减少	可极度减少	可减少	—	可减少
	工作辊轴承	无	无	无	无	无

6.2.7　不锈钢冷轧工艺的发展

20 世纪 70 年代，日本日新制钢投产建成了世界上首条 4 机架森吉米尔连轧机。当时我国不锈钢生产工艺刚刚起步，冷轧采用叠轧工艺开坯，四辊轧机冷轧；热轧中板采用劳特式四辊轧机生产，导致难以适应市场对不锈钢质量的需求。太钢是当时生产不锈钢最集中的全流程生产企业，计划经济时期，国家主要支持太钢采用炉卷轧机生产热轧钢卷，采用多辊轧机生产冷轧带钢，产能相对较小。

随着改革开放的深入，市场需求加大，20 世纪 80 年代，太钢引进日本的二手热连轧设备，开始生产热轧不锈钢卷。20 世纪 90 年代，太钢又陆续引进了先进的二十辊冷轧机，实现了不锈钢板材生产工艺的现代化。20 世纪 90 年代末，国内新建的冷轧不锈钢合资企业宁波宝新、张家港浦项、上海克虏伯等也都采用先进的冷轧设备进行冷轧板（带）生产。从

20 世纪 80 年代末开始，我国沿海广东地区的小型带钢厂也发展起来，它们大多采用进口或国内生产的热轧坯料通过四辊、六辊和多辊轧机生产不锈钢窄带（小于 600 mm）。

不锈钢冷轧品质的需求推动着工艺进步和设备革新。中国不锈钢冷轧后发优势，主体装备达到国际先进水平。在轧机方面，二十辊单轧机已普遍使用；连轧机则有奥钢联在联众的森吉米尔型三机架多辊轧机、德盛的 X-High 型四机架十八辊连轧连退机组、西马克在太钢的 Z-High 型五机架十八辊连轧机组、普锐特在北海诚德的 X-HIGH 型机架十八辊连轧机组、乾冶在佛山诚德新材料的 S6 型六机架十八辊连轧机组，都是技术装备水平大幅提升的表现。同时，连轧机使用的无带头轧制技术高产高效，从单轧机的 10 万吨/年跃升到连轧机的 70 万吨/年。

目前，我国不锈钢企业的宽幅冷轧生产线有着世界上最先进的四立柱宽幅冷轧带钢机和宽幅多辊可逆式冷轧机，年生产能力分别达到 20 万吨和 30 万吨。冷轧最大宽度达到 1625 mm 与 2100 mm，最大厚度分别是 6.0 mm 与 8.0 mm，产品精度高、板形良好，完全能够达到大型设备、建筑装饰、交通运输等领域的使用要求。此外还拥有全球最先进的、规模最大的宽幅冷轧退火酸洗线 APL（C），产能可达到 70 万吨/年，且下游设有平整拉矫机，更进一步保证了不锈钢产品的板形、性能和表面质量。如溧阳德龙 2023 年 10 月投产了 1780 mm、1450 mm 不锈钢冷轧薄板生产线，轧机机型为十八辊六连轧无头轧制机组。

【知识拓展】

太钢冷轧不锈钢产线

在国家政策支持下，太钢历时七年，建设了世界上产量最大、自动化水平最高的年产 80 万吨热轧带钢和年产 50 万吨冷轧带钢连续退火酸洗机组。对不锈钢冷轧带钢流程进行大胆革新，建设了世界一流的不锈钢连轧机组，创造性地把各个独立的生产单元"五机架连轧机、退火、酸洗、平整、拉矫、纵切"等有机地集成在一条线上，建成了不锈钢冷轧带钢"六位一体"的全连续生产线。该生产线经过一次上卷和一次卸卷即可产出成品，减少了生产过程环节，简化了流程，提高生产效率，降低工艺介质消耗。该产线解决了多工序工艺匹配优化设计、铁素体等特殊品种高质量生产、全线高效精准运行及智能控制等一系列难题，实现了不锈钢冷轧带钢全连续生产线技术集成与创新。

太钢不锈钢冷轧带钢全连续生产线有效地提高了冷轧过程的生产效率，缩短了生产周期，降低了资金占用时间，加快订单交付周期；减少了各工序切损造成的带钢损失，提高成材率 4% 以上；节省了以前各工序的上卷与下卷装备，节约设备投资；节省了占地面积，提高土地利用率；减少操作人员数量，降低综合能源消耗。该工程设计工艺先进，布置紧凑，物流高效，装备国产化率高，成本低，质量优，代表了当今世界不锈钢生产的最高技术水平。项目荣获 2016 年度全国冶金行业优秀工程设计一等奖，2016—2017 年度国家优质工程奖，2017 年入选工业和信息化部"智能制造试点示范项目"。该生产线拥有多项自主知识产权，授权专利 48 件，其中发明专利 26 件，企业专有技术 49 件。经专家评价，其总体技术达国际领先水平，为高质量、高效率、低成本的不锈冷板制造提供了新模式，成为世界不锈钢冷轧生产技术的标杆，对不锈钢冷轧规模化发展有引领和示范作用。

太钢不锈钢冷连轧工程在工艺技术和装备上实现了一系列重大突破和创新。在工艺技术上，该生产线集成了当今世界上最先进的不锈钢冷连轧轧制、超长连续退火等诸多新技术；配套实施了酸再生、酸净化、污水处理、氨氧化减排等一系列环保技术。在装备设置上，建成了目前世界上最先进的激光焊机、世界上第一套五机架不锈钢冷连轧机、最大的冷轧不锈钢带钢连续退火炉及其酸洗系统，平整机、拉矫机、在线切边前机实现了在线集成，可以直接生产出成品卷，成为世界第一条工序集成度最全最高、节能环保效果最优的不锈钢冷连轧生产线，大幅提升太钢不锈钢产品的生产效率和产品质量水平，提高产品的市场竞争力。

资料来源：李建民，梁剑雄，刘艳平. 中国不锈钢 [M]. 北京：冶金工业出版社，2021。

6.3 各类型不锈钢冷轧的特点

6.3.1 各钢种冷轧的区别

加工硬化指金属（包括合金）在塑性变形过程中，强度和硬度增加的同时，而塑性和韧性降低的现象。钢种在轧制变形中的效果主要取决于其加工硬化程度，这种现象的剧烈程度直接影响到轧制工艺的选择、生产操作的难易以及最终产品的质量。

以 12Cr17Mn6Ni5N（201 系列）钢种为例，其在冷轧变形过程中，奥氏体转变非常迅速，这种奥氏体组织的快速转变会导致加工硬化现象极为剧烈，屈服强度直线上升。同时，塑性和韧性显著下降，脆性明显增加。这意味着在轧制此类不锈钢钢种时，需要特别注意控制变形量，以避免产品出现"脆化"等问题。

相对而言，06Cr19Ni10（304 系列）钢种在冷轧变形时的加工硬化程度较为缓和。在压下率为70%的条件下，对于马氏体含量为42%的钢种，其屈服强度在变形初期增加较快，在变形后期增加速度明显放缓，意味着该类钢种在冷轧过程中具有更好的塑性和韧性，变形能力也更强。

对于 12Cr12（403 系列）钢种，其在冷轧变形时的加工硬化程度相对较为平缓，屈服强度有略微增加，在轧制时具有更好的变形能力和稳定性。

各钢种冷轧时的工艺特点对比见表 6-2。

表 6-2 各钢种冷轧时的工艺特点对比

项目	12Cr17Mn6Ni5N(201 系列)	06Cr19Ni10(304 系列)	12Cr12(403 系列)
来料要求	对来料卷形的要求非常高，要求卷紧、卷齐，特别是钢卷头尾	对来料卷形的要求较高，要求卷紧、卷齐，特别是钢卷头尾	对来料卷形的要求高，要求卷紧、卷齐，特别是钢卷头尾
辊系要求	轧制力大，需要考虑配辊要求，使用较小的工作辊	轧制大压下率产品时，需要考虑配辊要求，使用较小的工作辊	无特殊要求
压下率	(1) 薄料需要两个或以上的轧程，单轧程压下率通常要不大于70%； (2) 因加工硬化剧烈，道次压下率不能过大	(1) 单轧程压下率受到一定限制，通常要不大于88%； (2) 为充分利用钢带塑性，轧制前几道次可适当加大	压下率限制较少，但为保证表面质量和正常生产，单轧程压下率受到一定限制，通常要不大于90%

续表 6-2

项目	12Cr17Mn6Ni5N（201 系列）	06Cr19Ni10（304 系列）	12Cr12（403 系列）
板形控制	钢卷头尾轧制力大，对头部启动时的板形控制要求高。另外，轧制过程中需要加大边部延伸	钢卷头尾轧制力较大，对头部启动时的板形控制要求较高。另外，轧制过程中需要加大边部延伸	轧制力较小，需要控制边部延伸量
张力控制	为降低轧制力，需要使用大张力轧制	为降低轧制力，需要使用较大张力轧制	为避免边部断带，张力不能过大
轧制速度	在不发生打滑的前提下，尽量提高轧制速度，降低加工硬化程度	在不发生打滑的前提下，尽量提高轧制速度，降低加工硬化程度，特别是前几道次	轧制力较小，或道次压下率较小时，轧制速度不能过高
生产操作	对生产操作技能要求非常高，特别是钢卷头尾，温降快、轧制力过大，容易脆断。另外，头部板形控制不理想，容易断带	对生产操作技能要求高，特别是钢卷头尾，轧制力大。另外，薄料头部板形控制不理想，容易绞断带	
表面质量	带钢较硬，不容易产生压入等表面缺陷。另外，用户对表面要求不是很高，表面质量相对容易控制	带钢较硬，常规表面质量容易控制，但对于高要求的表面如 BA 等，控制难度较大	带钢较软，容易产生压入等各类表面缺陷。另外，用户对表面要求较高，表面质量控制难度大

6.3.2 各类表面等级冷轧的区别

不锈钢的表面等级一般是通过表面粗糙度进行分类的，而表面粗糙度一般取决于带钢表面的加工处理工艺。在冷轧工艺中，根据用辊制度（轧机轧辊的配置和使用方式）和压下率（轧制过程中带钢的减薄程度）的差别，可将带钢表面区分为研磨品、毛面、2B、BA 等。根据是否进行退火处理，可分为轧硬态和退火态。轧硬态不锈钢表面较为粗糙，呈现出金属原始的光泽；退火态不锈钢则经过热处理，表面更加平滑，光泽度也更高。根据退火后表面是否经过平整，可以区分为 2D、2B 等。总的来说，不锈钢的表面等级与其加工处理工艺密切相关，在选择和使用不锈钢时，了解其表面等级和相应的加工处理工艺是非常重要的。

6.3.2.1 2B 表面

不锈钢 2B 表面用途较为广泛，主要通过最初道次使用 $0.3 \sim 1.2\ \mu m$ 的工作辊，以及最终道次使用粗糙度为 $0.1 \sim 0.3\ \mu m$ 的工作辊轧制获得。为保证表面质量，需要保证一定的压下率。退火时，为确保再结晶，通常各钢种单轧程的压下率要达到 40%。

6.3.2.2 BA 表面

BA 板作为一种表面质量要求极高的不锈钢产品，其轧制过程对工作辊的材质和轧制工艺都有着极高的要求。工作辊的材质选择至关重要，模具钢、高速钢及半高速钢是轧制BA 板时常用的工作辊材质，这些材质具有高硬度、高耐磨性和良好的热稳定性，能够满足 BA 板轧制过程中对工作辊的高要求。同时，辊面的粗糙度必须达到一定标准，以确保轧制出的 BA 板表面光洁度和平整度。12Cr17Ni7（301 系列）和 12Cr12（403 系列）BA板的轧制用辊要求差异较大，需要分别制定不同的用辊制度。

BA 板轧制时对轧制工艺要求也非常高，为保证表面质量，需要制定严格的道次压下率和轧制速度等参数。道次压下率的控制能够确保金属在轧制过程中充分流动，细化晶粒，减少表面缺陷；而轧制速度的选择则关系到金属的变形速率和温度分布，对最终的表面质量也有着重要影响。另外，BA 板在退火过程中容易出现板形变化，需要在轧制过程中对板形进行精确控制，以满足退火机组的要求。

【知识拓展】

不锈钢 BA 板

不锈钢光亮表面又称为 BA 表面或镜面，素有不锈钢"皇冠"的称号，与传统的 2B表面相比，具有更好的耐蚀性、美观度、易清洁和人体无害性。

法国、日本、德国等在 BA 表面的研究、开发、生产、工艺、装备等方面起步较早，国内的太钢在 20 世纪 60 年代引进了我国第一条 BA 宽带钢生产线，并对原有的立式光亮退火线进行了大规模改造，终于在 1999 年成功地生产出我国第 1 卷 BA 产品，但质量水平与国外相比有一定差距，产量也较低。2002—2003 年上海克虏伯、宁波宝新的光亮机组相继投产并生产出了较高质量的 BA 板，代表了我国 BA 板生产进入了高速发展时期。

随着人民生活水平和鉴赏能力的不断提高，BA 表面的消费量在持续提高。使用 BA表面的主要原因是：大部分产品对不锈钢冷轧板的表面等级要求较高，不仅要求耐蚀、耐磨，而且希望光亮美观。因此，目前 BA 板的主要应用领域有：饭店、食堂、酒吧的建筑装饰；燃气灶、吸油烟机、消毒柜、食品柜等餐具和厨房用具；食品、公共食堂、牛奶和肉类加工、酒和饮料生产的食品加工业以及家用电器、机械五金、交通运输等。

6.3.2.3　毛面与压花表面

不锈钢毛面产品是通过特定的轧制工艺获得的，其中工作辊的表面处理是关键。为了得到所需的毛面效果，工作辊会进行喷砂或激光毛化处理，使其表面粗糙度达到 1.0~3.0 μm。通过这种特殊处理的工作辊，在精轧道次中轧制出的产品就具备了所需的毛面质感。

不锈钢压花表面产品的轧制工艺则更为复杂。首先，需要对工作辊进行激光蚀刻等加工处理，使辊面呈现出特定的花纹。当带钢经过这样的工作辊轧制时，辊面上的花纹就会复制到带钢表面上。经过后续的脱脂或退火处理后，带钢表面就会形成持久的、特定的花纹效果，不锈钢压花表面产品如图 6-6 所示。

在轧制这些特殊表面的不锈钢时，板形的控制尤为重要。特别是需要确保带钢上下两面变形的对称性，以防止瓢曲现象的发生。瓢曲不仅影响产品的外观质量，还可能对后续加工和使用造成不利影响。

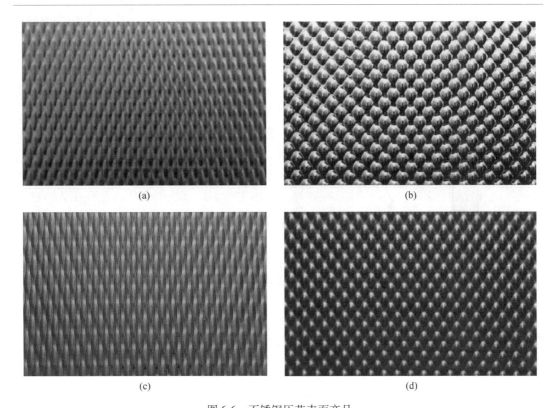

图 6-6　不锈钢压花表面产品

（a）SE-6wl 圆珠纹，不同纹理不锈钢压花板；（b）SE-5wl 水滴纹，不同颜色（镀钛/着色）不锈钢压花板
（也称彩色不锈钢板）；（c）SE-6wl 红色；（d）SE-5wl 绿色

6.4　冷轧工艺要求

不锈钢冷轧因生产难度大、表面质量要求高，对来料的凸度、卷形、厚度、表面夹杂物及化学成分等要求均相对较高。

6.4.1　对来料的要求

在不锈钢的冷轧过程中，来料的表面凸度和厚度均会对辊缝设置和板形控制产生至关重要的影响。为确保冷轧过程的顺利进行和最终产品的品质，带钢原料的凸度需要保持稳定且对称，通常控制在 1.0%~2.5% 的范围内。

6.4.1.1　对来料凸度、厚度的要求

理论上，冷轧过程不应改变带钢的凸度。然而，在实际操作中，由于轧机板形检测的误差，控制板形的辊缝设置可能会发生变化。这种变化会导致板形失控，影响产品的质量和性能。凸度过大或过小都会增加检测误差，因此保持适当的凸度范围至关重要。同时，凸度过大还会对带钢的边部厚度产生影响，边部厚度容易接近或超出厚度公差的下限，这可能会导致产品的不合格。

为了确保轧制过程的稳定性和最终产品的品质，来料带钢的厚度波动范围应严格控制在 ±50 μm 以内。当来料带钢的厚度波动较大时，轧机的辊缝设置需要频繁调整，增加了操作难度，即便辊缝设置得当，也很难保证最终产品的板形质量。

在冷轧过程中，需要通过严格控制来料质量、优化轧制工艺参数和加强在线检测等手段，保障来料带钢凸度和厚度，从而确保冷轧过程的顺利进行和最终产品的品质。

6.4.1.2 对来料卷形的要求

不锈钢冷轧时，来料带钢的卷形质量对整条产线的影响不容忽视。如果来料的卷形缺陷超出了平整机组的处理能力，在轧制过程中就会产生板形缺陷，导致产品质量下降，增加次品和废品率；若来料卷得不紧或卷得不齐，在轧制过程中可能会出现中边部板形波动，不仅影响产品的板形质量，严重时甚至可能导致轧制事故。

为了应对这些问题，现代冷轧机大多配置了具备纠偏功能的开卷机，这种开卷机可以在轧制过程中对来料的卷形进行实时检测和调整。通过纠偏功能，可以有效减少中边部板形波动和轧制事故的发生，提高产线的稳定性和产品质量，从而增强轧机对卷形的适应能力。因此，为了保障产线的稳定运行和产品质量，需要严格控制来料的卷形质量。

6.4.1.3 对来料夹杂物的要求

在不锈钢冷轧过程中，夹杂物是一个需要特别关注的问题。夹杂物属于延伸性差、脆性高的物质，容易在冷轧过程中聚集，从而引发不锈钢冷轧板穿孔、拉断等严重事故。这些夹杂物通常来源于冶炼和铸钢过程，主要是由脱氧产物及保护渣混入钢水中引起的。不锈钢中夹杂物的含量直接关系着不锈钢成品的强度、韧性、耐腐蚀性等关键性能，更重要的是，这种影响无法通过冷轧加工等手段而得到改善或消除。因此，为了确保产品的质量和稳定性，冷轧不锈钢的来料应该具备较低的夹杂物含量，尤其是来料带钢的边部。这是因为边部在轧制过程中更容易受到应力和变形的影响，如果边部夹杂物含量过高，将大大增加事故的风险。

钢中的夹杂物按其大小及来源可分为大型夹杂物和小型夹杂物见表 6-3。

表 6-3 钢中夹杂物的分类—按来源和大小

分 类		来源	成 分
大型夹杂物 （φ ≥ 11 μm）	脱氧生成物	钢水脱氧	CaO、SiO$_2$、Al$_2$O$_3$、MgO
	外来夹杂物	结晶器保护渣	CaO、SiO$_2$、Al$_2$O$_3$、Na、F、MgO
小型夹杂物（φ ≤ 11 μm）		钢水脱氧	CaO、SiO$_2$、Al$_2$O$_3$、MgO

6.4.1.4 对来料化学成分的要求

不锈钢的冷加工硬化性能主要由其组织结构和成分所决定。理论上对于同一种标准钢种，其冷加工硬化能力应一致。然而在实际生产中，由于各厂家在原料和工艺方面的差异，即便是同一种标准钢种，各厂家的化学成分也会有所差异，这就导致了同一钢种的冷加工硬化能力出现差异。

A　奥氏体不锈钢

不锈钢的冷加工硬化性能主要受到其化学成分的影响，特别是碳（C）、氮（N）以及其他杂质元素含量的影响。这些元素在材料变形时会显著阻碍晶格位错运动，从而导致冷加工硬化现象加剧。随着这些元素含量的增加，冷加工硬化现象会更加明显。对于奥氏体不锈钢而言，镍（Ni）和锰（Mn）是形成奥氏体结构的重要合金元素。然而，由于镍的价格较高，部分生产厂家为了降低成本会采取降低镍元素含量的措施。但这种做法会导致奥氏体稳定性下降，形变马氏体转变温度上升，进而增加加工硬化程度。以 304 不锈钢为例，随着镍含量的降低，其屈服强度和抗拉强度会相应提高，这是因为镍含量的减少削弱了奥氏体的稳定性，使得材料在受力时更容易发生形变强化。同时也会导致伸长率降低，这意味着材料的塑性变形能力会减弱。

304 系不锈钢为亚稳定态奥氏体不锈钢，钢中通常会存在少量的 δ 铁素体（5%左右）。δ 铁素体是检测冷轧不锈钢原料微观组织优良性的指标之一。由于铁素体晶粒与奥氏体晶粒的性能不同，如果奥氏体不锈钢成品中的 δ 铁素体含量过多，将加剧材料的各向异性，严重影响材料的力学性能，使制品加工后产生皱纹甚至开裂。由于 δ 铁素体在高温下具有分解的特性，生产中，经过板坯加热、热轧、退火、冷轧等工序后，在高温作用下，成品中 δ 铁素体的含量可降到 0.01%左右，确保后续工序的顺利进行和产品质量。

B　铁素体不锈钢

对于铁素体不锈钢，如 430 不锈钢，经冷轧及退火酸洗后，有的钢卷在板面上会出现沿轧制方向纵向的条纹。特别是 430 钢种的 BA 板，条纹比较明显。产生条纹的原因是在浇铸时，板坯中的柱状晶以束状形式遗留下来，而导致冷轧成品表面出现的缺陷。

通过冷轧工艺，降低柱状晶危害性的措施主要如下。

（1）使用罩式炉时，适当提高加热温度、延长保温时间，使有序排列的柱状晶集合组织改变结晶方位，重新排列。

（2）增加中间退火次数，充分改变柱状晶集合组织的结晶方位。

（3）提高冷轧压下率，从而提高柱状晶破坏程度。

6.4.2　对轧辊的要求

为了使冷轧产品获得良好的板形和表面质量，轧辊的辊面粗糙度及辊形质量十分重要。不锈钢冷轧的轧辊辊形主要包括凸度、锥度等参数。

6.4.2.1　凸度辊

所谓凸度，就是辊子中间直径比两端凸起的数值，这样的凸起能抵消工作时产生的弯曲变形。轧钢时，为了补偿因轧制力导致的轧辊压扁，以及工作辊与其他轧辊之间弹性压扁，保证在工作辊弯曲时获得断面平直的带钢，工作辊上通常会设置一定的凸度。凸度通常以轧辊中心为顶点向两边连续均匀地分布，其形状主要根据使用条件和工艺参数进行设计，可以是抛物线形、正弦曲线形或四次曲线。在二十辊轧机中，通常在第二中间辊的从动辊上需要设计一定的凸度，且考虑到所生产带钢的宽度、轧制力等差异性，凸度值的设定上也有所不同。

6.4.2.2 锥度辊

良好的板形对不锈钢十分重要。以二十辊冷轧机为例，第一中间辊通常设置为锥度辊，通过液压缸的推动作用，不断改变工作辊与锥面的接触位置，从而调整辊缝的形状，达到修整板形缺陷的目的。

6.4.2.3 工作辊

轧制过程中，工作辊的辊身由于受到长时间的高温（主要由摩擦引起）、外应力和运行磨损，其轮廓形状（辊形）会发生较大的变化。辊形一般以辊身宽度上的直径差异来表示，刚磨削出来的辊形称为原始辊形。在轧制时，考虑到轧制引起工作辊的辊形发生弯曲、压扁等弹性变形，同时保证带钢的偏差最小，一段时间就必须对轧辊进行重新磨削，以保证良好的辊形。

6.4.3 对操作工艺的要求

不锈钢冷轧工艺的稳定操作直接决定了不锈钢冷轧产品的质量及生产效率。轧制工艺作为一个综合性的过程，涉及多个关键控制环节，包括压下控制、张力控制、厚度控制、板形控制、速度控制、用辊控制等。这些控制环节并不是孤立的，而是相互影响、相互制约的。

6.4.3.1 压下控制

不锈钢的轧制过程中，压下制度是决定产品质量和生产效率的关键因素。由于不同钢种的合金成分和组织结构存在差异，因此压下制度（包括总压下率、道次压下率、压下道次等）也会有所不同。例如，304 与 430 这两种不锈钢的压下制度就存在显著差异。在确定压下制度时，首先要综合考虑带钢的总压下率及道次压下率。总压下率的大小直接影响到所需生产道次数。通常，总压下率越大，所需的道次数就越多。道次压下率的分配原则是确保各道次轧制压力大致相同。在实际操作中，第一和第二道次的压下率往往是最大的，随着带钢的加工硬化程度增加，后续道次的压下率会逐渐减小；最后一二道次的压下率则通常根据经验取较小值，以确保板形和厚度精度。在确定单道次压下率时，需要了解所轧制钢种的加工硬化性能，这些数据通常来源于钢种开发阶段的实验室测试。

同时，对轧制力的监控也至关重要。轧制力的异常波动可能会导致事故发生，需要及时发现并处理。实际生产中，影响轧制力的因素如下。

（1）钢种。不同的钢种，由于其成分、组织结构和加工硬化性能的差异，对轧制力的影响也各不相同。这要求在生产中，根据具体的钢种特性与生产需求，精确设定和调整压下控制参数。

（2）温度。在轧制过程中，高温可以软化带钢，降低其硬度，从而减小轧制力。同一道次中，带钢的头、尾部由于轧制速度较慢、与卷筒等接触散热，因此温度较低，导致轧制力增大。因此，控制带钢的温度是确保轧制过程稳定和产品质量的关键。

（3）轧辊直径。工作辊直径的大小直接影响着变形区的接触面积。在相同的压下量时，辊径越小，变形区面积越小，带钢与工作辊之间的摩擦力减小，变形区的单位面积压力增加，总轧制力降低。这对于轧制薄带等产品是有利的。

（4）轧制油润滑。轧制过程中使用油润滑，可以在辊缝中的轧辊和带钢之间形成润滑油膜，降低辊缝变形区的摩擦力，有利于带钢的变形。

（5）张力。张力与轧制力相互配合、相互影响，合理的张力设置可以提高轧制效率和产品质量。

（6）厚度波动。在每个道次的头尾部，由于 AGC 系统在低速下的控制精度较低，因此厚度波动较大；同样的在头尾部，带钢的轧制力往往受厚度波动影响，存在着较大幅度的厚度波动。

在不锈钢轧制过程中，需要对轧制力进行监控，及时发现轧制力的异常波动，从而避免事故。影响轧制力的因素需要在轧制过程中进行实时的监控。

6.4.3.2　张力控制

在轧制过程中，张力主要起改善板形、防止跑偏、降低轧制力、促进带钢变形以及降低能耗等作用。为确保带钢的顺利轧制，在充分考虑设备能力、带钢加工硬化特性、板形要求以及钢种差异等因素的基础上，合理精确地控制张力。

（1）设备负荷能力。设备的最大、最小张力范围以及张力的波动幅度和精度，是设定张力的先决条件，超出设备能力范围的张力设置可能导致设备故障或轧制过程不稳定。

（2）钢种的加工硬化特性。不同的钢种具有不同的加工硬化程度。轧制过程中，通常在设备能力允许的情况下，单位张力设置为带钢屈服强度的 30%~60%。这样设置既有助于带钢的变形，又能防止因张力分布不均导致的局部拉伸变形。

（3）带钢产品板形。板形与张力相互影响。当带钢的边部浪形较大时，可以适当增加单位张力，但需注意避免拉断；而浪形较小时，过大的单位张力可能导致边部龟裂、边裂等缺陷，进而引发拉断事故。因此，在设定张力时，需与板形相匹配，确保轧制过程的稳定和产品质量。

6.4.3.3　厚度控制

不锈钢冷轧产品的厚度精度一般分为纵向厚度精度和横向厚度精度两类，生产中要求务必同时保障纵向和横向的厚度精度。纵向厚度精度是指沿带钢长度方向的厚度一致性，这一精度的实现主要依赖于轧机厚度控制能力。随着液压自动厚度控制技术（Automatic Gauge Control，AGC）电气控制系统的不断进步，纵向厚度精度已经得到了显著提升。目前，纵向厚度精度通常可以控制在 $\pm 5~\mu m$ 范围内，具体可能会因带钢的厚度规格、轧制过程中的轧程和轧制道次等因素而有所差异。横向厚度精度是指沿带钢宽度方向的厚度均匀性，这一精度的保障主要依赖于热轧过程中的凸度控制。在冷轧过程中，凸度通常不会发生显著变化，但轧机的板形控制以及轧制过程中可能产生的微量横向金属流动、研磨加工等因素会对凸度产生一定影响。

不锈钢轧制的厚度控制主要通过 AGC 系统进行控制，主要包括厚度测量装置、辊缝位置测量元件、速度测量元件、运算器、液压控制机构等。同时，在轧制的厚度控制需要重点考虑以下因素。

（1）成分差异。带钢的塑性系数是一个关键的工艺参数，反映了材料在受力变形时的塑性行为。在自动厚度控制（AGC）系统中，塑性系数的设定至关重要，因为它决定了轧机对带钢厚度变化的响应和调整能力。

（2）温度。材料塑性随温度的变化而变化，因此温度对厚度控制存在影响。

（3）轧辊大小。轧辊的大小对轧机压下能力以及轧制力预设定均有影响。

6.4.3.4　板形控制

对于轧钢工序来说，板形平直良好的带钢往往受力均匀，不容易发生断带，在后续退火工序中能够有效防止跑偏和擦划伤发生。不锈钢冷轧时，要使板形控制良好，要考虑以下方面。

（1）板形监测。在过去的生产工艺中，由于条件所限，操作人员只能通过敲击带钢边部来判断带钢的板形，这种方法虽然简单直接，但很大程度上依赖于操作人员的经验和感觉，因此存在较大的主观性和不确定性。现代化的轧机均配备了板形测量仪器，即板形辊。板形辊通过分布在辊身上的压头来测量带钢宽度方向上的受力差异，从而计算得到带钢宽度方向上延伸的差异，这些数据为操作人员提供了更加客观、准确的板形信息，帮助他们更好地理解和控制轧制过程中的板形变化，实现板形的自动控制和优化。

（2）轧制力。轧制力的波动将引起辊缝的变化，进而对带钢的板形产生影响。为了更好地控制板形，道次编排是一个关键因素。在实际操作中，各个道次的轧制力是逐渐减小的，这种设置方式使得辊缝在各个道次之间不会发生突变，从而有利于板形的稳定控制。然而，在同一道次中，带钢中部和头尾的轧制力不同，往往导致头尾板形和中部板形存在一定的差异。为了减小这种差异，可以采取一些措施，如优化轧辊的凸度设计、调整轧制速度和张力等。

（3）来料凸度。轧制时要求来料带钢具有对称的凸度，若凸度不对称，带钢将在辊缝和在线轧辊中起到反作用，使带钢产生跑偏，导致测量辊与带钢表面的接触状态发生变化，引起带钢板形测量的失真和板形控制手段的部分失效，进而诱发各类轧制事故。

（4）板形控制手段。多辊轧机的板形控制手段主要包括支撑辊 ASU 控制、中间辊弯辊、辊缝倾斜、锥度辊窜动等，这些控制手段直接影响带钢板形的变化。

（5）辊型设置。板形控制手段对带钢中部板形的控制能力相对较弱，为此，可通过对轧辊辊型进行预设定，从而弥补板形控制机构的能力不足，如第二中间辊、工作辊等，同时要考虑与轧制负荷之间的匹配。

对于某些生产要求不高、投资较少的轧机，不安装板形辊是一种常见的做法。这种情况下，操作人员需要依赖自身的技能和经验来判断板形的好坏。他们可能通过观察带钢的外观、听取敲击声或其他直观方法来评估板形。虽然这种方法相对简单和经济，但其准确性和稳定性较依赖于操作人员的个人能力和经验，因此可能存在一定的主观性和不确定性。随着现代轧机技术的不断发展和进步，对高速化、高效率、高品质的追求使得板形控制变得越来越重要。因此，现代轧机基本在两侧都安装了板形辊，以实现对板形的更精确和全面的控制。同时，为了优化轧机的结构和提高生产效率，原安装的导向辊往往被取消，与板形辊合二为一。这种设计不仅简化了轧机的结构，还提高了板形控制的精度和效率。

6.4.3.5　速度控制

在不锈钢冷轧生产过程中，确定合理的轧速制度是至关重要的。由于各种因素的限制，实际上并不能使每道次都达到其最高设计速度进行生产。在确定速度制度时，需要综合考虑产品质量、每道次变形量、轧制油喷射量、电机功率以及轧制风险等多方面的因素，找到最佳的平衡点。

需要注意的是，轧制速度的提高并不意味着生产效率和产品质量的无限提升。当轧制速度过高时，会导致带钢表面粗糙度降低，从而增加变形区打滑和卷取跑偏的风险；变形区的发热量会增加，导致带钢温度进一步提高。在高速轧制过程中，由于带钢的变形速度加快，可能会导致变形区内的应力分布不均，从而增加轧制难度和轧制风险。同时，轧制速度还会影响轧制油的喷射量和电机功率。随着轧制速度的提高，需要相应增加轧制油的喷射量以确保润滑效果，防止带钢与轧辊之间的直接接触和磨损。

通过合理控制轧制速度，可以确保生产过程的稳定性和产品质量的可靠性，同时实现生产效率的最大化。

6.4.3.6　垫纸控制

不锈钢在轧制过程中采用垫纸对带钢进行防护是一种常见的做法，其主要目的是防止带钢在卷取过程中产生表面划伤、压痕等缺陷。垫纸的使用与否主要取决于卷取张力的设置以及带钢的表面硬度。对于铁素体不锈钢而言，由于其加工硬化较小，轧制后的表面硬度相对较低，这意味着带钢表面对卷取张力的承受能力较低，容易在卷取过程中产生表面缺陷。因此，为了确保带钢的表面质量，铁素体不锈钢在轧制后通常需要全长垫纸进行防护。然而，如果带钢表面的粗糙度足够高，垫纸的使用就不是必需的。例如，加工硬化大的奥氏体不锈钢在轧制过程中，由于压下率达到一定程度，其表面硬度会变得足够高。这使得带钢表面对卷取张力的承受能力增强，因此可以不用垫纸进行防护。

需要注意的是，垫纸的使用虽然可以保护带钢表面，但也可能引入新的问题。例如，垫纸可能会与带钢表面产生摩擦，导致纸屑残留在带钢表面上，这些纸屑在后续的加工过程中可能会引发质量问题。因此，在决定是否使用垫纸时，需要综合考虑多种因素，包括带钢的材质、轧制工艺、卷取张力以及预期的表面质量等。

6.4.3.7　厚壁套筒

不锈钢轧制时，经常需要使用厚壁套筒，套筒的作用如下。

（1）防止带钢塌卷。由于不锈钢在轧制过程中常采用大张力轧制技术，这使得带钢内部会累积相当大的应力。若没有适当的措施进行干预，这些累积的应力很可能会导致带钢塌卷，进而影响生产效率和产品质量。厚壁套筒的加入，通过其结构特性和与带钢的相互作用，能够有效地分散和抵消这些累积的应力，从而防止带钢塌卷的发生。

（2）保护卷筒。轧制过程中，累积的卷取应力会直接作用在卷筒上，特别是对于薄料而言，由于轧制圈数多，对卷筒的影响会更大。长时间的高应力作用不仅会导致卷筒磨损加剧，还可能引发卷筒的疲劳破坏。而厚壁套筒的加入，可以将大部分卷取应力屏蔽掉，使卷筒受到的应力大为减小，从而有效地保护卷筒，延长其使用寿命。

一般来说，厚度 1 mm 以下的不锈钢带钢都会使用厚壁套筒。这是因为这些薄料在轧制过程中，由于单位张力设置较大且钢卷圈数较多，其在卷筒上卷取累积的应力会比厚料更大。因此，需要通过使用厚壁套筒来减小这些应力，确保生产顺利进行和产品质量稳定。

6.4.4 断带事故控制

不锈钢轧制时，受原料质量、加工硬化、轧辊张力等因素影响，时常会发生断带事故，断带往往会造成较大的经济损失，在日常的生产过程中，要从各个环节加以预防控制，降低断带事故的概率。

6.4.4.1 原料质量

生产前，要对原料可能存在的一些缺陷信息进行常规性确认，这主要包括：

（1）原料主体质量确认。原料质量直接关系着轧制的顺利进行，在生产前必须仔细确认并详细记录原料的缺陷如孔洞、夹杂等信息。在轧制时，需对存在缺陷的位置进行降速确认，以避免事故。

（2）原料的边部质量确认。在接收原料时，对边部质量的仔细检查是必不可少的环节。若来料存在边部裂口、卷形、鳞折、夹杂等不良情况，操作人员应在相应的钢卷边部做好详细记录，以便在轧制过程中再次跟踪确认。

生产中，需要进一步对原料质量进行确认，这主要包括：

（1）夹杂物确认。带有夹杂物的钢种在色泽上与正常钢种存在差异，这便于操作人员通过肉眼观察进行初步判断。对于粒度较大的夹杂物，通常在第一道次轧制过程中就会暴露出来。为了确保产品质量和生产过程的稳定性，需要加强操作人员的安全意识和职业素养培训，提高他们对类似情况的判断和处理能力。

（2）来料凸度确认。轧制时，操作人员通常可根据带钢的板形来判断来料的凸度是否正常，再根据凸度等情况及时对工艺如轧制速度、板形等进行调整，避免事故发生。

（3）来料厚度波动情况确认。轧制时，操作人员需要对来料的厚度波动情况进行确认。通常，厚度波动的允许范围在 ±50 μm 以内。如果发现异常波动超出此范围，操作人员需要记录异常波动发生的位置，并在工艺流程中实时监控和调整。

6.4.4.2 确认带钢中心位置

在不锈钢冷轧生产过程中，轧机对带钢中心位置的精确度要求极高。带钢的中心位置一旦偏离，不仅会影响轧制过程的稳定性，还可能导致产品质量问题，如板形不良、厚度偏差等。因此，明确带钢的中心位置是生产过程中的一项重要任务。

带钢在轧制过程中，其头部和尾部往往容易出现卷形跑偏的现象。这可能是由于原料初始状态、轧制参数设置、轧辊磨损等多种因素造成的。为了确保带钢的整体中心位置，操作人员需要根据带钢的整体卷形来调整轧机的工作状态。

同时，对于带钢头部和尾部位置的偏离量，也需要进行精确的把控。一旦发现带钢出现跑偏现象，操作人员需要及时做出调整，以避免跑偏现象的进一步扩大和影响产品质量。调整板形跑偏的方法有多种，如调整轧辊的倾角、改变轧制力的分布、优化轧制参数等。在调整过程中，操作人员需要密切关注带钢的变化情况，确保调整效果达到预期。

6.4.4.3　预设轧制力

在现代不锈钢冷轧生产中，冷轧机组的控制系统均配备了先进的数学模型，这些模型在提高轧制力的计算和控制精度方面发挥了巨大作用。在轧制的初始阶段，系统模型能够自动计算出轧制力，为生产过程提供一个良好的起点。然而，带钢的头尾部与中部在轧制过程中存在一些差异如温度差异和厚度波动等，会导致带钢头尾部的轧制力比中部大，因此在设定轧制力时，必须考虑这些因素并进行适当的调整。

为了解决这个问题，可以采取以下措施。

（1）对头尾部的轧制力进行单独设定和控制。根据带钢头尾部的实际情况，调整轧制力的数值，以确保其适应头尾部的特殊条件。

（2）优化轧制工艺参数。通过调整轧制速度、轧辊间隙等参数，可以减小头尾部与中部的轧制力差异，提高整体轧制过程的稳定性。

（3）利用数学模型进行预测和优化。通过收集和分析大量的生产数据，不断完善数学模型，使其能够更准确地预测头尾部的轧制力变化，并给出相应的优化建议。

6.4.4.4　板形控制

轧制过程中为避免断带事故，板形控制需要考虑以下因素。

（1）道次全程轧制力的波动。任一道次中若出现轧制力异常波动，则后续道次必须进行跟踪控制，根据轧制力的波动情况，采取适当的板形控制手段以避免事故。

（2）带钢位置。通过边部扫描装置，判定带钢位置的跑偏情况，进而调整与之相适应的辊缝形状。

（3）厚度波动。生产过程中需要监控全程厚度波动，在厚度波动处厚度自动控制系统AGC 的动作量较大，可能引起板形突变，从而产生事故。

（4）带钢凸度。带钢的凸度可能影响板形的检测及控制，因此有经验的主操可以通过板形及带钢位置，判定带钢凸度是否有异常。

（5）头尾部板形控制。由于带钢头尾部的轧制力变化大、厚度波动大，会使头尾部带钢的板形存在跑偏，需要根据轧制力，并结合带钢偏离情况控制带钢板形。

6.4.5　火险控制

不锈钢轧制时，大部分采用闪点较低的轧制油作为冷却润滑剂，由于轧制速度高、压下率大，运行时机架内容易产生大量油雾。当发生带钢断带、刮擦、跑偏、轴承转动不良以及跳闸等事故时，很容易引发火险事故。

预防火险事故主要措施包括：做好设备（尤其是轴承）的日常周期检查；增强轧机系统抽吸油雾的能力，同时应避免大量的油雾积聚；避免发生断带事故等。

6.5　冷轧环保降碳

6.5.1　冷轧环保

冷轧厂生产过程中产生的污染物主要有废气、废水和固体废弃物，针对"三废"问题，冷轧厂均有相关防治方案和处理措施，确保厂区内各项指标达到国家相应规范和标准要求。不锈钢冷轧产品生产过程的污染源，如图6-7所示。

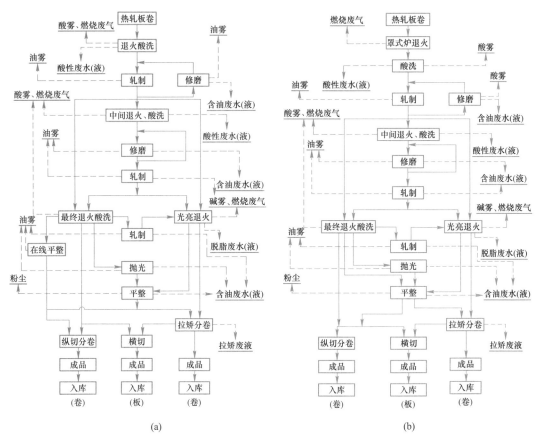

图 6-7　不锈钢冷轧产品生产过程主要污染源

（a）奥氏体不锈钢；（b）铁素体和马氏体不锈钢

6.5.1.1　废气处理

冷轧厂区产生的废气主要有硫酸酸雾、盐酸酸雾、混酸酸雾（硝酸和氢氟酸）、粉尘、油雾等。不同废气的处理方式不同，具体如下。

A　硫酸酸雾和盐酸酸雾的处理

在硫酸酸洗槽和盐酸酸洗槽中产生的硫酸酸雾和盐酸酸雾废气被酸雾风机抽出送至洗涤塔处理达标后，通过管道排至烟囱排入大气。

其处理机理是，硫酸酸雾和盐酸酸雾废气在酸雾风机负压作用下抽送到两段式填料洗涤塔内，洗涤塔内的下段是微酸性水吸收段，上段是清水吸收段。废气先从塔底进入微酸性水吸收段，然后自下而上经过喷淋吸收与填料吸收，吸收液自上而下与废气逆流接触。经过微酸性水吸收段吸收净化后的尾气，再通过气体分布管进入清水吸收段；清水吸收段采用清水洗涤，利用清水与废气逆向接触，将尾气中夹带少量的硫酸、盐酸及废气中夹带的吸收液彻底去除，经过二次洗涤的尾气再通过液滴分离器脱除废气中的水雾，处理达标后通过烟囱排入大气。

B　混酸酸雾的处理

混酸酸洗槽中产生的酸雾在酸雾风机负压作用下先通过管路抽送至洗涤塔处理，吸收大部分氢氟酸酸雾（HF）后排至氮氧化物处理装置（Selective Catalytic Reduction，SCR），利用该系统处理剩余高浓度的氮氧化物废气。

该系统通过选择性催化还原技术，在催化剂的作用下，以尿素或氨作为还原剂，选择性地与废气中的氮氧化物 NO_x 反应并生成无毒无污染的氮气和水，处理达标后通过烟囱排入大气。

C　粉尘和油雾的处理

对于产生大量粉尘的机组设备，如破鳞机、热线抛丸机、再生焙烧炉、平整机等，均会设置"沉降室+旋风除尘器+脉冲反吹布袋除尘器"的三级除尘方式来净化含尘气体，实现除尘净化，达到排放标准。

对于产生油雾的机组，如轧机、修磨机等，均会设置油雾处理排放系统，由设备的排气管线、过滤油箱的排气管线、排放管线、防火安全阀、预分离器、过滤装置和带电机的离心风机组成，实现油雾净化，达到排放标准。

6.5.1.2　废水处理

冷轧过程产生的废水主要有含酸废水、含油废水、含铬废水等，目前钢铁企业已实现废水零排放，废水净化后循环利用。不同废水的处理工艺不同，具体如下。

A　含酸废水的处理

含酸废水分为含硫酸废水、含盐酸废水和含混酸废水，将它们分别排入相应的废水地坑内，通过地坑泵送至含酸废水处理系统（常见为中和沉淀处理技术），处理达标后净化水循环利用。对于含铬、镍等重金属的除酸废水，可通过氢氧化物沉淀并制成污泥饼再进一步处理。

B　含油废水的处理

含油废水主要是由相关机组（如轧机、修磨机、退火酸洗、光亮退火）的脱脂清洗以及机组液压装置所产生，一般由浓碱油和稀碱油废水组成，通过除油处理和 pH 值调节达到国家规定的排放标准后，净化水循环利用。

C　含铬废水

含铬废水主要来源于退火酸洗机组中性盐电解，通常采用 $NaHSO_3$ 将其中的 Cr^{6+} 还原为 Cr^{3+}，然后并入含酸废水处理系统一并进行中和沉淀处理，制成污泥饼进一步处理。

6.5.1.3 固废处理

（1）除尘系统产生的除尘灰以及烧结板上的积灰，经低压脉冲气体喷吹，落下的粉尘全部落入灰斗，装袋后定期用汽车外运处理。

（2）生产中产生的废料、废切头尾、废轧辊机等经过处理后，可作为废钢原料返回生产使用。

（3）废水处理系统产生的污泥可作为下游企业砖厂或水泥厂的原料。

（4）除鳞箱产生的氧化铁皮与少量炉内板坯加热生成的氧化铁皮等经炉底开口部进入水封槽，由水封槽的溢流水并补充少量浊环水冲出料端铁皮沟内，沉积在铁皮坑沉淀池内，然后运输至加工厂处理后再利用。

6.5.1.4 冷轧环保机组

冷轧厂对环保投入力度比较大，目前厂内与环保有关的机组和设备包括：混酸再生机组（回收氢氟酸和硝酸）、硫酸钠净化系统（回收硫酸钠）、APU（Acid Purification Unit）净化系统（净化氢氟酸和硝酸）、氮氧化物处理装置（处理混酸酸雾）、各种外排气体检测装置等。

6.5.2 冷轧降碳

以太钢集团冷轧厂为例，为贯彻落实国家绿色低碳发展战略，全厂严格执行既定行动计划，力争实现"2023年碳达峰，2035年减碳30%，2050年碳中和"的低碳目标，率先成为绿色低碳发展的引领者和先行者。为实现低碳目标，当前该厂主要开展以下几个方面的工作。

（1）优化品种排产，打造极致效率。冷轧厂根据每月合同订单情况，按照品种结构和产线特点合理排产，保证生产效率高的机组不停产，生产效率低的机组不满产，打造极致效率，实现低碳排放。

（2）推广节能技术，挖掘降碳潜力。冷轧厂梳理现有高耗能设备，如退火炉、焙烧炉、电解槽等，积极对标学习，寻求更节能、更高效的技术。目前正在跟进国际先进降碳技术，如美国 EMISSHIELD 高发射性纳米陶瓷材料喷涂退火炉技术，可提高冶金炉窑 5%~10% 的能源利用率，实现节能降耗的目的；意大利材料研发中心 CMS 开发的交流电解酸洗技术（AC-Picking 技术），可降低 30%~50% 的能耗。冷轧厂将继续跟踪这些节能降碳的新技术，深入了解并评估现场设备改造的可行性，逐步推广并应用这些新技术。

（3）拓宽应用布局，制造绿色产品。冷轧厂配合技术中心不断开发新产品，保持持续创新的能力，拓展不锈钢产品的应用领域和应用场景，坚持绿色生态产品设计理念，充分挖掘"老产品新用途、老用途新功能、老功能新性能"的价值潜力，开发核电用不锈钢、建筑用不锈钢、新能源领域用不锈钢等绿色产品。

6.6　冷轧特色新产品

6.6.1　精密金属掩膜板

精密金属掩膜板（FMM），是有机发光二极管（OLED）显示面板生产过程中的核心部件，主要用于蒸镀工艺。FEM 能在蒸镀材料蒸发过程中起到对有机发光材料的选择性阻挡和透过作用，将红（R）、绿（G）、蓝（B）三色有机材料在显示面板上形成精准的材料堆积并形成一颗颗发光像素单元，进而直接决定 OLED 面板的彩色发光像素大小和显示效果，最终影响 OLED 显示屏的良率和性能品质。因此，对金属掩膜板基材的厚度精度（≤1 μm 以下）、平直度（≤0.1 mm/m）、纯净度（满足微孔加工）等关键指标要求非常严苛。

精密金属掩膜板（见图 6-8）由于其应用的特殊性，需要在 80 mm×120 mm 面积内实现 200 万及以上微孔加工，微孔孔径达到微米级，对箔材的轧制平直度、带材去应力要求极高。当前蒸镀 OLED 技术已经成为 OLED 发光器件制程主流技术，蒸镀过程的核心模具——精密金属掩膜版（FMM），由 Invar 合金箔材经精密蚀刻开孔形成。Invar 合金箔材的厚度越薄，FMM 开孔精度越高，显示屏清晰度就越高。FMM 在制作和使用过程中，在蚀刻变形、膨胀应力等复杂受力下，易产生折印、翘曲等产品失效。因此对 Invar 合金箔材尺寸精度、力学性能、热膨胀系数提出极端要求。

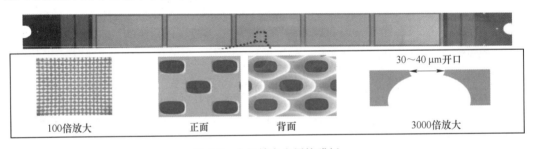

图 6-8　太钢精密金属掩膜板

在产业链上游基础材料方面，我国的 OLED 产业供应仍然主要受控于美国、日本等国家。日本日立金属是全球唯一能够生产厚度≤0.04 mm 因瓦合金箔材的企业，其主要产品厚度是 0.025 mm，同时和 DNP 签订了独供合同，产品平整度可以达到 10 IU。长期以来掩模板被日本企业 DNP（Dai Nippon Printing，大日本印刷）高度垄断，全球市占率超过 90%，其箔材主要规格为：0.025 mm×225 mm，2023 年开始研发厚度≤0.02 mm，宽度>300 mm 的箔材。

太钢集团勇担使命，于 2019 年着手与终端用户开展 FMM 国产化联合攻关，经历了多批次的样片生产和工艺开发，攻克了特殊合金轧制、热处理、去应力退火、洁净化生产等关键技术，0.025 mm 箔材产品单位长度内厚度波动<1 μm，平直度指标达 0.1 mm/m，达到了国际先进水平。2023 年实现 FMM 国产原料的量产，产销 4 t（市场占比 10%），突破精密金属掩膜板"卡脖子"难题填补国内行业空白，实现产业安全自主可控，为我国半导体基础电路向高端发展提供新材料。

下一步，太钢集团将在目前研发精密金属掩膜板的基础上，持续推进材料的迭代升级，不断扩大量产规模，提升市场占有率，助力我国 OLED 显示面板领域早日实现用材的自主可控。

【知识拓展】

因瓦合金（Invar 合金）属于铁基高镍合金，镍含量为 32%~36%，铁含量约为 60%，还含有少量硫、磷、碳等元素。因瓦合金在室温及以下温度范围内，为面心立方的奥氏体组织。因瓦合金具有膨胀系数小、强度和硬度不高、导热系数低、塑性与韧性高等性能，广泛用于半导体集成电路、精密仪表等行业。

6.6.2 铁铬铝

铁铬铝又称铁铬铝电热合金，具有电阻率大、电阻温度系数小、抗氧化性好等特点，主要用于制作三元催化器载体、电热元件、变阻器等。太钢冷轧厂针对铁铬铝加工脆性大、焊接性差和工艺窗口窄等难点，开发出稳定的工艺路线，顺利完成铁铬铝的批量生产，实现国产替代进口，满足市场需求。太钢铁铬铝产品，如图 6-9 所示。

图 6-9 太钢集团铁铬铝产品

6.6.3 罐箱料（PTG316）

目前，太钢集团生产的冷轧不锈钢罐箱料市场占有率已经达到 80% 以上，连续多年保持国内第一。长期以来，太钢与国内多家集装箱制造界领军企业开展战略合作，量身定制，批量化生产，目前已成为国内三大罐式集装箱制造商所需不锈钢材料的主要供应商，如图 6-10 所示。

6.6.4 双相不锈钢

双相不锈钢具有优异的抗腐蚀性能，经冷轧处理的双相不锈钢产品目前可以实现种类丰富，规格齐全，性能稳定，能够满足大多数用户的需求，主要应用于石化、造船、海上采油、湿法冶金等领域，如图 6-11 所示。

图 6-10　PTG316 冷轧不锈钢罐箱料

图 6-11　双相钢应用领域

6.6.5　高端 300 系（304LG）

　　冷轧 304LG 产品通过法国 GTT 认证，成为国内唯一、全球第三家具备资质的供应商，实现 304LG 国产化，解决我国 LNG 海运、储存基础材料"卡脖子"难题，该产品主要应用于 LNG 运输船制造，以及陆地石化原料储罐行业，如港口码头液化天然气的储罐等，如图 6-12 所示。

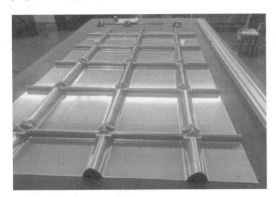

图 6-12　304LG 应用领域

【知识拓展】

《冶金行业较大危险因素辨识与防范指导手册》——冷板带轧制环节

较大危险因素	易发生的事故类型	主要防范措施	依据
板带冷轧机未设置防止断带碎片边飞出的安全网；辊类和剪类设备、助卷器、导板台等检修时未设置安全销	（1）物体打击；（2）机械伤害；（3）物体打击	板带冷轧机必须设置防止断带碎片边飞出的安全网。辊类和剪类设备、皮带助卷器、导板台等检修时必须插上安全销	《轧钢安全规程》（AQ 2003）
处理薄带轧机断带缠辊时未使用专业工具	其他伤害	轧机断带缠辊处理必须使用专业工具夹住带头，严禁用手直接拉取带头	
冷轧机出入口及钢卷小车地坑较深，现场安全栏杆缺失，地面油污较多	（1）高处坠落；（2）其他伤害	（1）冷轧机出入口及钢卷小车深坑周围必须增设安全栏杆。（2）轧机地面油污经常有人清理	
冷连轧机机架之间未设置可移动式安全门或安全栏杆	物体打击	冷轧机机架之间必须设置可移动式安全门或安全栏杆	《冶金企业安全生产标准化评定标准》（轧钢）
处理生产故障不停机；不挂"有人处理故障，请勿操作"警示牌	机械伤害	（1）处理生产故障必须停机。（2）处理生产故障（卡钢、断带、缠辊、换辊、换安全销、换剪刃等）时，挂"有人处理故障，请勿操作"的警示牌	

【模块重要知识点归纳】

1. 冷轧的原理

在常温下，以热轧后的带钢为原料，经酸洗去除氧化皮后进行连续轧制，再经退火处理得到成品的过程。简单来说，冷轧是在热轧工艺的基础上进行加工轧制的工艺，一般来讲，冷轧与其上下游的工艺是"热轧→退火酸洗→冷轧→退火酸洗"这样的加工过程。

2. 冷轧的目的

（1）提升厚度精度。

（2）改善板形质量。

（3）为调整组织结构奠定基础。

（4）精细化调整带钢表面粗糙度。

（5）获得所需要的硬度。

3. 冷轧的特点

（1）冷轧的优点主要在于：

1）冷轧钢板的表面质量、外观、尺寸精度均优于热轧板；

2）冷轧可以使钢材产生很大的塑性变形，从而提高了钢材的屈服点；

3）可以加工成 2B、BA、2D、HL、No. 4、2F 等不同用途的表面。

（2）冷轧的缺点主要在于：

1）易产生加工硬化，导致轧制压力增大、轧制道次增加；

2）冷轧型钢截面自由扭转刚度低，抗扭性能较差，受弯曲时容易出现扭转，受压时容易出现弯扭屈曲；

3）冷轧钢在承受局部性集中荷载时表现较弱；

4）截面内存在残余应力，影响钢材整体和局部的屈曲特性。

4. 不锈钢冷轧的工艺流程

热轧钢卷准备→热卷退火酸洗→钢卷研磨→冷轧→冷轧带钢退火酸洗→调质轧制→精加工研磨→精整。

5. 不锈钢冷轧的主要设备

（1）原料退火酸洗设备。

（2）轧机设备。

（3）成品退火酸洗设备。

（4）精整设备。

6. 森吉米尔二十辊冷连轧机

不锈钢，尤其是奥氏体不锈钢，属于加工硬化倾向较大的金属材料，必须使用高精度、高效率和高刚度的多辊轧机。单机架多辊轧机具有辊径小、单道次变形量大的特点，非常适合高质量、小批量、多品种的不锈钢轧制。目前世界上冷轧不锈钢主要采用二十辊或十二辊轧机，其中森吉米尔（Sendzimir）二十辊轧机为主力机型，最具有代表性，使用也最为成熟稳定，世界上 90% 以上的冷轧不锈钢均是由森吉米尔轧机轧制的。

7. Z-High 型冷连轧机

Z-High 型冷连轧机工作辊的辊径较常规的六辊轧机小很多，可以实现单道次大压下量的轧制，所需轧制力低。通过采用中间辊维度、中间辊弯辊和支撑辊凸度等手段，轧机能够有效地控制板形，生产出符合高标准质量要求的不锈钢产品。

Z-High 型冷连轧机的不足之处在于：工作辊的侧支撑辊及其滚柱轴承容易磨损，导致轧机的稳定性和生产效率降低，同时增加了维护成本。

8. 冷轧工艺对来料的要求

对来料的凸度、卷形、厚度、表面夹杂物及化学成分等要求较高。

9. 冷轧工艺对轧辊的要求

对轧辊辊形的要求主要包括凸度、锥度等参数。

10. 冷轧工艺对操作工艺的要求

对操作工艺的要求主要包括压下控制、张力控制、厚度控制、板形控制、速度控制、用辊控制等。

 **思考题**

6-1 简述不锈钢冷轧的原理和目的。

6-2 简述不锈钢冷轧的工艺流程和主要设备。

6-3 对于 200 系、300 系和 400 系冷轧不锈钢，其采用的冷轧工艺各自有什么区别?

6-4 来料的表面凸度和厚度误差过大会对不锈钢冷轧产生什么影响?

6-5 来料的卷形缺陷会对不锈钢冷轧产生什么影响?

6-6 不锈钢冷轧工艺中，降低柱状晶危害性的措施主要有哪些?

6-7 简述在不锈钢冷轧生产中如何防止断带事故发生。

模块 7　不锈钢退火酸洗工艺

不锈钢退火
酸洗工艺

【模块背景】

为什么不锈钢产品出厂前要进行退火和酸洗，尤其是对表面质量要求较高的不锈钢？退火和酸洗是如何实现连续性作业的？所有类型不锈钢的退火和酸洗工艺都一样吗？热轧带钢和冷轧带钢进行退火酸洗的目的、工艺和要求是一样的吗？不锈钢的主要退火设备有哪些？不锈钢的主要酸洗设备有哪些？什么是"铁鳞"？能否通过物理方法去除"铁鳞"？不锈钢退火酸洗在新技术方面取得了哪些进展？当前有哪些主要的技术手段来实现退火酸洗的绿色生产？通过本模块的学习，大家将会对不锈钢退火酸洗工艺建立基本认识，以助于后续开展对不锈钢退火酸洗工艺的实际操作以及计算、分析、设计和研究。

【学习目标】

知识目标	1. 掌握热轧不锈钢和冷轧不锈钢各自进行退火的目的和特点，了解各类型退火炉的功能与结构； 2. 掌握热轧不锈钢和冷轧不锈钢各自进行酸洗的目的和特点，掌握氧化层的结构组成，了解氧化层预处理的原理与工艺； 3. 掌握酸浸法、混酸酸浸法、酸浸电解法的原理、特点及其工艺流程配置； 4. 了解不同酸洗过程中温度、溶液和电流的控制方法； 5. 掌握热轧带钢连续退火酸洗和冷轧带钢连续退火酸洗的工艺流程； 6. 了解不锈钢退火酸洗技术进展与新技术，了解不锈钢退火酸洗中断带、停炉的预防措施与控制手段； 7. 了解不锈钢退火酸洗绿色生产工艺
技能目标	1. 能区分热轧不锈钢和冷轧不锈钢退火、酸洗的目的； 2. 能辨别温度、氧含量和压力是否符合不锈钢退火工艺的要求，能辨别温度、溶液和电流是否符合不锈钢酸洗工艺的要求； 3. 能初步进行热轧带钢和冷轧带钢的连续退火酸洗工艺设计； 4. 能运用专业知识和技能，举一反三，分析、解决生活生产中实际问题
价值目标	1. 以时不我待、只争朝夕的紧迫感，勤学、修德、明辨、笃实，践行社会主义核心价值观，为"钢铁强国梦"贡献力量； 2. 树立不畏艰难，勇攀高峰，在艰苦环境中奋斗与拼搏的钢铁意志与精益求精的工匠精神； 3. 培养严谨的工作作风、安全意识和责任心，树立遵循规范的职业准则，遵纪守法的法治意识

7.1　概　　述

退火（Annealing）和酸洗（Pickling）在不锈钢生产过程中起着至关重要的作用，是确保不锈钢产品质量和性能的关键步骤。在现代化不锈钢生产中，通常是将退火和酸洗设置在同一机组中进行连续作业，退火和酸洗工序紧密相连，实现了不锈钢的连续生产，因此称为连续退火酸洗（Annealing and Pickling Line，APL）。例如，不锈钢在进行冷轧之前，要对原料（热轧卷）进行退火酸洗；在冷轧过程中要进行中间退火酸洗；最终产品要进行成品退火酸洗（如410、430钢种等，热轧后不进行罩式退火，直接酸洗后再冷轧，硬度会有所偏高，但对冷轧影响不大）。值得注意的是，不锈钢的种类繁多，各类型不锈钢之间的物化性质差异较大。因此，在制定热处理工艺制度时，需要根据不锈钢钢种的特点和产品要求来进行调整。

7.1.1　不锈钢退火酸洗工艺

不锈钢退火酸洗工艺可以分为热轧带钢退火酸洗工艺和冷轧带钢退火酸洗工艺两种。

（1）热轧带钢退火酸洗工艺又称为原料退火酸洗工艺，是进行不锈钢冷轧之前的重要工序。热轧不锈钢卷（俗称黑卷）在进入冷轧机进行轧制之前，由于热轧工序是在高温（相变点以上）条件下进行的，不锈钢卷在热轧后，其金相组织往往呈带状分布，并且存在不良组织。对于奥氏体不锈钢，其在热轧冷却过程中，由于碳元素的扩散和再分配，可能会发生碳化物析出，改变材料的组织结构和性能，对后续的冷轧加工造成不利影响；对于铁素体以及马氏体不锈钢，在相变点以上热轧后，可能会发生马氏体转变，影响不锈钢的塑性和韧性，从而对后续的冷轧加工造成困难。另外，在不锈钢材料热轧机卷取时会发生高温氧化，钢卷表面生成的氧化铁皮牢固地覆盖在带钢表面上。因此，热轧带钢退火酸洗的主要目的是：通过退火使热轧卷软化并调整晶体粒度、提高塑性，再经过酸洗除去在热轧或退火过程中生成的氧化铁皮等杂质。

（2）冷轧带钢退火酸洗工艺又可分为中间退火酸洗和成品退火酸洗。由于冷轧是在常温（相变点以下）条件下进行，经轧制后的带钢加工硬化大，不利于后续的材料加工和使用。冷轧带钢退火酸洗的主要目的是：使经过冷轧后的不锈钢通过加热再结晶来消除加工硬化，并通过酸洗消除退火过程中生成的氧化铁皮等杂质，从而提高带钢的表面质量。不锈钢冷轧带钢退火酸洗机组的退火炉一般采用卧式连续炉，其特点在于带钢退火时间短、带钢表面氧化铁皮少、带钢受热均匀、带钢冷却均匀等。

7.1.2　不锈钢退火酸洗机组

根据工艺不同，连续退火酸洗机组主要包括热轧带钢连续退火酸洗机组（Hot Annealing and Pickling Line，HAPL）和冷轧带钢连续退火酸洗机组（Cold Annealing and Pickling Line，CAPL）。为了节约投资，也可以对热轧带钢、冷轧带钢共用同一生产线进行退火和酸洗。这样的生产线称为混合连续退火酸洗机组。图7-1所示为典型不锈钢连续退火酸洗工艺流程，退火采用高效废气预热式长预热段节能型热处理炉，酸洗采用中性盐电解液与碱性电解液相结合的酸洗技术，其运行速度最高可达100 m/min。随着不锈钢产量的提升和设备能力的进步，出现了连续性更强的不锈钢直接轧制退火酸洗机组（Direct Rolling，Annealing and Pickling，DRAP），其将冷轧、退火和酸洗建设在一条生产线上，实现了从热轧酸洗带钢到冷轧成品的全连续式生产。该类机组避开了一次开卷过程，提高了生产效率和成材率，减少了设备投资，但是对设备稳定性和生产组织提出了更高的要求。

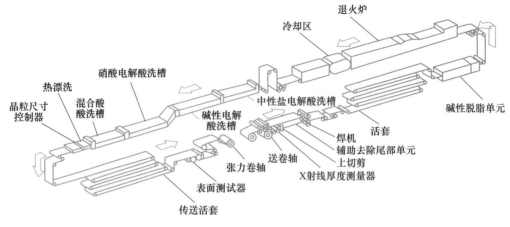

图 7-1　典型不锈钢连续退火酸洗工艺流程

7.2　退　　火

7.2.1　退火目的

要改善钢的性能有两个主要途径：合金化和热处理，两种方法相辅相成，共同作用于钢材，以优化其性能。合金化是通过调整钢的化学成分（主要采用添加合金元素等手段），来改变钢材的基本性质；热处理是通过对钢材进行加热、保温、冷却等工艺操作，使钢材的组织结构发生变化，从而获得所需的性能。钢材的热处理工艺根据加热和冷却方法的不同，可分为普通热处理和表面热处理。普通热处理包含退火、正火、淬火、回火等手段，表面热处理又分为表面淬火（火焰加热、感应加热等）和化学热处理（高温渗碳、氮化等），如图 7-2 所示。

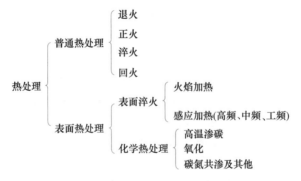

图 7-2　钢材热处理工艺的分类

在普通热处理技术中，退火和正火的主要目的是使材料的组织细化、成分均匀、消除残余应力，从而改善材料的力学性能并为后续的淬火做准备；淬火的主要目的是使材料获得高强度和高硬度，提高材料的力学性能；回火的主要目的是降低材料的脆性，消除或减少内应力，获得材料所要求的力学性能。

为了使钢材在使用或后续加工过程中表现出最佳性能，出厂前的热处理是至关重要的步骤。对于不锈钢生产来说，尽管热处理的类型多种多样，但通常都习惯性地统称为退火。

不同类型的不锈钢，退火的目的、工艺和设备也各不相同。必须根据不锈钢的种类和特性，选择适当的退火工艺和设备。

7.2.1.1 热轧带钢退火的目的

常见类型不锈钢热轧带钢的退火目的和方式见表 7-1。

表 7-1　几种不锈钢热轧带钢的退火目的和方式

钢种	退火目的	退火方式
奥氏体不锈钢	碳化物固溶、再结晶软化	连续退火
马氏体不锈钢	马氏体分解、碳化物均匀分布、再结晶软化	罩式退火
传统铁素体不锈钢	马氏体分解、碳化物均匀分布、再结晶软化	罩式退火
超纯铁素体不锈钢	再结晶软化	连续退火
双相不锈钢	析出物固溶、两相比例调整、再结晶软化、	连续退火

（1）奥氏体不锈钢热轧带钢退火。奥氏体不锈钢因其含有大量的镍（Ni）、锰（Mn）等奥氏体形成元素，当钢中的含碳量较高时，热轧过程中会析出碳化物，同时晶粒也会因加工而变形。因此，奥氏体不锈钢热轧带钢退火的主要目的就是使这些析出的碳化物在高温下固溶，并通过急冷保持固溶碳到常温，以提高材料的耐蚀性。同时，在退火过程中调整晶粒度，实现材料的软化。奥氏体不锈钢通常采用连续退火，加热温度控制为 1000~1100 ℃，随后采用水冷或空冷模式进行快速冷却。

（2）马氏体不锈钢热轧带钢退火。马氏体不锈钢在热轧前处于高温奥氏体相区，但在热轧后的冷却过程中会发生马氏体相变，导致带钢的硬度升高而塑性降低。马氏体不锈钢热轧带钢退火的主要目的是将高硬度马氏体分解，同时使碳化物均匀分布，从而使带钢变软以便于后续加工。为达到这一目的，马氏体不锈钢通常采用罩式退火，退火温度在800 ℃左右。

（3）铁素体不锈钢热轧带钢退火。1）传统铁素体不锈钢。传统的铁素体不锈钢（如430、410S 等）由于碳（C）、氮（N）含量较高，热轧过程中会存在一定比例的高温奥氏体相区，热轧会使这部分奥氏体转变为高硬度、低塑性的马氏体。此外，钢中的碳化物主要为带状，影响不锈钢的加工性能和耐蚀性能。因此，传统铁素体不锈钢退火的主要目的是使马氏体分解为铁素体和碳化物，并使铁素体相中的碳化物均匀分布，从而软化材料并提升其耐蚀性。传统铁素体不锈钢通常采用罩式退火，其退火温度通常为 750~850 ℃。2）新型超纯铁素体不锈钢。新型超纯铁素体不锈钢（如 439、436、443 等）的碳、氮含量极低，其在高温下不存在奥氏体相，快速冷却至室温也不会出现马氏体。因此，超纯铁素体不锈钢退火的主要目的是使热轧变形组织发生再结晶，从而软化材料并提高组织的均匀性和成型性。新型超纯铁素体不锈钢往往采用连续退火，退火温度通常控制在 1000 ℃左右。

（4）双相不锈钢热轧带钢退火。奥氏体-铁素体双相不锈钢如 022Cr22Ni5Mo3N（UNS S32205）、022Cr25Ni7Mo4N（UNS S S32750）等，在热轧后，钢中会形成多种含铬（Cr）、镍（Ni）的析出物，从而影响钢的耐蚀性能和组织结构。因此，这类不锈钢退火的主要目的首先是使各类析出物溶解，以提高基体耐蚀性能；其次是通过调整温度来控制奥氏体相和铁素体相的比例；同时使热轧变形组织发生再结晶，消除变形组织中的内应力和缺陷，使带钢软化并提高组织的均匀性和成型性。一般来说，奥氏体-铁素体双相不锈钢的退火温度控制为 1000~1100 ℃。

7.2.1.2　冷轧带钢退火的目的

冷轧不锈钢带钢退火的主要目的是通过加热再结晶退火，使冷轧硬化的材料恢复其软化状态，降低强度，提高塑性和韧性，以达到合适的材料性能。不锈钢的冷轧是在材料相变点温度以下进行的，这意味着在轧制过程中，材料不会发生相组织的转变。相反，冷轧会使材料发生加工硬化，加工硬化的程度随着冷轧量的增加而增大。因此，冷轧不锈钢带钢退火的温度通常控制为 200~600 ℃，首先利用高温消除其变形应力；随着温度的进一步增加，材料会发生再结晶，这是一个新的、无应力的晶粒取代原有变形晶粒的过程，可以使材料显著软化。冷轧后的退火包括中间退火和最终退火。

需要注意的是，钢的再结晶过程受到多种因素的影响，包括其化学成分、退火条件以及冷轧压下率等。因此，在设定退火温度时，必须充分考虑这些因素，确保退火温度能够使带钢充分软化和再结晶完全，从而得到性能优良的不锈钢材料。

（1）奥氏体不锈钢冷轧带钢退火。奥氏体不锈钢的再结晶一般从 900 ℃左右开始，在 1050~1200 ℃完成。提升退火温度，易导致晶粒粗化、硬度降低。如果晶粒过于粗大，不仅会使带钢表面粗糙度增大，而且易引起晶间腐蚀。因此，温度不能太高，对退火温度、加热时间、保温时间都要严格管理，退火后需采取快速冷却。

（2）马氏体不锈钢冷轧带钢退火。马氏体不锈钢一旦加热到超过相变点温度时，会发生马氏体相变导致材质硬化，尤其是高碳马氏体钢则更加显著。因此，这类钢种的退火温度应控制在 800 ℃以下，退火后采取强制风冷冷却。

（3）铁素体不锈钢冷轧带钢退火。铁素体不锈钢的再结晶从 600~650 ℃开始，约在 900 ℃左右完成。当加热到接近 900 ℃时，也可能发生相变。因此，退火温度应控制在 900 ℃以下（通常为 850 ℃），退火后进行强制风冷冷却。

7.2.2　不锈钢退火的工艺特点

不锈钢热轧带钢和冷轧带钢的退火，需要考虑不同的钢种特性和生产工艺，其相应的典型退火炉炉型见表 7-2 和表 7-3。

表 7-2　不同生产模式所对应的退火炉炉型

生产模式	退火炉炉型
周期式	室状炉（台车式炉），罩式炉
连续式	悬垂式炉，立式炉，辊底式炉

表 7-3　不同不锈钢类型所对应的退火炉炉型

钢种	热轧带钢	冷轧带钢
马氏体不锈钢	罩式炉	连续炉
铁素体不锈钢	罩式炉或连续炉	连续炉
奥氏体不锈钢	连续炉	连续炉

7.2.3　不锈钢的主要退火设备

不锈钢退火的主要设备包括罩式退火炉、卧式连续退火炉和立式连续光亮炉。每种设备都有其独特的优缺点，并在不同的应用场景下发挥着重要作用。在一段时间内，这些设备将共同存在和发展，以满足不同不锈钢退火处理的需求。

7.2.3.1　罩式退火炉

A　概述

罩式退火炉（Bell Type Annealing Furnace，BAF）是将轧制后的钢卷打捆后，按照炉台高度选取不同的钢卷进行装炉，然后进行升温、保温和冷却。相对于连续式退火炉而言，罩式退火的生产过程具有周期性。罩式退火炉主要以液化石油气（LPG）或天然气作为燃料，通过内罩壁对钢卷进行间接加热。热轧钢卷在罩式炉中固定、堆垛后进行退火，经过一个完整的退火周期后，退火结束，再进行下一轮的退火，周而复始。实际生产中，将钢卷装入炉中，因钢卷不同部位的升温速率不同，钢卷下部的中心部分升温最困难。因此，设定工艺时，通常选择钢卷下部中心部分的温度作为设定温度（目标材温）。需要注意的是，钢卷上接近退火炉内罩的部位（如外圈），因热流密度大，升温较快，若以钢卷下部中心温度为目标温度，钢卷外圈部分有超出设定温度的危险，因此在采用 BAF 退火时必须注意。

罩式退火炉最初应用于铜基合金退火，后推广到钢铁工业，适用的材料种类较多，具有投资小、产品品种多、深冲加工性能优越等特点，特别适合于中小规模冷轧厂使用，目前仍在发展。

目前，冷轧带钢退火炉内的保护性气体主要为全氢气氛和氮-氢气氛两种。全氢（保护气体为100%的氢气 H_2）罩式退火炉的结构，如图 7-3 所示，主要由炉台、加热罩、内罩、冷却罩等设备部件构成，同时还包括相应的阀门、支架等。

a　炉台

炉台是罩式退火炉的主体设备之一，在不锈钢退火过程中发挥着至关重要的作用，主要由循环风机、承重板、保温层、炉台钢结构、炉底边框、支撑结构以及炉台垫板等部件组成。为确保氢气不会泄漏，避免安全问题，炉台采用硅橡胶密封圈进行密封，并配套软件控制系统和自动夹紧系统。循环风机位于炉台底部，其作用是加快氢气的流动，这样不仅有助于钢卷温度的均匀分布，同时缩短加热和冷却时间，提高退火效率，降低退火过程能耗。在钢卷退火过程中，炉台需要在冷热态交替状态下承受钢卷和内罩的全部重量，因

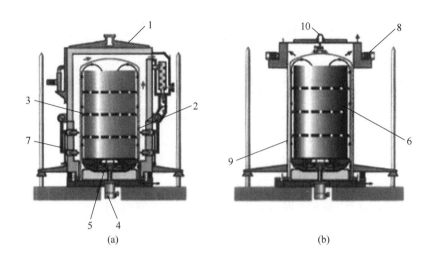

图 7-3　全氢罩式退火炉的结构

1—加热罩；2—内罩；3—对流盘；4—炉底风机；5—炉台与导风盘；6—退火材料；
7—烧嘴及配件；8—环冷风机；9—冷却罩；10—喷淋水管

此，炉台材料的选择和结构设计都需要充分考虑其抗热震性和机械强度，以确保其能够在恶劣的工作环境下稳定运行。

　　b　加热罩

　　加热罩作为全氢罩式炉结构中的关键部分，其设计复杂且功能多样，主要作用是为空气和煤气提供燃烧空间，并将产生的热量有效传递至内罩。加热罩的外壳通常采用碳钢板和结构钢材料制成，其内部则安装轻质耐火材料（以陶瓷纤维为主）。在炉子的下半部分，多个燃气烧嘴沿着切线方向布置成上、下两层，这是为了促进燃烧中形成火焰环，从而确保内罩能够得到均匀加热。加热罩配套有燃气空气调节系统、火焰检测系统以及报警系统，以确保退火过程的安全性。在燃烧系统方面，采用了全自动亚高速脉冲控温燃烧器，这种燃烧器能够根据加热周期和保温周期的要求，精确地控制炉温，确保退火过程的稳定性和效率。加热罩顶部通常装有热电偶，用于监测加热罩温度。

　　c　冷却罩

　　冷却罩的主要功能是对炉台进行快速冷却，提高设备的利用率。冷却罩上部安装大流量风机，需要冷却时，启动风机进行抽风冷却，冷空气从冷却罩的四周和底部的进气管进入。同时，还配置了喷淋装置以辅助冷却。冷却罩结构，如图 7-4 所示。

　　d　内罩

　　内罩又称为保护罩，主要作用是将钢卷和保护气体与外界隔绝，避免高温的烟气和空气直接接触钢卷，从而防止退火时钢卷产生氧化缺陷。内罩的钢结构使用水冷密封大法兰，采用液压缸将密封大法兰压紧在炉台上使内罩与炉台构成一个严格密封的空间。

　　某不锈钢全氢罩式退火炉的工艺参数见表 7-4。

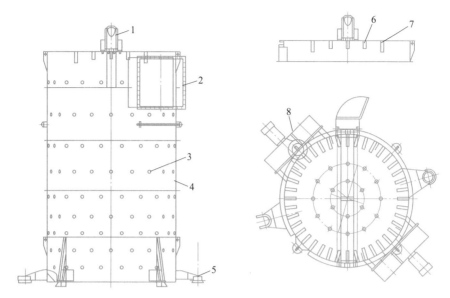

图 7-4　罩式退火炉冷却罩的结构

1—吊环；2—风机窗口；3，4—冷却罩本体；5—导向环；6，7—冷空气进口管；8—电机

表 7-4　全氢罩式退火炉的工艺参数

生产能力	12500 t/a	钢卷尺寸	外径最大 2000 mm
钢种	热轧黑皮卷不锈钢 400 系列	燃料	LPG 或天然气
退火最高温度/℃	870	氢气纯度/%	99.99
温度控制范围/℃	±5	氢气氧含量	≤10⁻⁵
退火保温温度/℃	850（钢卷外侧）	氢气露点/℃	<-50
加热罩最高温度/℃	970	炉内氢气压力/Pa	600~2500
不锈钢厚度/mm	2.0~6.0	氮气纯度/%	99.99
不锈钢宽度/mm	650~1350	氮气氧含量	≤10⁻⁵

B　工艺特点

根据退火温度的不同，退火方法又可进一步分为相变点以下退火和相变点以上退火。

a　相变点以下退火

在相变温度以下对钢材进行退火处理，由于钢材基体上析出细微碳化物，钢材硬度降低幅度不大，因此，一般适用于含碳量低的钢种，如低碳马氏体不锈钢和铁素不锈体钢。由于退火操作在理论上是在材料相变点以下进行的，因此不需要对冷却速度进行严格管理。但在实际操作环境中，特别是在钢卷的外圈区域，仍有可能出现温度超过相变点的情况。因此，当退火温度的设定值接近相变点时，为了避免上述隐患，应采用加热罩并严格控制冷却速度，更加精确地控制钢卷的温度，当钢卷冷却到一定温度后再开罩进行快速冷却。

b　相变点以上退火

在生产中，钢材退火后的硬度主要取决于碳化物的析出状态，因此，要想降低钢材的硬度，应在相变点温度以上进行退火，如含碳量较高的 2Cr13、3Cr13 等钢种。需要注意的是，相变点以上的退火必须控制冷却速度。对于温度在 500 ℃ 以上的退火，通常使用低于 30 ℃/h 的速度缓慢冷却。

热轧不锈钢的罩式炉退火基本采用相变点以下退火。

C　强对流全氢罩式炉退火技术

罩式退火炉中，热量的传递主要通过内罩壁的辐射传热和气体的对流传热来完成。由于热轧卷本身的结构特点，其横向厚度的不均匀性（中间厚、两边薄）以及钢卷层间间隙的存在，导致热量在钢卷内部的传递受到一定限制。为了提高辐射传热效率，可通过提高内罩壁的发射温度，形成较高的温度差。然而，这种方法虽然理论上可以强化辐射传热，但实际操作中却可能导致钢卷的外圈温度过高。

强对流罩式炉退火技术通过提高保护气体的流速和流量，有效强化了内罩壁与保护气体之间的对流传热，进而更有效地将内罩壁上的热量传递给钢卷。在保护气体的选择上，全氢技术是一个重大的创新。所谓"全氢"是指使用浓度 100% 的氢气作为保护气体，取代传统的氮-氢型保护气体（一般氢的体积分数为 2%~4%，氮的体积分数为 96%~98%）。由于氢气的密度只有氮气的 1/14，而导热系数是氮气的 7 倍，这意味着氢气在炉内更容易流动和扩散，强化了热量传递。全氢作为保护气体，不仅显著地提高了传热效率，提高了退火能力，同时改善了炉温的均匀性，保证了钢卷的力学性能，提高了钢卷的内在质量与表面质量。氢、氮、空气及低碳钢的密度与导热系数见表 7-5。

表 7-5　氢、氮、空气和碳钢的密度与导热系数

物质	密度/kg·m^{-3}	导热系数
氢气	0.0899	0.172
氮气	1.251	0.024
空气	1.293	0.024
碳钢	7850	69.8

强对流全氢罩式炉主要用于对热轧马氏体不锈钢及部分热轧铁素体不锈钢进行退火处理。随着技术的不断进步，目前的罩式炉几乎均是采用全氢型保护气体的单垛式罩式炉，以提高退火产品的质量和生产效率。

D　操作步骤

（1）装炉：将钢卷和对流板按次序放置在炉台上，使得对流板中心、钢卷中心以及炉台中心处于同一条直线上。

（2）检验密封性和稳定性：将内罩进行吊装并通过液压锁紧，首先使用少量的氮气对炉内的空气进行置换，当保护罩内部压力达到 5500 Pa 时，停止氮气的供给并观察炉内情况。如果炉内压力能够在 10 min 内维持在 4500 Pa 以上，可认为退火炉的密封性良好；否则进行检查，找出可能存在的泄漏点，确保安全性。

（3）扣紧加热罩进行点火：使用氮气对炉内进行吹扫，确保保护罩内的氧气含量在 1% 以下。当吹扫量和吹扫时间达标时，即可满足点火的基本要求。燃烧空间必须用空气进行吹扫，以确保不会因燃气浓度过高而导致安全事故。在进行点火的同时，用氢气置换氮气，当燃烧室温度在 250 ℃ 以下，氢气置换氮气的过程已经完成，此时退火过程已经在

全氢气的氛围中完成，并且置换进的氢气被用于加热室的燃烧，符合资源能源循环利用的基本要求。

（4）加热过程和均热过程：当钢卷升高到预定的温度后，将进入均热过程。在这个阶段，保持恒定的炉内温度，以确保钢卷内外部的温度均匀一致，从而并使其组织结构得到充分的调整。

（5）冷却过程：主要有四种冷却方法，1）带加热罩冷却的方式；2）辐射冷却，其是指在吊走加热罩后，扣上冷却罩的这段时间内，内罩与外部环境之间发生的热交换；3）空气冷却，其是指在扣紧冷却罩后，空气经过高速流动会对保护罩产生冷却的效果；4）喷淋冷却，其是指冷却水对内罩外表面进行喷淋的直接冷却方式。

7.2.3.2　卧式连续退火炉

A　工艺特点

凡不适宜在罩式退火炉中进行退火的热轧卷（如奥氏体不锈钢、铁素体单相不锈钢），以及所有冷轧后的钢卷，均可在连续炉中进行退火。连续退火具有以下特点：

（1）温度稳定与受热均匀。连续退火炉相较于罩式退火炉，在温度稳定和带钢受热均匀性方面展现出了显著的优势。连续退火炉通过精确控制各段的温度，确保带钢在炉内能够迅速且均匀地受热，大幅缩短了加热时间，同时减少了带钢在高温下的暴露时间，进而降低了带钢的氧化程度。以上特点使得整个带钢在受热和冷却过程中都能够保持均匀一致的组织和性能，这不仅是连续炉最大的优点，也是连续炉与罩式炉的主要区别。

（2）运行速度与通板厚度成反比。当板厚增加时，机组运行速度需相应降低，以保持瞬间通板恒定，这是调整板厚与速度的重要依据。板厚与机组允许的最高工艺速度的乘积称为 *TV* 值，*TV* 值主要由退火炉性能决定。因此，一般用最大 *TV* 值来衡量一个炉子的退火能力。

（3）操作与维护要求严格。由于连续式退火炉的炉身比较长，退火与酸洗又紧密联系，机组速度与炉温一旦发生变化，容易在带钢上形成长度较大的异常段，例如发生突然停机、烧嘴熄火等，均易引起带钢材质出现异常。

B　炉型、工艺流程与功能

在钢铁行业中用于板带退火的连续退火炉有立式和卧式两种，其中卧式连续退火炉是当前不锈钢冷轧带钢退火的主要设备。冷轧卷在卧式连续退火炉中，经入口活套展开后首先进入明火加热段，迅速将带钢加热到预定的温度。加热完成后，进入保温段，确保温度均匀分布并稳定在一定范围内。接下来，带钢进入冷却段进行降温处理。由于带钢在冷却段内的停留时间短且温度低，这一阶段的冷却工艺对带钢内部的组织和力学性能的影响不大，但冷却均匀性则会对带钢的板型造成较大影响。因此，冷却过程通常采用喷气和喷雾冷却两种方式。冷却后的带钢直接进入酸洗槽进行表面处理，以去除表面的氧化物和其他杂质，再经过精整处理（切割、矫直、检验等）后即为不锈钢成品。卧式连续退火炉使用明火加热的方式，具有退火周期短、运行成本低以及连续生产等优势，是目前不锈钢冷轧带钢的主要退火工艺。

卧式连续退火炉从功能和流程上分为预热段（通过高温烟气对刚进炉的低温不锈钢进行预热）、加热段、冷却段和干燥段。对于生产速度较高、产量较大的机组，卧式退火炉的长度相应较大，以适应连续、高效的生产需求。然而，随着炉体长度的增加，炉内不锈钢在高温及小张力条件下的垂度问题也变得越发显著，过大的垂度容易导致不锈钢与炉底接触，造成表面擦伤和质量下降。为了解决这一问题，通常会将加热段和冷却段分割成几个独立的加热室，加热室与加热室之间用炉底辊隔开，并与外界隔离密封。卧式连续退火炉结构示意图，如图 7-5 所示。

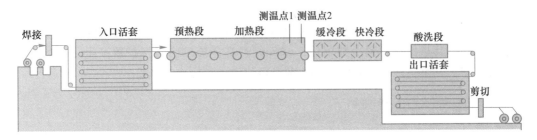

图 7-5　卧式连续退火炉结构

　　a　预热段

　　在预热段内，并不直接使用燃料进行预热，而是巧妙地利用加热段返回的高温烟气对带钢进行预热，高温烟气的温度最高可达到 1100 ℃ 左右，可将不锈钢带钢预热到 300 ℃左右，从而达到节能降耗的目的。预热段的外层通常使用普碳钢板焊接而成，内层则使用耐火纤维和轻质耐火砖，这既确保了预热段的坚固耐用，又能够减少热量损失，提高预热效率。在部分炉子中，预热段的端部还设有一定数量的烧嘴，用来将烟气中过剩的氧消耗掉。如此一来，一方面可以提高燃料利用率，避免浪费；另一方面可以使炉内的气氛保持还原性气氛或弱氧化性气氛。此外，预热段的功能除了将带钢预热到一定的温度外，还可以通过高温作用将冷轧带钢表面残余的油脂通过蒸发和燃烧清除掉。

　　b　加热段

　　在加热段内，天然气燃烧后产生的高温烟气是加热带钢的主要热源。这些高温烟气与炉内运动的带钢进行对流和辐射换热，从而实现对带钢的均匀加热，加热炉的最高炉温可达到 1300 ℃。加热段内炉温的调节可通过精确控制烧嘴的空/燃气比例来实现。当需要提高温度时，先提高空气流量，再逐步加大燃气流量，确保燃气充分燃烧；当需要降低温度时，先降低燃气流量，再减小空气流量，以维持稳定的燃烧状态。一般状况下，燃气与空气的流量比控制在 1 :（1.05~1.10）范围内。加热段一般分为 3~5 个燃烧室，每个燃烧室又进一步划分为若干个燃烧区，这样的设计使得加热过程更加灵活和可控。

　　c　冷却段

　　当带钢在加热炉中加热到一定温度并保温后，需对带钢进行冷却，一方面完成金相组织的转变，同时转入后道工序。冷却段的主要任务是将带钢迅速且均匀地冷却到 100 ℃ 以下，为后续的卷取操作做好准备。常见的带钢冷却方式主要有风冷（直接采用冷空气冷却带钢）、雾冷（冷却空气中喷入水雾冷却带钢）和水冷（直接在带钢表面喷水冷却）等。对于卧式连续退火炉，通常要求冷却速度快（50 ℃/min 以上）、设备空间紧凑。由于带钢较薄（一般小于 3 mm）且冷却速度快，冷却过程一般不会对材料的内部组织和性能造成较大的影响，但是冷却均匀性却会对带钢的板型产生较大的影响，尤其在高温阶段更为明显。为了解决这一问题，卧式连续退火炉的冷却过程通常又进一步分为缓冷和快冷两个阶段。

在缓冷段，主要通过狭缝式气流喷射的方法，将带钢的温度降低到 200 ℃ 左右。这种喷气冷却方式的冷却均匀性较好，能够确保带钢在降温过程中保持较好的板型。然而，当带钢温度低于 400 ℃ 后，由于传热温差降低，喷气冷却的速度会显著降低。为了加快带钢的冷却速度，喷雾冷却方式被引入到快冷段。在快冷段，喷雾冷却利用水蒸发相变吸热的原理，能够在短时间内将带钢的温度迅速降低到目标值。因此，在实际操作中，需要精确控制带钢进入喷雾冷却区的温度，确保其在合适的温度范围内进行快速冷却。同时，通过优化喷雾冷却系统的设计和参数调整，提高冷却的均匀性，减少带钢变形的风险。

C　结构

卧式连续退火炉的外层采用普碳钢板焊接而成，炉墙和炉底钢板内侧则紧贴一层用作保温的硅钙板或纤维板。保温板通常采用两层错缝拼缝的方式，避免了高温烟气贯穿，提高保温效果。紧贴保温板的是轻质耐火砖，能够承受高达 1500 ℃ 以上的温度。烧嘴是加热炉的核心部件，分为上下两排安装在炉壁内，每个烧嘴都配备一个点火电极。

加热炉燃烧后产生的高温烟气从预热段入口由风机排出，随后进入热交换器，与即将进入加热段烧嘴的燃烧空气进行换热，实现了能量的高效利用。一般情况下，烟气温度高达 850 ℃，经过热交换器后，燃烧空气的温度可提升至 550 ℃，而冷却后的烟气温度一般维持在 200~300 ℃，在排放到大气前还需冷却。这样的设计不仅提高了热效率，还降低了排放烟气的温度，有利于低碳环保。

7.2.3.3　光亮连续退火炉

A　概述

如图 7-6 所示为不锈钢冷轧带钢的光亮退火工艺，主要流程为：开卷→焊机→脱脂段→入口活套→炉区加热段→炉区冷却段→出口活套→检查台→卷取。

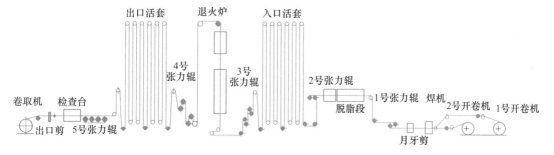

图 7-6　不锈钢冷轧带钢的光亮退火工艺

光亮退火主要对不锈钢带钢在保护气氛（100%氢气或氢气-氮气混合）下进行热处理，主要作用如下。

（1）消除加工硬化得到所需的金相组织。现代常用的光亮退火炉，可分段控制温度与冷却速度，并在冷却段采用强对流冷却，从而根据不同钢种需求进行精细化控制，得到所需的金相组织。

（2）获得光亮、耐蚀性好且无氧化的表面。光亮退火通过严格地控制炉内的保护气氛，从而获得无氧化的光亮表面。与普通退火、酸洗得到的表面相比，由于没有氧化过程，减少了带钢表面的贫铬现象，其耐腐蚀性比 2B 板更好。

（3）光亮处理保持轧制表面的光亮度，可不再进行后加工而得到光亮的表面。光亮退火后，带钢表面保留了原有的金属光泽，得到接近镜面的光亮表面。

（4）省去了酸洗、抛光、研磨等工序，生产成本低，避免了普通酸洗方法造成的污染问题。退火后的部分品种带钢不需要进行酸洗处理，有效地避免了由于酸洗造成的污染问题。

（5）能精确控制成品尺寸。由于成品没有氧化损失或氧化损失较小，通常可由轧制来控制最终尺寸。

需要注意的是在不锈钢带中，铁素体不锈钢、马氏体不锈钢的坯料和中厚钢带，一般采用全氢或氮-氢混合保护气氛的罩式退火炉处理；而对奥氏体不锈钢和铁素体不锈钢薄带，则主要采用光亮连续热处理。

　　B　原理

当要生产表面质量要求较高的不锈钢产品如 BA 板等时，必须严格地控制光亮炉内的保护气氛，尽量避免合金元素的氧化。在 100% 氢气保护气氛下，尽管氢气是还原性气体，但主要合金元素 Fe、Cr、Ni、Mn、Ti、Si 等仍然会发生氧化，这些合金元素的氧化影响了带钢的表面光亮度。即便是 304 不锈钢，在露点为 -80 ℃ 这种工业生产最极限的 100% 氢气环境中，当冷却到 500 ℃ 以下也会发生氧化反应。

实际上，不锈钢在光亮退火炉内并非完全发生还原反应，而是交替发生氧化、还原反应，并在最终的低温冷却段发生氧化反应，而避免氧化的手段只有通过尽可能地降低露点和快速冷却，从而最大程度地保持入炉前的光亮度。

　　C　类型

光亮连续退火炉根据机组布置方式可分为立式炉和卧式炉；按照机型结构可以分为马弗炉、无马弗炉（砖炉）和马弗砖炉混合型三种。现代化大型、高质量的不锈钢光亮板带大多采用立式光亮退火炉，而卧式光亮退火炉主要应用于生产窄带以及对表面质量要求不高的产品。

立式光亮退火炉的炉型根据钢种类型、炉子生产率、产能等因素又可进一步分为：马弗立式光亮炉、无马弗立式光亮炉、马弗与砖炉混合光亮炉。

7.2.4　退火过程控制

7.2.4.1　温度控制

退火温度是退火过程中的核心控制因素，其准确性和稳定性直接影响到带钢的质量和性能。由于炉内的气氛温度与钢卷温度接近，因此通常选择控制炉内气氛温度作为实际生产时的退火温度。温度控制主要通过带钢温度、炉温和煤气的三级串联控制来实现。炉温控制器是以测温计检测到的带钢温度作为控制依据，根据实际检测的温度值和设定值之间的差异，对炉温的设定值重新纠正。

7.2.4.2　氧含量控制

对于现代化的连续退火酸洗机组，氧含量的控制既要兼顾酸洗除鳞，又要考虑节约能源。当氧含量过低时，尽管节约了能源消耗，但会使带钢表面氧化皮结构致密从而导致酸洗除鳞困难，退火时将产生表面质量缺陷。此外，氧含量不足会导致燃料燃烧不充分，进一步使烟气中的一氧化碳含量增加，不利于节能环保。当氧含量过高时，会使带钢表面氧化严重，氧化皮增多，增加了酸洗除鳞的难度，同时使酸洗过程中产生过多的废酸和废气。因此，为了获得最佳的酸洗效果和能源利用效率，通常炉气中的氧含量大多控制在5%左右。

7.2.4.3　压力控制

在连续退火炉内，炉压的大小及其分布是影响火焰形状、调整温度场及控制炉内气氛的重要手段之一，它不仅影响钢料的加热速度和质量，也影响着燃料的利用率，特别是连续加热退火炉中均热段的压力尤为重要。

炉压沿炉长方向的分布，随炉型、燃料燃烧方式及操作方式不同而异。烧嘴供入炉内的能量使炉压增高，配置多排烧嘴会使炉压累加。由于热气体的位差作用，连续加热退火炉炉内还存在着垂直方向的压差，炉顶布置烧嘴的优点是可以借助烧嘴流股的动量造成向下递增的垂直压力分布，而向炉长方向的动量很小，所以这种炉子沿炉长的炉压分布比较均匀，与供热量的分配情况相近。

连续加热退火炉中，炉压分布由前往后递增，总压差一般控制为 8~20 Pa，形成这种压力递增的原因主要是烧嘴流股的动量较大，部分动量转化为静压。在既定的炉型与操作条件下，炉膛头尾这种压差几乎为一定值，用烟囱抽力只能调节整个炉压的绝对值而几乎不能改变压力分布曲线的形状。设计中应正确选定炉型和构造尺寸，尽量使炉压均匀一致。

7.3　酸　　洗

7.3.1　酸洗目的

在退火过程中，不锈钢带钢表面会形成具有一定厚度的氧化铁皮（俗称铁鳞），氧化铁皮牢固地覆盖在不锈钢的表面，掩盖着不锈钢的表面缺陷。不锈钢含铬量较高，氧化层主要由铬-铁氧化物、铁氧化物和其他合金元素氧化物所组成。氧化层的组成、结构以及各类氧化物的含量与带钢成分、退火温度、退火时间、加热气氛以及冷却制度有着密切的关系。氧化层的存在，会对产品质量及后续工艺产生不利影响，主要体现在：

（1）轧制过程中，不锈钢表面残留的氧化层一旦被压入带钢基体中，直接影响产品的表面质量；

（2）轧制过程中，不锈钢表面残留的氧化层一旦进入轧辊的乳化液系统，不仅损坏循环设备，而且直接导致乳化液报废；

（3）轧制过程中，不锈钢表面残留的氧化层严重影响轧辊的使用寿命。

某些情况下，氧化铁皮层的下面会形成贫铬层，造成材料性能恶化。由于不锈钢氧化层的结构极其复杂，因此选择合理的不锈钢酸洗工艺至关重要。

不锈钢酸洗的目的在于：

（1）去除退火过程产生的氧化层和贫铬层，保证不锈钢产品质量，并获得光亮的不锈钢表面；

（2）对不锈钢表面进行钝化处理，提高钢板的耐蚀性。

不锈钢在经过热轧退火和冷轧退火后，由于其表面成分和内部组织不同，其酸洗的目的也各不相同见表 7-6。

表 7-6　热轧不锈钢和冷轧不锈钢的酸洗目的

项目	酸洗目的	说　明
热轧不锈钢	（1）去除氧化层和贫铬层； （2）钝化处理	热轧不锈钢酸洗主要是要去掉热轧及退火过程中在不锈钢表面形成的氧化层以及贫铬层，并对不锈钢表面进行钝化处理，提高钢材的耐蚀性
冷轧不锈钢	（1）去除氧化层和贫铬层； （2）钝化处理； （3）获得表面色泽	冷轧不锈钢主要是要去掉退火过程中在不锈钢表面形成的氧化层以及贫铬层，对不锈钢表面进行钝化处理，提高钢材的耐蚀性。同时，根据客户的要求获得所需的表面色泽

不锈钢的酸洗质量直接决定了产品的金属色程度、色泽均匀度和表面光洁度，是不锈钢生产过程中重要且必需的工序。

7.3.2　氧化铁皮层

不锈钢表面生成的氧化铁皮层结构比较复杂，外层主要是以铁氧化物（Fe_2O_3、Fe_3O_4）为主，厚度较薄但结构较为致密，能够牢固附着在不锈钢表面；内层则主要以铁-铬尖晶石氧化物（$Fe_2O_3 \cdot Cr_2O_3$）为主，内层结构相对疏松但厚度较大。随着不锈钢中铬（Cr）含量的增加，内层厚度也会随之增大，尽管氧化层能够在一定程度上阻止氧化向不锈钢基体的进一步深入，但同时也会使酸洗变得困难。通常，热连轧机生产的热轧不锈钢表面氧化铁皮含量约为 $80 \sim 100 \ g/m^2$。

430 热轧不锈钢由于在全氢罩式炉中经过长时间的退火，氧化层厚度基本不变，但是不锈钢基体中的铬会扩散至不锈钢表面与氧化铁结合，使氧化层的结构更加复杂，特别是铁-铬氧化物 $FeCr_2O_4$ 的增加，加大了酸洗难度。

7.3.3　氧化层预处理

普通碳钢的氧化层主要由 Fe_2O_3、Fe_3O_4、FeO 等铁氧化物组成，它们都容易与酸反应后脱离基体；对于不锈钢，由于其氧化层内层是以 Cr_2O_3、$Fe_2O_3 \cdot Cr_2O_3$ 和 $FeCr_2O_4$ 为主的尖晶石结构，具有很高的化学稳定性，很难与酸反应，导致不锈钢酸洗比普通碳钢更为困难。对此，不锈钢酸洗通常分为预处理和酸洗两个环节。

酸洗前的氧化层预处理通常有两种方式：（1）机械破鳞，通常用于热轧卷，机械破鳞处理方法主要有破鳞辊处理和喷丸机处理两种；（2）化学法，包括盐浴处理和中性盐电解处理两种方法，通常用于冷轧卷处理。不锈钢轧卷预处理和酸洗设备类型见表7-7。

表 7-7　不锈钢轧卷预处理和酸洗设备类型

类型	主要设备形式
预处理	1. 破鳞机；2. 抛丸机；3. 重研磨刷；4. 盐浴；5. 中性盐电解酸洗
酸洗	1. 酸液电解酸洗；2. 硫酸酸浸；3. 混酸酸浸

7.3.3.1　破鳞机

破鳞机是由拉矫机转变而来，两者的不同之处在于对带钢处理的侧重点不同。拉矫机的主要作用是对带钢进行矫平处理；破鳞机的主要目的是对带钢表面的氧化层进行疏松、破碎。破鳞机是利用破鳞辊、矫直辊等使带钢以较小的曲率半径反复弯曲，使其表面上的铁鳞产生龟裂以便于剥离。由于带钢的基体为韧性较好的金属，而氧化层则是塑性较差且破坏强度极低的金属氧化物，利用这一点，当带钢弯曲产生 1% 左右的延伸率时，铁鳞会产生明显的疏松破裂，通过反复弯曲可使铁鳞最大程度地破碎从而剥离。铁鳞剥离后，酸液与氧化层的接触面积增大，提高酸洗效率。破鳞机又进一步分为干破鳞机和湿破鳞机，湿破鳞机就是在干破鳞机的基础上增加了高压水冲洗工艺。

影响破鳞效果最大的因素是破鳞时带钢表面的弯曲曲率，其大小主要是由破鳞辊的直径所决定。破鳞辊直径越小，产生的弯曲曲率越大，破鳞效果越好；但弯曲曲率过大容易影响带钢性能，破鳞辊的直径一般为 75~100 mm。

破鳞机的主要特点可归纳为以下几方面：

（1）通过工作辊反复弯曲，不锈钢的表面外层组织受到拉伸，铁鳞龟裂脱落，使酸洗液体更容易进入到氧化层内部；

（2）通过弯曲（工作辊）和张力（张紧辊）的混合作用拉升板材，以获得所需的板形。

7.3.3.2　抛丸机

A　工作原理

抛（喷）丸处理的工作原理是：借助离心力，将粒度较小、硬度较高的铸铁丸或钢丸，以极高的速度（60~80 m/s）抛射到不锈钢表面，丸粒高速运动时所具备的动能可以使带钢表面的氧化铁皮层破裂。抛丸机的工作原理，如图 7-7 所示。

B　结构组成

抛丸机运行时，丸粒通过料斗和导筒送入叶轮装置，喷射后流入下部的丸粒再通过循环装置送到机体上部，用分离器将氧化皮和碎丸分离开，然后将可用钢丸再送回叶轮装置循环使用。抛丸叶轮是抛丸机的重要部件，抛丸处理能力主要由抛丸叶轮的输出功率、抛射量和抛射速度决定，其结构图如图 7-8 所示。

C　技术特点

抛丸机能够有效去除不锈钢表面的氧化铁皮层，除鳞效果可到达 75% 以上。抛丸后进行酸洗，可使酸的消耗量减少 75%，更重要的是使铁-铬氧化层破裂，以提高酸洗效率。

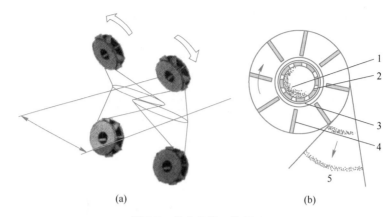

图 7-7　抛丸机的工作原理

（a）运动位置；（b）平面结构

1—丸粒；2—鼠笼；3—控制法兰（控制叶轮丸粒出口位置，调整丸粒在带钢表面分布形状）；

4—叶轮和叶片；5—喷射出的丸粒流

（1）抛丸种类与组成：丸粒用灰口铁或白口铁制成，经淬火后硬度可达到 45~65 HRC。清除不锈钢表面的氧化铁皮时采用直径为 0.15~0.5 mm 的小丸粒。丸粒的直径一般可通过除尘系统进行控制。

（2）抛射速度：60~80 m/s。

（3）抛射量：300~1250 kg/min。

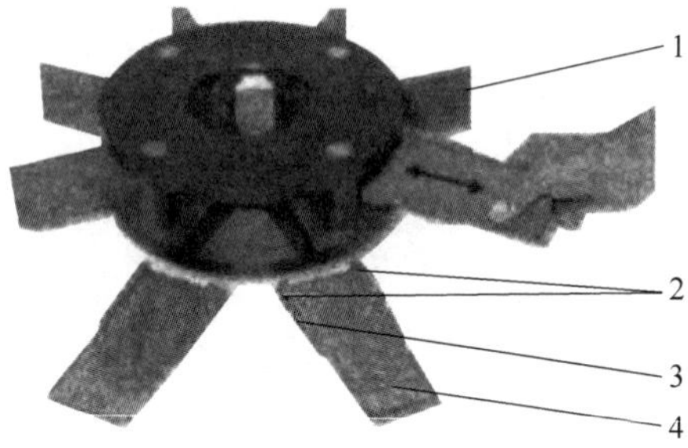

7.3.3.3　重研磨刷

重研磨刷除鳞技术是利用含有研磨材料的刷辊，以较高的转速和负荷在运行的不锈钢带钢的表面进行刷洗除鳞，一般配备在抛丸机之后或酸洗之前。

图 7-8　抛丸叶轮的结构

1—叶片；2—叶片卡边；3—标识；4—丸粒通道

7.3.3.4　盐浴处理

盐浴处理也称碱洗法，通过在酸洗槽前设置碱洗槽和水洗槽，碱洗槽中装入 NaOH 及氧化剂等盐类（例如某厂采用的成分配比（质量分数）为：60% NaOH；30% Na_2CO_3；10% NaCl）形成熔融的盐浴。不锈钢带钢通过盐浴，铁鳞上产生龟裂和鼓包，然后进入水洗槽冷却和冲洗，冲洗时产生的水蒸气压使铁鳞发生物理性剥离，从而使下步酸洗更加容易进行。

盐浴处理主要有两种作用：（1）使铁鳞与碱、盐作用生成易溶于碱和水的 Fe_2O_3 和 Na_2CrO_4 高价氧化物；（2）尖晶石与碱反应，由于体积膨胀，进而发生龟裂、起泡等，在热水清洗时产生大量蒸汽而得到物理性剥离。

盐浴处理方法的优点为：（1）熔盐仅与铁鳞发生反应，不会侵蚀母材金属，对不锈钢损伤较小；（2）处理时间短；（3）不会产生氢脆。

但是，盐浴处理方法也存在着以下缺点：（1）盐浴温度降低至 300 ℃以下时会发生固化；（2）随着机组速度的提高和不锈钢表面上碱量的急剧增加，处理成本增大，且污染周围的环境；（3）浸入盐浴槽中的铁辊容易使不锈钢表面产生缺陷。

鉴于上述情况，目前，世界上大多数不锈钢厂大多采用中性盐电解法来替代盐浴法。

7.3.3.5　中性盐电解

中性盐电解预处理去除铁鳞的工艺是由奥地利的鲁兹纳公司于 1967 年发明，目前国际上已比较广泛地使用该工艺对不锈钢进行预处理，电解液主要为硫酸钠（Na_2SO_4）-水溶液。工艺原理是：将不锈钢作为阳极，在不锈钢上下表面用普通碳钢加衬铅作为阴极，通过电解，氧化铁皮中的各种金属氧化被阴极夺走电子，使 Fe_2O_3、Cr_2O_3 和 NiO 分别变成 Fe^{3+}、Cr^{3+} 和 Ni^{2+}，再水解变成氢氧化物从而沉淀排除。这时，在阳极的钠离子与硫酸根发生反应生成硫酸钠，所以电解液在整个酸洗过程中，是由电子和水的作用共同达到除鳞目的。电解液在池内处于流动状态，既保证了酸洗的连续进行，又提高了除鳞效果。在整个反应中，硫酸钠只是作为一个导电介质，负责电子的转移，其本身并没有化学消耗，且硫酸钠是无毒、无害的中性溶液，可以长期使用。

中性盐电解除鳞工艺主要是不锈钢表面产生阳极和阴极交替极化的结果，主要化学反应如下。

反应平衡式：

$$H_2O == H^+ + OH^-$$
$$Na_2SO_4 == 2Na^+ + SO_4^{2-}$$

阳极反应：

$$2OH^- == H_2O + 1/2O_2 + 2e$$
$$2H^+ + SO_4^{2-} == H_2SO_4$$
$$Fe_2O_3 == 2Fe^{3+} + 3/2O_2 + 6e^-$$
$$Fe == Fe^{3+} + 3e^-$$
$$Cr_2O_3 + 5H_2O == 2CrO_2^{2-} + 10H^+ + 6e^-$$
$$Cr + 4H_2O == CrO_4^{2-} + 8H^+ + 6e^-$$

阴极反应：

$$2H^+ + 2e == H_2$$
$$2OH^- + 2Na^+ == 2NaOH$$

在溶液中：

$$H_2SO_4 + 2NaOH == Na_2SO_4 + H_2O$$
$$Fe^{3+} + 3OH^- == Fe(OH)_3$$

中性盐电解的工艺条件主要为：电源为直流电；Na_2SO_4 为 100~300 g/L（即浓度为 5%~20%）；温度 75~85 ℃；pH 值为 3~7；电流密度为 5~40 A/dm²。在除鳞过程中，主要通过调节 pH 值和电流密度来控制除鳞质量。

中性盐电解工艺具有诸多优点，例如：酸洗效率高；金属损失小；带钢表面光洁度高；操作费用低；酸洗液可循环利用（回收率达 95%）；设备使用寿命长等。

采用硫酸钠电解的最大好处在于能够通过电流的作用将铬转变为可溶解于水的铬氧化物（CrO_4^{2-}），尤其对于冷轧不锈钢，从而破坏了致密的氧化层而使接下来的酸液能发挥更大的作用。同时，不锈钢表面的水被电解生成氢气和氧气，从不锈钢表面逸出时产生的作用力有助于将带钢表面的氧化物剥离。

7.3.3.6　带钢刷洗机

不锈钢经过上述中性盐电解处理后，表面会产生疏松的氧化铁皮淤泥，在进入下道工序前需清理干净。实际生产中，通常采用带有重研磨刷的带钢刷洗机进行刷洗，边刷边冲水。经刷洗后，带钢表面残留的淤泥被去除，再经挤干辊挤干表面水分后进入酸洗段。带钢刷洗机的结构，如图 7-9 所示。

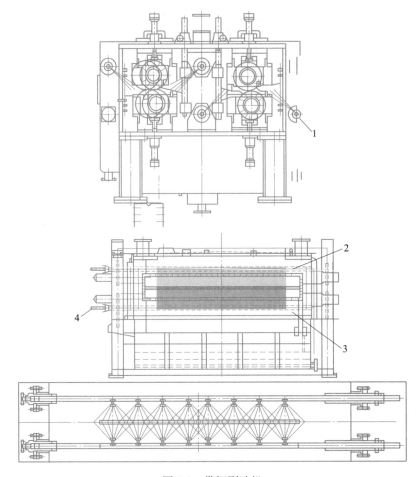

图 7-9　带钢刷洗机
1，4—喷水管；2—研磨刷；3—支撑辊

7.3.4　酸洗工艺

尽管带钢经过预处理去除了一部分铁鳞，但仍有残留。接下来进行酸洗，以去除氧化层和贫铬层，从而获得光亮的不锈钢表面；同时对不锈钢表面进行钝化处理，提高钢板的耐蚀性。

经过预处理的不锈钢送往酸洗槽。酸洗的方法可归纳为：（1）酸浸法，主要有硫酸或混酸（硝酸+氢氟酸），是当前普遍采用的方法；（2）酸浸电解法，主要有硫酸电解或硝酸电解，通常作为辅助手段。

　　不锈钢酸洗一般采用硫酸（H_2SO_4）、硝酸（HNO_3+）氢氟酸（HF）或硝酸（HNO_3+）盐酸（HCl）等方法，目前已有部分厂家采用新的无硝酸酸洗工艺。对于非连续化酸洗，采用硫酸酸洗不会像氢氟酸那样对人体产生很大的危害，这种酸洗采取提高温度比提高酸浓度能取得更好的效果。如果采用盐酸（HCl）酸洗，则提高浓度比提高温度的效果更显著，但同时也会使不锈钢基体侵蚀加大。因此，当前不锈钢主要采用硝酸（HNO_3+）氢氟酸（HF）酸洗的方法，具有酸洗时间短、基体侵蚀小和金属色泽光亮等优点。

7.3.4.1　酸浸法

　　酸浸法使用的酸包括硝酸（HNO_3）、氢氟酸（HF）、硫酸（H_2SO_4）等。硝酸 HNO_3 的氧化性极强，单独使用可促使不锈钢钝化，但难以起到除鳞作用；氢氟酸 HF 腐蚀性强，不仅侵蚀铁鳞，也侵蚀金属基体，容易造成表面粗糙。因此，无论对哪种类型的不锈钢进行酸洗，都不能单独使用这两种酸；相反，使用它们两者的混合物则能取得极好的效果，例如：酸洗时间短，酸洗效果好。

　　对于铁鳞较厚的铬系热轧不锈钢，通常采用硫酸（H_2SO_4）作为第一道酸洗工艺，再送到硝酸（HNO_3）-氢氟酸（HF）的混酸槽中进行酸洗。对于冷轧不锈钢，其表面质量要求比热轧更高，还需要进一步在中性盐 Na_2SO_4 中进行电解，同时为了中和经过碱槽处理后不锈钢表面上带出的碱，在盐浴和水浴洗槽之间还要设置硫酸槽，以提高后续酸洗槽的效率。采用硫酸酸洗时，关键在于控制酸液的温度。

7.3.4.2　混酸酸浸法

　　不锈钢带钢表面的氧化层结构复杂且致密，尽管经过预处理或硫酸（H_2SO_4）酸洗，其表面的氧化层仍然不能完全去除，还需要使用侵蚀能力更强的混酸来进行处理。退火酸洗中常用的混酸主要是由硝酸（HNO_3）和氢氟酸（HF）按一定比例混合而成。氢氟酸容易导致带钢表面局部温度升高，且自身侵蚀能力极强，很容易使 F^- 穿透到不锈钢基体内部产生腐蚀，因此，混酸中 HF 的浓度不宜过高。

　　各类型不锈钢钢种的酸洗工艺的选择也不相同。例如，304 不锈钢表面的氧化层组成较为复杂，通常使用高浓度混酸进行处理，HNO_3 与 HF 的比例约为 4：1（按百分数计）。430 不锈钢不耐氢氟酸 HF 侵蚀，因此通常使用低浓度混酸进行酸洗处理。

　　酸洗槽的设计应综合考虑避免淤泥沉积、酸洗效果均匀、酸洗时间短、节约能源和减少介质消耗等，因此，混酸酸洗槽通常设计为浅平式槽体，如图 7-10 所示。

7.3.4.3　酸浸电解法

　　酸浸电解法（也称为电解酸洗）是在仅用酸浸法难以完全除鳞的情况下，所采用的一种加速除鳞的方法，与酸浸法组合使用，可以提高酸洗速度和质量。

　　酸浸电解法是使阴极周期性的阳极化处理，主要应用于不锈钢的连续酸洗。硝酸单独作为酸浸液使用时没有除鳞作用，但是通过电极产生电流时，由于电化学的作用使氧化膜

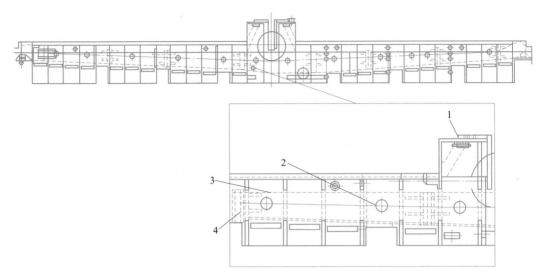

图 7-10　混酸酸洗槽结构
1—混酸废气排放口；2—进酸口；3—混酸液位；4—带钢导向板

离子化，能够有效去除铁鳞。例如，对于 430 不锈钢，如果仅在硝酸溶液中进行酸洗，即便浸泡 30 s 以上也难以去除氧化铁皮；采用硝酸电解方法，仅需 15 s 就可以完全去除氧化铁皮。

7.3.4.4　工艺流程配置

酸洗段设备主要由中性盐（或硫酸）电解段、刷洗段、混酸（氢氟酸+硝酸）化学酸洗段、冲洗段、干燥段以及相应的酸循环系统、酸雾处理系统、酸液储罐、热交换器等组成。不锈钢的酸洗一般是连续进行的，将各种酸洗方法包括预处理，采取不同方式组合起来使用，具体的组合方式要根据不锈钢的钢种、表面状态和设备条件来综合决定。

对于产量较低的不锈钢板带厂家，建立一条既可用于热轧带钢也可用于冷轧带钢的酸洗机组是可行的，此时酸洗段组成比较齐全，功能强大；若产量较高，则应分别建立热轧带钢处理机组和冷轧带钢处理机组，功能相对单一；如果产量更高、品种更为丰富，则应根据不同的钢种来建立相应功能的酸洗机组，如图 7-11 所示。

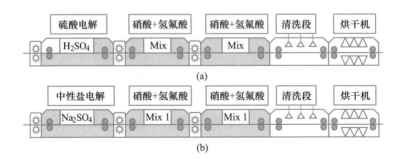

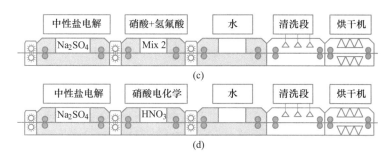

图 7-11　不锈钢酸洗段的组成

（a）热轧不锈钢带酸洗段；（b）冷轧奥氏体不锈钢带酸洗段；

（c）冷轧 200、400 系列不锈钢带酸洗段；（d）冷轧 430 不锈钢带酸洗段

7.3.5　酸洗过程控制

7.3.5.1　中性盐电解

A　温度控制

在中性盐电解的实际生产中，主要通过调整热交换器出口管道内的酸液温度来调整电解温度。当电解槽温度低于设定温度时，热交换器会通蒸汽对酸液进行加热；当电解槽温度高于设定温度时，热交换器会加大循环水流量对酸液进行冷却。

B　溶液浓度控制

电解液硫酸钠（Na_2SO_4）溶液的浓度提高，会使电解液电阻降低，导电性增强，从而提高电解效率。然而，若硫酸钠浓度过高（超过 25%），当温度降低时硫酸钠会发生结晶，从而堵塞甚至损坏管路、阀门、泵等装置。因此，Na_2SO_4 溶液浓度一般控制在 20% 以内。

C　溶液 pH 值控制

溶液 pH 值的改变会使铬离子（Cr^{6+}、Cr^{3+}）发生不同的电化学反应，从而影响电解效果。例如，在碱性介质中，Cr^{6+} 转化为 Cr^{3+} 的电极反应为：

$$CrO_4^{2-} + 4H_2O + 3e \Longrightarrow Cr(OH)_4^- + 4(OH)^-$$

$$E^\ominus = -0.12\ V$$

在酸性介质中，使 Cr^{6+} 转化为 Cr^{3+} 的电极反应为：

$$Cr_2O_7^{2-} + 14H^+ + 6e \Longrightarrow 2Cr^{3+} + 7H_2O$$

$$E^\ominus = 1.33\ V$$

可以看出，与在酸性介质中相比，在碱性溶液中将 Cr^{3+} 氧化为 Cr^{6+} 的电极电势更低，意味着碱性环境更有利于 Cr^{3+} 到 Cr^{6+} 的氧化反应。然而，这并不意味着可以无限制地提高溶液的碱性，因为过多的氢氧根离子（OH^-）会导致其他反应的发生（如水的电解反应）。因此，溶液的 pH 值也不宜过高，同时考虑到除鳞效果和排污，一般把溶液的 pH 值控制为 4.0~7.0。

D　电流控制

根据法拉第定律，电极上电解的产物与所通过的电量成正比。在一定的电流密度范围

内，电流密度越大，除鳞速度越快。当电流密度为 $0\sim10\ A/dm^2$ 时，增加电流密度能够显著提高铁鳞的去除效果；进一步将电流密度提高到超过 $15\ A/dm^2$ 时，电解过程达到饱和，铁鳞的去除效果不再显著增加。同时，多余的电量会以电解水的形式进行消耗，进而在溶液中产生大量的氢气和氧气。这些气体在带钢下表面聚集，可能导致电解反应的不均匀，形成花纹状缺陷。更严重的是，如果气体不能及时排放，可能会在电解槽内发生爆鸣，对生产安全造成威胁。因此，综合考虑电解效率、电解质量、除鳞效果和安全生产，电流密度通常设定为 $10\sim15\ A/dm^2$。

7.3.5.2　硝酸电解酸洗

A　温度控制

溶液温度过高会加快硝酸的分解，产生氮氧化物等有害气体。因此，通常将硝酸电解酸洗溶液的温度控制在 60 ℃ 以下，既可以确保硝酸的稳定性，同时保证酸洗的效果。

B　溶液浓度控制

硝酸溶液的浓度一般控制为 $100\sim300\ g/L$。

C　电流控制

在实际生产中，电流一般设定为 $1000\sim5000\ A$，确保良好的电解质量。

7.3.5.3　混酸酸洗

A　温度控制

从理论上讲，酸液的温度越高，参与反应的离子或原子的能量越高，化学反应能力越强，酸洗效果越好。然而，温度过高一方面会加剧酸液蒸发（尤其是低熔点的氢氟酸 HF），另一方面对酸洗槽的材料造成损害。同时，温度过高加剧化学反应很容易导致发生过酸洗。通常，混酸温度一般控制为 $50\sim60$ ℃。

B　溶液浓度控制

在硝酸 HNO_3+氢氟酸 HF 的混酸槽中，硝酸 HNO_3 的浓度通常控制为 $40\sim200\ g/L$，氢氟酸 HF 的浓度通常控制为 $2\sim30\ g/L$。

C　金属离子浓度控制

酸洗时，酸液会和基体金属中的铁 Fe、铬 Cr 等合金元素发生反应生成盐，随着铁离子浓度的增加，酸液中的游离酸成分降低，酸洗效果下降。同时，酸液中金属离子浓度过高会形成难溶的氟化物，堵塞泵及配管。通常，在混酸槽中铁离子的浓度一般控制在 $50\ g/L$ 以下。

7.4　连续退火酸洗

7.4.1　热轧带钢连续退火酸洗

热轧不锈钢连续退火酸洗（HAPL）承担着热轧不锈钢的退火与酸洗的任务，常用的设备为卧式热轧不锈钢连续退火酸洗机组。机组主要由开卷机、焊机、入口活套、退火炉、破鳞机、抛丸机、酸洗槽、出口活套、卷取机等设备组成。

图 7-12 所示为 2022 年在江苏常州建成投产、目前（截至 2024 年）全球最宽的 2400 热轧不锈钢连续退火酸洗机组（HAPL）流程示意图。其主要配置设备有：开卷机、焊机、出入口活套、连续退火炉、破鳞机、抛丸机、酸洗设备、卷取机等。机组的关键控制点是退火炉、破鳞抛丸及酸洗。该 HAPL 工艺的设计产量为 100 万吨/年，机组设计最大处理速度（TV）为 180 m/min，原料宽度为 1250~2400 mm，原料厚度为 2.5~16 mm。

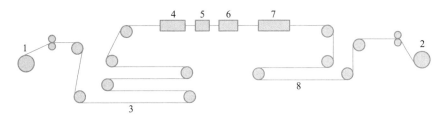

图 7-12　德龙 2400 热轧不锈钢连续退火酸洗（HAPL）

1—开卷机；2—卷取机；3—入口活套；4—退火炉；5—破鳞机；6—抛丸机；7—酸洗设备；8—出口活套

7.4.2　冷轧带钢连续退火酸洗

冷轧连续退火酸洗机组（CAPL）在不锈钢冷轧生产中主要起着中间退火和最终退火的目的。在现代化连续退火机组中，通常将清洗、退火、酸洗、平整等工序集为一体，具有生产效率高、产品品种多样化、产品质量高、生产成本低等诸多优点。

宝润钢铁有限公司（江苏德龙镍业有限公司全资子公司）的冷轧连续退火酸洗机组（CAPL），如图 7-13 所示，机组主要由开卷机、焊机、活套、脱脂段、退火炉、酸洗段、平整机、拉矫机、卷取机等组成，机组设计最大处理速度（TV）为 140 m/min，原料宽度 800~1300 mm，原料厚度 0.3~3.0 mm，如图 7-13 所示。

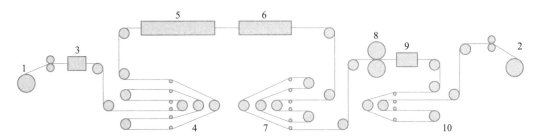

图 7-13　冷轧连续退火酸洗机组（CAPL）

1—开卷机；2—卷取机；3—脱脂段；4—入口活套；5—退火炉；6—酸洗段；
7—出口活套；8—平整机；9—拉矫机；10—平整活套

7.4.3　连续退火酸洗关键设备

7.4.3.1　开卷机

为了确保机组的连续运行，降低设备维护以及配件准备等工作量，连续退火酸洗处理机组一般都设置有两台开卷机。然而，这种布置方法会导致机组长度增加，占地面积和投资增多。实际生产中，处理量小或速度低时也可只使用一台机组。常规的开卷机主要由电机、减速齿轮箱、卷筒及其他附件组成，如图 7-14 所示。

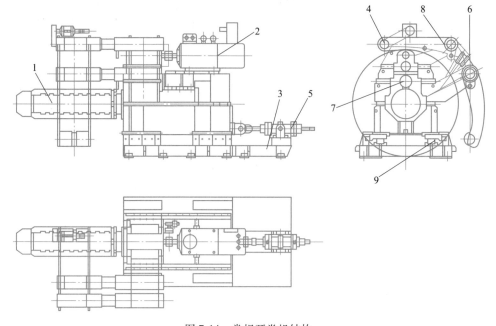

图 7-14　常规开卷机结构

1—卷筒；2—电机；3—固定底座；4—上压辊；5—CPC 移动体液压缸；6—侧压辊；
7—齿轮箱和移动箱体；8—压辊液压缸；9—浮动轴承

在常规开卷机的基础上，先后发明了双卷筒卡罗塞尔开卷机和双卷筒旋转式开卷机。由于不锈钢带钢在开卷过程中需切除钢卷头、尾部的引带和重新卷取钢卷中的垫纸，附加设备较多，因此双卷筒卡罗塞尔开卷机不太适合不锈钢的退火酸洗机组，双卷筒旋转式开卷机较为适合不锈钢生产。

7.4.3.2　脱脂处理

不锈钢冷轧后，其表面会残留轧制油和其他污染物，若不清除干净，会对后续的退火过程产生不良影响，如氧化、变色或形成斑点等，从而严重影响产品的表面质量和整体性能，特别是那些对表面质量要求较高的表面，如 BA 板。因此，不锈钢经冷轧后，进入退火前一般需经过表面脱脂处理。

表面脱脂清洗工艺主要包括：碱液冲洗脱脂、热水冲洗、刷洗、化学脱脂、电解脱脂、热水漂洗、水洗等，这些工艺可以根据不锈钢的种类、表面状况和生产要求进行选择和优化。对 BA 板的光亮脱脂，通常采用的工序为：脱脂清洗→刷洗→热水漂洗→刷洗→多级水漂洗。

A　热水冲洗脱脂

不锈钢带钢进入脱脂段，首先受到高压热水的喷洗，从而将附着在带钢表面的油污和残留物冲洗干净；然后，通过挤干辊和边部吹扫装置，使带钢表面干燥。冲洗过程中产生的油水混合物通过高压泵抽到循环槽中进行分离，回收和处理使用过的热水，实现资源的循环利用。热水脱脂的主要优点在于设备结构简单、长度短；但缺点在于脱脂效果一般，可能会造成部分油残留在带钢表面。该工艺可简要概括为：热水喷射→干燥。

B 热水刷洗脱脂

热水刷洗脱脂是在热水冲洗脱脂的基础上，增加了刷洗机，进一步提高了清理油污的效果。不锈钢带钢进入脱脂段，首先受到高压热水的喷洗，然后利用刷辊清理带钢表面残留的油污，刷洗后再进行高压热水喷锡，最后通过干燥机对带钢表面进行干燥。该工艺可简要概括为：热水喷射→热水刷洗→热水喷射→干燥。

C 碱液脱脂

碱液脱脂通常采用 NaOH、KOH 等碱性洗剂，使带钢表面上的油脂与碱产生皂化反应，达到脱脂的目的。实际运行中，碱性洗剂的浓度通常控制为 2%~5%，槽液的温度通常控制为 65~85 ℃，同时选用合适的刷子与压力，以达到理想的脱脂效果。脱脂刷洗后，再通过热水漂洗带钢表面残留的污染物来彻底清除，经脱脂处理后带钢表面的残油量可控制在 5 mg/m² 以下。在脱脂清洗过程中，一般采用逆流漂洗，实现槽液和漂洗水的循环利用，如图 7-15 所示。

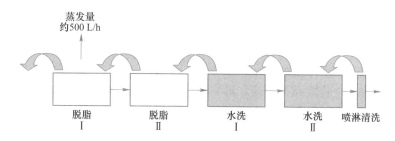

图 7-15 逆流脱脂清洗工艺流程

7.4.3.3 在线平整机

在冷轧不锈钢连续退火酸洗机组上配备在线平整机，已经成为提升产品质量和生产效率的重要手段。这种平整机主要用于对带钢进行单次平整，以达到改善带钢表面质量、优化板形、简化生产流程等目的。在线平整机主要由入口设备和本体设备组成。入口设备主要包括：入口导向辊、刷辊、张力辊、纠偏辊以及夹送辊，其中，入口导向辊负责引导带钢平稳进入平整机；刷辊用于清除带钢表面的残留物；张力辊和纠偏辊则分别用于控制带钢的张力和位置，确保带钢在平整过程中保持稳定的运动状态；夹送辊则负责将带钢送入平整机的本体部分。本体设备主要包括：轧辊刷辊、除尘设备、防皱辊、轧辊抛光装置、传动系统以及上推系统（上压式双液压缸）等，其中，轧辊刷辊负责对带钢进行平整；除尘设备用于清除平整过程中产生的粉尘；防皱辊则用于防止带钢在平整过程中出现皱褶；轧辊抛光装置用于保持轧辊表面的光滑，确保平整效果；传动系统负责为轧辊提供动力；上推系统则用于调整轧辊与带钢之间的间隙，以适应不同规格和厚度的带钢。在线平整机结构，如图 7-16 所示。

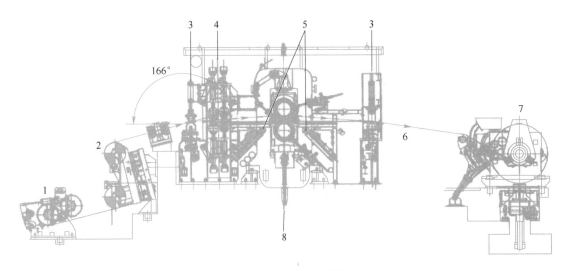

图 7-16　在线平整机结构

1—张力辊；2—纠偏辊；3—转向辊；4—刷辊；5—防皱辊；6—带钢；7—卷取机；8—工作辊

7.4.3.4　卷取机

卷取机用于卷取经退火酸洗处理后的带钢，并给带钢施加所需要的张力。由于不锈钢带钢经退火酸洗处理后还要继续进行后序处理，因此卷取张力一般都比较大。对于配备有平整机的冷带退火酸洗机组而言，卷取机一般直接布置于在线平整机出口。

与开卷机的布置相似，根据生产情况可以设置单台卷取机或者双台卷取机。对于产量大、处理速度快、带长较短、卷取张力大的热带退火酸洗机组，由于卸钢卷频率非常高，平均不到 10 min 即可卸一个钢卷，退火酸洗产线上通常设置两台卷取机。

双台卷取机既可按常规串联式结构布置，也可直接采用转盘式（Carousel）卷取机。随着冷轧不锈钢板带连续退火酸洗+连轧的联合产线出现，转盘式（Carousel）卷取机在冷轧不锈钢板带生产中逐渐崭露头角。使用转盘式卷取机时，带钢首先在卷取位置上由卷筒穿带缠绕，然后，卷筒一边卷取，转盘一边旋转，轧机不停机，使卷取机的另一个卷筒进入卷取位置。如果该卷筒上有钢卷则由钢卷小车卸卷，如无钢卷则等待下一个钢卷穿带卷取。转盘式（Carousel）卷取机原理，如图 7-17 所示。

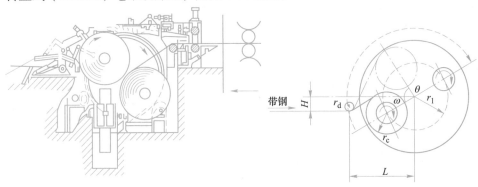

图 7-17　转盘式（Carousel）卷取机工作原理

7.5 不锈钢退火酸洗新技术

7.5.1 DaInox Bright 退火技术

7.5.1.1 概述

意大利达涅利冶金设备公司（Danieli Metallurgical Equipment Co., Ltd.）与 Centro Sviluppo Materiali（CSM）公司共同开发了一种新型不锈钢退火酸洗技术，商标名为 DaInox Bright™。与传统的退火酸洗工艺相比，DaInox Bright 技术的关键在于大大降低了退火过程中的表面氧化，因此省去或减少了化学酸洗处理，从而提高表面质量，减少酸洗废液产生，且生产效率与传统退火酸洗技术相同。

7.5.1.2 DaInox Bright 退火工艺

DaInox Bright 退火工艺与常规退火工艺的比较结果见表 7-8。

表 7-8 DaInox Bright 退火工艺与常规退火工艺的主要区别

状态	温度范围	常规退火工艺	DaInox Bright 退火工艺
加热	低温区（850~950 ℃）	热源：LPG/NG； 氧含量：3%~5%	热源：LPG/NG； 氧含量：1%~5%
	高温区（950~1100 ℃）	热源：LPG/NG； 氧含量：3%~5%	热源：电加热 保护气：氮气 氧含量：0.5%~1%
冷却	高温区（300~1100 ℃）	冷却介质：空气	冷却介质：氮气
	低温区（<300 ℃）	冷却介质：水	冷却介质：水

7.5.2 Cleanox 酸洗技术

Cleanox 酸洗技术是在硫酸中加入氢氟酸、过氧化氢、稳定剂和润湿剂，从而组成 H_2SO_4、HF、H_2O_2 体系的混合酸洗液。酸洗初期，需要加入铁离子 Fe^{3+}，依靠 Fe^{3+} 的氧化性（替代 HNO_3 氧化性）来诱发硫酸与氧化层的反应，同时借助氢氟酸 HF 的强活化作用，使酸液透过氧化层的裂隙，溶解贫 Cr 层并产生大量氢气，再通过氢气的运动扩散将氧化层与基体发生剥离、撕裂、脱落。硫酸的强酸性有助于氧化铁皮的溶解，加快反应的进行。

Cleanox 酸洗工艺的流程为：

预热→碱浸→淬水→漂洗→H_2SO_4 预酸洗→漂洗→Cleanox 酸洗→高压水喷淋→表面钝化→高压水喷淋→中和

除了硫酸的溶解作用外，混酸区的化学反应如下。

（1）HF 的溶解作用：

$$Fe_2O_3 + 6HF = 2FeF_3 + 3H_2O$$
$$Fe_3O_4 + 8HF = 2FeF_3 + FeF_2 + 4H_2O$$

$$FeO + 2HF \Longrightarrow FeF_2 + H_2O$$
$$NiO + 2HF \Longrightarrow NiF_2 + H_2O$$
$$MnO + 2HF \Longrightarrow MnF_2 + H_2O$$
$$FeO \cdot Cr_2O_3 + 2HF \Longrightarrow FeF_2 + Cr_2O_3 + H_2O$$
$$Cr_2O_3 + 6HF \Longrightarrow 2CrF_3 + 3H_2O$$
$$SiO_2 + 4HF \Longrightarrow SiF_4 + 2H_2O$$
$$Fe + 2HF \Longrightarrow FeF_2 + H_2 \uparrow$$
$$Cr + 2HF \Longrightarrow CrF_2 + H_2 \uparrow$$
$$Ni + 2HF \Longrightarrow NiF_2 + H_2 \uparrow$$
$$Mn + 2HF \Longrightarrow MnF_2 + H_2 \uparrow$$
$$Si + 4HF \Longrightarrow SiF_4 + 2H_2 \uparrow$$

（2）HF 与金属离子的沉淀反应：

$$3HF + Fe^{3+} \Longrightarrow FeF_3 \downarrow + 3H^+$$
$$3HF + Cr^{3+} \Longrightarrow CrF_3 \downarrow + 3H^+$$
$$2HF + Ni^{2+} \Longrightarrow NiF_2 \downarrow + 2H^+$$
$$2HF + Mn^{2+} \Longrightarrow MnF_2 \downarrow + 2H^+$$
$$HF + Fe^{3+} \Longrightarrow FeF^{2+} + H^+$$
$$HF + Cr^{3+} \Longrightarrow CrF^{2+} + H^+$$
$$HF + Ni^{2+} \Longrightarrow NiF^+ + H^+$$
$$HF + Mn^{2+} \Longrightarrow MnF^+ + H^+$$

（3）H_2O_2 的氧化作用：

$$H_2O_2 + Fe^{2+} \Longrightarrow 2OH^- + Fe^{3+}$$
$$3H_2O_2 + Cr_2O_3 \Longrightarrow 2CrO_3 + 3H_2O$$
$$H_2O_2 + 2FeO \Longrightarrow Fe_2O_3 + H_2O$$
$$H_2O_2 + 2Fe_3O_4 \Longrightarrow 3Fe_2O_3 + H_2O$$
$$7H_2O_2 + 2FeO \cdot Cr_2O_3 \Longrightarrow Fe_2O_3 + 4CrO_3 + 7H_2O$$

（4）Fe^{3+} 的氧化作用：

$$Cr_2O_3 + 6Fe^{3+} + 5H_2O \Longrightarrow 2H_2CrO_4 + 6Fe^{2+} + 6H^+$$
$$6Fe^{3+} + 2Cr + 3H_2O \Longrightarrow 6Fe^{2+} + Cr_2O_3 + 6H^+$$
$$2Fe^{3+} + Ni + H_2O \Longrightarrow 2Fe^{2+} + NiO + 2H^+$$

Cleanox 环保型酸洗技术是 1991 年产生于意大利的专利技术，目前该技术已在美国、意大利、西班牙、韩国等数十个国家得到应用。该技术的主要特点包括：

（1）技术环保，酸洗时不产生氮氧化物、硝酸盐、亚硝酸盐和六价铬，"三废"处理成本低；

（2）金属损失小，酸洗过程中只溶解氧化层，不溶解基体；

（3）适用性广，可处理奥氏体、马氏体、铁素体等多种钢种的管材、线材、板材等；

（4）酸洗效率高、表面质量好。

从绿色环保要求与技术发展趋势看，Cleanox 酸洗技术的研究与应用将会越来越多。

7.5.3　热轧无酸除鳞技术

随着环保要求的日益严格，不锈钢酸洗过程中产生的"三废"排放以及混酸中硝酸根离子的去除等问题，已成为不锈钢领域亟待解决的难题。这些问题不仅影响生产效率和产品质量，更对环境和人体健康构成潜在威胁。因此，寻找一种干净清洁的无酸除鳞工艺，对不锈钢生产行业的可持续发展具有重要意义。

7.5.3.1　磨料射流除鳞技术

磨料射流除鳞技术采用机械方法除鳞，有效避免了酸的使用和污染，根据使用物料的不同可分为磨料水射流除鳞和磨料浆体射流除鳞。

A　磨料水射流除鳞

这种技术是将水加压至一定的压力，由除鳞喷头高速喷出，利用喷头所产生的高压水与供砂系统提供的砂浆高效混合，形成高速高能的砂浆流。依靠高速砂浆流的打击、冲蚀和修磨作用，将不锈钢表面的氧化皮清除干净，从而达到清理不锈钢表面氧化层的目的。由于具有水密度大、冲蚀力强、压缩比小、不易扩散、砂浆加速时间长等特点，该技术能够有效消除粉尘和噪声污染，大幅度提高表面清理质量和清理速度。这是目前应用最广的一种磨料射流除鳞技术。

B　磨料浆体射流除鳞

这种技术是预先将磨料、各种添加剂与水配置成为浆体，利用高压泵增压经过喷嘴而形成射流除鳞的。

7.5.3.2　EPS 技术

EPS 技术（Eco Pickled Surface）是由美国 The Material Works 公司（简称 TMW）研发的使用物理方法去除钢板表面氧化皮的绿色环保新技术，其核心为浆化打磨技术（Slurry Blasting），即使用精炼钢砂和水混合物对钢板表面进行物理喷射打磨处理，在一定喷射力的作用下去除钢板表面的氧化物或氧化铁皮，形成清洁表面。

整个作用过程的原材料只使用精炼钢砂和水，不使用酸液，且喷射后的钢砂可以回收利用，全程不产生有害废料和废气，且生产中能够通过调整混合介质的喷射速度和角度，调整带钢的表面粗糙度。

7.5.4　直接轧制退火酸洗技术

直接轧制退火酸洗技术是不锈钢生产领域的一项重大创新，通过将传统冷轧不锈钢生产中的多个独立工序（如钢卷准备、热轧、热轧退火酸洗、冷轧、冷轧退火酸洗等）组合成一条连续的生产线，极大地提高了生产效率，降低了设备投资，并显著缩短了产品生产周期。目前，全世界建成的直接轧制退火酸洗连续生产线可分为三种类型：冷轧不锈钢轧制退火酸洗线（Rolling, Annealing and Pickling Line，RAPL）、冷轧不锈钢直接轧制退火酸洗线（Direct Rolling, Annealing and Pickling Line，DRAPL）和混合型 DRAPL。

7.5.4.1　RAPL

我国某不锈钢企业的冷轧不锈钢轧制退火酸洗线 RAPL 以热轧卷和冷轧带钢为原料，主要生产 2B 表明的冷轧不锈钢，产线主要由开卷机、活套、Z-High 型轧机、退火炉、电解酸洗、混酸酸洗、平整及拉升矫直等组成，工艺流程如图 7-18 所示。

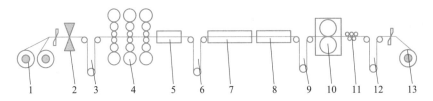

图 7-18　我国某不锈钢企业的 RAPL

1—开卷机；2—焊机；3，6，9，12—活套；4—串列轧制；5—清洗；7—退火炉；
8—酸洗段；10—平整机；11—拉矫机；13—卷取机

7.5.4.2　DRAPL

冷轧不锈钢直接轧制退火酸洗线（DRAPL）也称为在线直接轧制退火酸洗线（IRAPL），其最大的特点在于使用热轧黑卷为原料，不经过退火，只经除鳞后直接生产冷轧不锈钢，其工艺流程如图 7-19 所示。

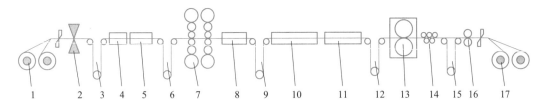

图 7-19　DRAPL 示意图

1—开卷机；2—焊机；3，6，9，12，15—活套；4—抛丸机；5—预酸洗；7—串列轧制；8—清洗；10—退火炉；
11—酸洗段；13—平整机；14—拉矫机；16—切边；17—卷取机

DRAPL 经过不断地改进和发展，已逐渐合理化。目前世界上 DRAPL 的组合比 RAPL 更多一些，一类是在热线入口设置 1 台冷轧机，生产 No.1 表面产品；另一类是将 1 台冷轧机改为多台冷连轧机，并在之前增加部分热线的功能，实现"黑卷"直接冷轧生产 2B 产品。

美国的某特殊钢公司的轧制退火酸洗线以热轧黑卷为原料，生产 2B 表面的冷轧成品。这类生产线包括了破鳞机、抛丸机、轧制前预酸洗、多机架冷轧机、退火炉、电解酸洗、混酸酸洗和平整机，年处理能力达到 25 万~27 万吨。

【知识拓展】

青山印度不锈钢 DRAPL 机组投产

2019 年 7 月 26 日，由中冶集团中冶南方 EPC 总包、中国一冶负责实施的青山集团印度 CHROMENI（克罗美尼）不锈钢冷轧一期工程直接轧制退火酸洗机组热试成功，并成功生产出首卷冷轧成品钢材，标志着当时世界最大的冷轧不锈钢直接轧制退火酸洗线（DRAPL）全线投产。该项目位于印度古吉拉特邦，一期建设 60 万吨不锈钢冷轧工厂，二期建设 300 万吨不锈钢热轧和冶炼厂，三期建设 140 万吨不锈钢冷轧工厂。

资料来源：参考中国钢铁工业协会不锈钢分会网站，2019-07-30，"青山印度不锈钢冷轧全线投产"摘选改编。

7.5.4.3　混合型 DRAPL 线

直接轧制退火酸洗线（DRAPL）最为突出的特点是热轧不锈钢后不经过退火环节，只经除鳞后直接进行冷轧。由于未经退火的热轧不锈钢存在组织不均匀性和各部分间的内应力差异，直接进行冷轧会对尺寸精度和板形控制造成不利影响，同时也限制了冷轧压下率的提高。为了解决这些问题，混合型 DRAPL 生产线形式应运而生。

芬兰奥托昆普不锈钢公司的混合型 DRAPL 工艺，如图 7-20 所示，直接采用热轧黑卷为原料，向市场供应低成本、薄规格的 No.1 表面热轧不锈钢。若要生产冷轧 2B 表面不锈钢，经退火酸洗、平整处理后的 No.1 表面热轧不锈钢，重新返回作业线头部，进行第二个轧程处理，才能向市场提供 2B 表面的冷轧不锈钢，该产线的年处理能力为 110 万吨。

图 7-20　芬兰奥托昆普不锈钢公司的混合型 DRAPL 工艺

7.6　生产过程控制

7.6.1　断带预防与控制

在连续退火线生产过程中，断带事故是一个常见且严重的问题，可能由于原料板材的板型缺陷、边裂、焊缝不良等多种因素引发，同时设备故障和跑偏等问题也可能导致断带。为了预防和控制断带事故，以及妥善处理断带后的情况，需要采取一系列措施。

7.6.1.1　原料控制

当发现来料的边裂深度大于 2 mm 或中部出现折皱时，可以用月牙剪切除边裂部分，而折皱部分需完全切除后重新焊接。当发现来料卷形严重跑偏时，应进行重卷处理。当发现前后钢卷厚度差异较大时（超过 30%），需重新调整生产计划，保证前后钢卷的厚度连接必须符合工艺技术标准要求。当发现前后钢卷宽度差异较大时，需根据宽度差进行月牙剪切，保证平缓过渡。当发现带头、中部或带尾板形不良时，应及时通知出口主操作人员，并根据出口主操作人员指示进行过程跟踪或者入口分卷退料。

7.6.1.2　开卷机

入口处的上料操作工应根据钢卷的宽度，结合卷筒上的刻度计，尽量保证带钢处于中心位置。

7.6.1.3　焊机

当焊机工况不良时，会造成焊缝质量差，通板时焊缝可能断裂。

因此，焊接前要确认设备状态是否正常，做好设备的状态点检；焊接时，观察焊接电流波动情况、焊接熔接状态是否正常、焊接声音是否流畅；焊接后，按要求对焊缝的质量进行检查，可采用目视检查、焊缝弯折以及焊缝冲压等方法检查焊缝质量。一旦发现焊缝质量不良，则补焊或重新焊接。

7.6.1.4　出、入口活套

当带钢尾部甩尾时，会发生严重的跑偏，若焊接出口夹紧时对跑偏又未进行纠正，会导致活套跑偏而刮断。焊机出口夹紧压下前检查带尾定位是否良好（对照宽度标准线），发现跑偏及时人工纠正。

液压站停止运行，会造成纠偏系统无法正常工作，导致带钢跑偏刮边断裂。生产中，要按时检查液压站工作的情况，特别是刚检修完之后的开机，必须确认液压站的状态。液压管道出现泄漏等故障，应及时通知相关人员处理，并且到现场进行确认，根据实际情况或选择停机处理。

7.6.1.5　退火炉

若退火炉支撑辊的水平度或垂直度出现偏差，将导致带钢持续跑偏刮到加热段出口或冷却段钢结构，严重时会导致断裂。定期对炉内的辊进行检测，特别是在更换圆盘辊和冷却段支撑辊之后一定要进行检查。

生产铁素体和马氏体不锈钢时，若降速幅度过大，将造成材料温度超出工艺技术标准，带钢发生高温蠕变，导致带钢变形拉伸断带。铁素体和马氏体不锈钢必须保证机组稳定生产，提前做好降速的预判，然后缓慢降速，确保材料温度符合工艺标准。降速后，适当减小炉内的张力，防止带钢在炉子段发生蠕变。同时，长时间的降速运行会使带钢材质变软，造成带钢变形拉伸断带。

7.6.1.6　酸洗段

不锈钢带钢在混酸槽或电化学溶液中的长时间浸泡会导致腐蚀和断裂，为了避免这种情况，当机组停机时间超过 5 min 时，酸洗段应选择短循环状态，减少酸液与带钢的接触时间，从而降低腐蚀的风险。

当酸洗段挤干辊的水平度或垂直度出现偏差时，会导致带钢在酸洗过程中发生跑偏，可能会剐蹭到槽体保护装置以及出口处的钢结构。因此，在实际生产中要密切观察酸洗段出口的跑偏情况，一旦发现跑偏现象，应适当降低机组的工艺速度或提高酸洗段的张力，以纠正带钢的走向。同时，要经常现场巡查酸洗段辊系的转动情况，定期对酸洗段挤干辊进行维护，及时发现并解决潜在的问题。

7.6.2　停炉预防与控制

在生产过程中，机组停机对产品性能的影响不容忽视。为确保机组的稳定运行，需要从设备维护和操作管理两方面入手。

在设备维护方面，定期对机组设备进行全面的检查、保养和维修是至关重要的。特别是对关键设备，如焊机、活套等，应增加巡检频次，确保其处于良好的工作状态。此外，建立设备维护档案，记录每次维护的情况和发现的问题，有助于及时发现并解决潜在故障。

在操作管理方面，首先要规范操作流程，确保操作人员按照既定步骤进行操作。入口上卷时，对来料的确认至关重要，包括厚度、宽度等信息的核对，以及焊机的各项参数和状态的确认。这样可以避免因来料问题或焊机故障导致的停机。同时，出口下卷时，操作人员应提前准备好所需辅助资材，并对整个下卷过程进行跟踪，确保工艺处理的及时性和准确性。

此外，加强操作人员的培训和技能提升也是关键。通过定期的培训和实践操作，提高操作人员的专业素养和应急处理能力，使他们能够熟练应对各种突发情况，减少因操作失误导致的停机。

最后，通过设备数字化智能化升级改造建立完善的监控和预警系统也是保障机组稳定运行的有效手段。通过对机组运行状态的实时监控和数据分析，可以及时发现潜在问题并进行预警，从而避免故障的发生或降低故障对生产的影响。

7.7　不锈钢退火酸洗绿色生产工艺

在环境保护的政策要求下，各地方政府都十分重视污染控制问题，环保部门也有严格审批要求。因此，不锈钢生产企业在生产不锈钢过程中，对各个环节的污染源进行源头控制以及处理好"三废"，不仅直接关系到企业产品质量和企业自身的经济效益，而且还关系到企业能否可持续发展。因此，在进行退火酸洗生产工艺设计及设备选型时，必须同时研究、设计与工艺相关的绿色节能技术与装备。在不锈钢退火酸洗工序中，罩式退火炉使用液化石油气（LPG）或天然气作燃料，燃烧会产生烟气；热轧不锈钢连续退火酸洗机组（HAPL）、冷轧不锈钢连续退火酸洗机组（CAPL）和光亮退火炉使用 LPG、天然气和焦炉煤气作燃料，燃烧产生燃烧烟气（主要为 NO_x）；采用硫酸、硫酸钠、硝酸及硝酸和氢氟酸的混合酸作酸洗介质，会产生中性盐雾（含 Cr^{6+}）、混合酸雾（含 NO_x 和 F）、含 Cr^{6+} 废水和酸性废水（含 F）；冷轧带钢退火酸洗机组和光亮退火机组采用碱液作为脱脂介质，会产生含油废气和碱性含油废水；氧化层预处理使用的破鳞机、喷丸机会产生金属粉尘。不锈钢退火酸洗处理工艺的主要污染源，如图 7-21 所示。

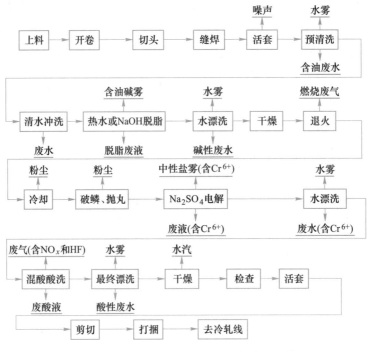

图 7-21　不锈钢退火酸洗处理工艺的主要污染源

7.7.1　废酸回收技术

7.7.1.1　酸洗废液的产生

不锈钢酸洗液中，硝酸和氢氟酸的浓度范围分别为：硝酸 $1\sim3$ mol/L，氢氟酸 $0.5\sim2$ mol/L。酸洗时，铁、铬、镍等以离子态从钢材表面的氧化皮或基体中溶出，使酸洗液变成了酸与金属离子、金属化合物的混合物。此外，酸洗液中除了含有酸和游离的金属离子外，还含有由铁离子和氟离子、铬离子和氟离子形成的配合离子及其不溶物、金属氧化物及由硝酸生成的氮化物等，成分十分复杂。

随着酸洗时间的增加，酸洗液中的金属离子浓度也会升高，而酸液浓度降低，导致清洗效果下降。为保持酸洗液的清洗能力，必须使酸的浓度维持在规定的范围内。因此，需要定期对酸洗液中的硝酸、氢氟酸和金属离子浓度进行监测，根据监测数据进行酸洗液的排放和新酸的补充。另外，为保持酸洗槽的清洁，还需定期对酸洗槽进行排污。

7.7.1.2　废酸再生回收技术

目前，用于不锈钢退火酸洗产线上的废酸再生回收方法主要是游离酸再生和全酸再生。在当前的国际范围内，加拿大 ECO-TEC 公司的游离酸回收工艺（APU 法）和奥地利鲁斯纳公司的全酸回收工艺（PYROMARS 法），是两种比较成熟且可以大规模运行的工艺方法。

A　游离酸再生回收

a　树脂吸附法（APU）

　　树脂吸附法又被称为 APU 法，主要采用树脂吸附工艺技术来除去酸洗液中溶解的金属，并将净化后的酸液返回到酸洗槽中循环利用。该系统包括 4 个部分：冷却、过滤、净化及控制系统，其工艺流程如图 7-22 所示。

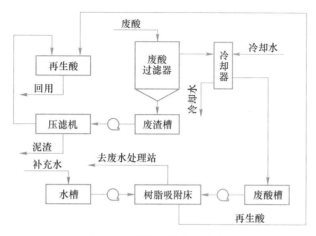

图 7-22　树脂吸附法工艺流程

　　（1）酸液冷却。在废酸进行再生回收之前，必须将来自酸洗槽的废酸冷却到 32 ℃ 以下。这是因为冷却前的酸液温度一般为 40 ~ 60 ℃，当温度大于 32 ℃ 时，树脂在硝酸 HNO_3 作用下会遭到破坏，增加了树脂消耗；同时，酸液温度过高会提高树脂与硝酸之间发生化学反应、引起爆炸的概率。

　　（2）酸液过滤：在净化装置中，特别是像 APU 这样的游离酸回收工艺装置，树脂是核心的净化材料。树脂具有选择性地吸附酸根离子的能力，从而实现对酸液的净化。然而，当酸液中含有固体颗粒时，这些颗粒会吸附在树脂表面上，不仅占据了树脂的吸附位点，阻止了酸根离子的正常吸附，还可能导致树脂床层的堵塞，降低酸液通过树脂床的流量。

　　因此，酸液冷却后，必须过滤掉其中的悬浮固体物（如未溶解的氧化铁皮等），再进入净化装置。

　　（3）酸液净化。净化装置主要包括树脂槽、过滤器、控制器等，采用树脂吸附，使酸和金属离子（铁、镍、铬离子）分离。废酸从净化装置的底部进入，通过树脂床层时，酸中的特定成分被树脂吸附，而金属成分则流出装置，实现了废酸的初步分离。在这个过程中，树脂的选择和性能对废酸的回收效率起着决定性的作用。树脂作为高性能的吸附材料，能够有效地吸附酸液中的目标成分，提高废酸的回收率。一定时间后，为了将吸附在树脂上的酸解吸下来，使用水从 APU 装置的顶部进行反冲洗。在吸附槽中，树脂床被紧密地压实，以提供足够的接触面积和吸附容量。酸液连续进入吸附槽，通过树脂床层进行吸附。由于树脂内的空间很少，酸从下部进入，而水从上部进入，确保了酸和水在流动过程中不会混合，类似于液压缸的工作原理。

　　使用的离子交换树脂的粒径为普通树脂的 20% ~ 25%，用量为普通树脂的 5% 左右，比表面积很大。游离酸被树脂吸附以后，需用与吸附时的酸洗液等量的纯水溶解分离，所以回收时未被稀释。APU 法对游离酸的回收率为：硝酸 97%（游离）、氢氟酸 92%（游离）。

回收的再生酸可回用于酸洗，而金属离子或配合离子约 75% 未被吸附，被排放到废水处理站。例如，再生前废酸成分 150 g/L 的 HNO_3，30 g/L 的 HF，总金属含量为 35 g/L。再生后的返回酸洗机组再使用的酸液成分为：145.5 g/L 的 HNO_3，27.68 g/L 的 HF，10.58 g/L 的总金属含量。

但该工艺的主要缺点是：金属分离率不稳定，随着运行时间的增加，金属分离率逐步降低。

　　b　扩散渗析法

扩散渗析法的基本原理是依靠阴离子渗析膜的选择透过性。在扩散渗析过程中，阴离子渗析膜能够选择性地让阴离子（如氢氟酸、硝酸的阴离子）通过，而阻隔阳离子（如金属离子）。

当废酸和水在膜的两侧逆向流动时，废酸中的游离酸在浓度差或电位差的驱动下，通过阴离子渗析膜扩散到水侧。这样，游离酸就得到了有效的回收，形成了再生酸，这些再生酸可以返回酸洗线重复使用。金属离子等阳离子由于被阴离子渗析膜阻隔，留在了废酸的残液中，随后被排至废水处理站进行进一步的处理，以确保环境的安全和合规性。

扩散渗析法工艺流程，如图 7-23 所示。

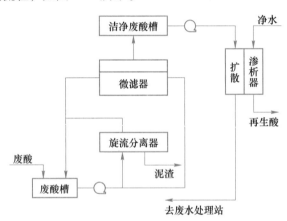

图 7-23　扩散渗析法工艺流程

采用扩散渗析法可以使游离酸的回收率达到：硝酸 90%、氢氟酸 80%，略低于树脂吸收法。其主要优点在于金属分离率高（可达到 95%）；无须高压处理，依靠水和酸不同的渗透压即可完成。

　　c　减压蒸发法

减压蒸发法的工艺流程，如图 7-24 所示。废酸在加热器中通过蒸汽进行升温，再向废酸中加入硫酸。由于硫酸和硝酸、氢氟酸的沸点不同，在真空条件下，硝酸、氢氟酸和水分能够经过蒸发器蒸发，废酸中所含的大量金属离子以盐的形式析出，再经过冷凝器冷凝进入再生酸储槽供酸洗线使用；硫酸则留在废液中，通过冷却结晶，重金属硫酸盐得以结晶析出。运用该技术可以回收、再生游离酸中的硝酸、氢氟酸，回收率可达到 93%~96%，回收的酸经重新配比后可再次用于酸洗，实现资源循环利用，降低生产成本的同时减少废弃物排放。

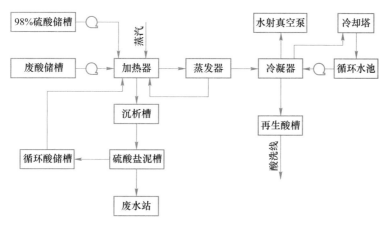

图 7-24　减压蒸发法的工艺流程

B　全酸再生回收

全酸回收不仅可回收废酸中的游离酸，而且可以回收化合酸，目前比较成熟的工艺是喷雾焙烧法，此外还有反渗透煅烧法等。

a　喷雾焙烧法

喷雾焙烧法是将酸洗线排出的废酸经加压后，送入文丘里装置进行浓缩，然后从焙烧炉的顶部喷入。在焙烧炉上部的蒸发区，废酸中的硝酸、氢氟酸和水分在高温条件下被蒸发，蒸汽上升至焙烧炉炉顶，而金属盐类则进入焙烧炉下部的分解区。在分解区中，金属盐类在高温下被分解成酸气（主要是氢氟酸 HF）和金属氧化物。酸气上升至顶部，与蒸发区产生的蒸汽一并排出，经两级喷淋吸收处理后，生成再生酸回收利用。喷淋处理后产生的残余废气经脱除 NO_x 等处理达标后排放。在焙烧炉的底部，排放的金属氧化物经过造球处理后进行回收。喷雾焙烧法工艺流程，如图 7-25 所示。

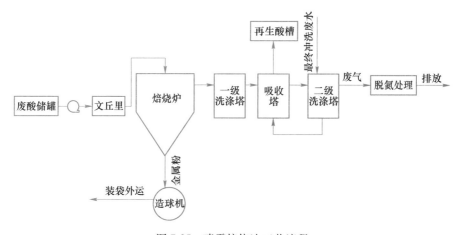

图 7-25　喷雾焙烧法工艺流程

b　反渗透煅烧法

反渗透煅烧法的工艺流程如图 7-26 所示。废酸首先通过高压泵送入反渗透装置，废酸中的游离酸及水在高压下通过反渗透膜被回收，进入吸收塔或再生酸槽；而废酸侧的金属盐被浓缩后进入冷冻结晶器。浓缩液经固液分离器分离结晶物后，将液相重新送回进行反渗透处理，而固态结晶物则被送至煅烧炉，煅烧分解成含有氢氟酸和金属氧化物的混合气体。该气体经布袋除尘器过滤后，去除金属氧化物，将含有氢氟酸的气体送入吸收塔，用反渗透产生的酸液加以吸收，产生再生酸。

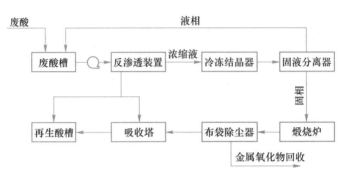

图 7-26 反渗透煅烧法工艺流程

本工艺的主要优点是酸的再生率高，运行费用低，而且不仅可处理硝酸、氢氟酸混酸，还可以处理新开发的环保型酸洗液（CLEANOX）的废液。

c 热解法混酸再生系统（PYROMARS）回收技术

热解法混酸再生系统（Pyrolytic Mixed Acid Recovery System，PYROMARS）的工艺流程。

（1）热裂解反应：氢氟酸和硝酸的混合废酸用泵送入 PYROMARS 的反应炉进行蒸发和化学反应。废酸经喷枪雾化后，废酸酸雾中的金属离子与氧气结合形成金属氧化物并落在反应炉底部，金属盐类化合物在高温空气中发生热裂解。

（2）洗涤：从反应炉顶部出来的气体采用喷射式洗涤塔，用于气体洗涤、初步吸收 HF 和 HNO_3 气体生成氢氟酸和硝酸、降低酸性气体的温度到 80 ℃左右。

（3）吸收：酸性气体经过喷射洗涤塔处理后进入吸收塔底部，用于酸雾吸收的水从吸收塔顶部喷入，与酸性气体形成逆流，便于酸雾吸收而生成 HF 和 HNO_3 的混合酸（再生酸）。所获得的再生酸从吸收塔底部抽出，一部分送到废酸再生站再生酸储罐储存；另一部分用于喷射洗涤塔洗涤酸性气体。

7.7.2 废水处理技术

不锈钢退火酸洗机组的主要废水来源有两种：一种是中性盐电解段产生的含六价铬（Cr^{6+}）的中性盐废水，另一种是硝酸和氢氟酸混酸酸洗段以及冲洗段产生的酸性废水。

7.7.2.1 传统中和法

中性盐废水经化学还原反应将六价铬还原成三价铬后，和酸性废水一起进入中和槽，通过控制石灰加入量调整废水的 pH 值。在一定的 pH 值范围内，重金属离子、氟化物能够和石灰发生化学反应，产生重金属氢氧化物沉淀和氟化钙沉淀。再加入一定量的絮凝剂，使废水中的沉淀物与废水分离。经分离后的废水通过最终 pH 值调节后达标外排，而污泥则通过压滤机脱水后装车外运。

中和法处理的优点是：处理工艺稳定、水质稳定达标、运行控制较为简单，但其缺点也较为明显：

（1）药剂费用高，某不锈钢厂废水处理单位药剂成本达到约 10.00 元/m³；

（2）污泥中含有氟离子，不能作为炼钢炉的原料；

（3）污泥属危险废弃物，处理费用较高。

7.7.2.2 污泥分质中和法及改进

因传统中和法存在处理成本较高和污泥中的重金属成分不能回收利用等问题，冶金工作者们提出了一种在传统中和法基础上改进的污泥分质中和新工艺，如图 7-27 所示。该工艺使用液碱（NaOH）替代石灰作为中和剂，将废水中的重金属单独沉淀，再加入石灰除氟，对产生的重金属污泥和氟化物污泥分别收集、分别处理。

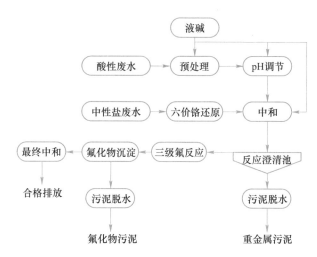

图 7-27 污泥分质中和法工艺流程

污泥分质中和处理工艺的优点主要为：

（1）污泥总量降低；

（2）污泥可回收利用。

但这种工艺也存在不可忽视的缺点：

（1）出水的氟离子浓度波动较大，需回流处理；

（2）药剂费和污泥处理费较高。

针对污泥分质中和工艺的不足，在污泥分质中和工艺的基础上进行改进，主要在预处理段新加入石灰，替代碱液用量，降低成本。改进后的污泥分质中和法工艺流程，如图 7-28 所示。

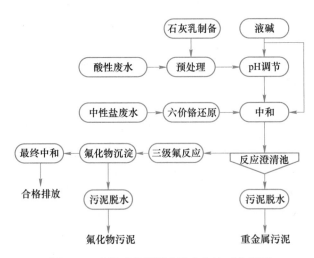

图 7-28　改进后的污泥分质中和法工艺流程

7.7.3　污泥处理技术

含铬废水、酸性废水以及含油废水经处理后废水完全可达到国家一级排放标准，但产生的污泥因含铁、铬、镍等重金属离子为国家控制的危险废弃物，若得不到妥善处置会对环境造成巨大污染，并因食物链的存在，最终会危害到人类的健康。据了解，日本日新制钢株式会社周南厂将污泥造球后作为炼钢的辅料；而根据报道，国内鞍钢改良了处理工艺，做到了综合利用。以污泥减量化、无害化和综合利用为出发点，将重金属污泥和含氟污泥分开，采用分步处理的方法。先用液碱（氢氧化钠）代替石灰来处理废水中的重金属，再用氯化钙和石灰去除废水中的氟化物，分别产生重金属污泥和氟化物污泥。

排除未参加反应石灰这个因素，根据物质守恒原理，总的污泥量不会发生变化。但由于 $CaSO_4$ 和 CaF_2 不会在重金属污泥中，作为危险废物的重金属污泥量可以减少，重金属污泥中镍的含量得以提高，如果产生的重金属污泥中镍含量 $\geqslant 3\%$，则重金属污泥还能综合利用。含氟污泥可以作为一般工业固废进行处理。

7.7.4　光亮退火炉氢气回收利用技术

在不锈钢光亮退火机组生产过程中，氢气是必不可少的保护气体，消耗量大且价格昂贵。因此，在光亮退火机组中对排放的氢气进行回收处理后再循环使用可以有效降低生产成本。

不锈钢光亮退火炉氢气回收利用原理，如图 7-29 所示。从马弗炉底部入口密封塞出来的废氢气分为两路，一路进入氢气再生装置，另一路直接排放。进入再生装置的氢气先进行加压，通过活性炭过滤器和纸质过滤器进行净化后再与新鲜的氢气混合。之后再通过除氧器和分子筛吸附器除去氧分子和水分，最后进入退火炉再次使用。通过再生处理后，多达 50% 的氢气可再生使用，极大地降低了生产成本。

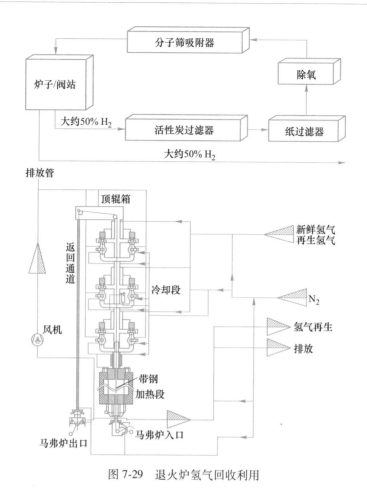

图 7-29 退火炉氢气回收利用

【知识拓展】

无硝酸酸洗工艺

无硝酸酸洗工艺为德国汉高公司于 1991 年首次在意大利蒂森克虏伯 AST 厂使用至今的, 用于替代不锈钢硝酸/氢氟酸混酸酸洗的成熟工艺。

其机理是无硝酸酸洗采用硫酸区、混酸区 (H_2SO_4+HF+H_2O_2+Fe^{3+} 混合酸液) 共同作用, 先利用硫酸的强酸性促使氧化皮剥离脱落, 再利用 H_2O_2+ Fe^{3+} 的强氧化作用 (替代 HNO_3 氧化性)、HF 的强活化能力和 H_2SO_4+ HF 所提供的强酸性来溶解贫 Cr 层, 并使带钢表面的氧化铁皮与基体发生剥离并脱落, 完成酸洗过程。

不同于传统混酸的硝酸+氢氟酸酸洗介质, (新配方) 无硝酸酸洗工艺采用硫酸+704B+704Z 作为酸洗介质, 其中 704B 和 704Z 为汉高产品, 硫酸为普通原酸 (浓度98%)。

根据设计单位提供资料分析, 704B 中的添加剂为"脂肪醇聚醚、多元醇、羟胺硫酸盐和氟硅酸盐", 704Z 中的添加剂为"无机酸、聚 (多) 羧酸和硅酸盐", 起到稳定介质和加强溶液分散的作用。

与原设计相比, 本次变更由 H_2SO_4 和槽液中的金属离子 Me^{3+} 替代硝酸的酸性和氧化性，混合强酸和强氧化性的强侵蚀性的酸 HF，对不锈钢表面进行处理，由混酸循环罐为酸洗槽提供 H_2SO_4 和 704B，由 704Z 控制循环使用的混酸中金属离子 Me^{3+} 浓度。混酸酸洗工艺反应式如下：

$$2Me^{3+} + Me\ 基材 \longrightarrow 3Me^{2+}$$

$$Me + 2H^+ \longrightarrow Me^{2+} + H_2$$

$$2HF + 2Me \longrightarrow 2Me^{2+} + H_2 + 2F^-$$

$$2Me^{3+} + Me(贫铬层) \longrightarrow 3Me^{2+}$$

与硝酸/氢氟酸混酸酸洗工艺相比，无硝酸酸洗工艺从源头上解决了氮氧化物废气和含氮废水的环境污染和脱硝成本高的问题，具有一定的经济和环保效益。

【模块重要知识点归纳】

1. 不锈钢退火目的

（1）热轧不锈钢退火的目的。

几种不锈钢热轧带钢退火的目的和方式

钢种	退火目的	退火方式
奥氏体不锈钢	再结晶软化、碳化物固溶	连续退火
马氏体不锈钢	再结晶软化、马氏体分解、碳化物均匀分布	罩式退火
传统铁素体不锈钢	再结晶软化、马氏体分解、碳化物均匀分布	罩式退火
超纯铁素体不锈钢	再结晶软化	连续退火
双相不锈钢	再结晶软化、析出物固溶、两相比例调整	连续退火

（2）冷轧不锈钢退火的目的。消除材料的加工硬化、软化带钢，降低其强度，提高其塑性和韧性，以达到合适的材料性能。

2. 不锈钢的主要退火设备

罩式退火炉、卧式退火炉和立式连续光亮炉。

3. 不锈钢酸洗的目的

（1）去除退火过程产生的氧化层和贫铬层，获得光亮的不锈钢表面；

（2）对不锈钢表面进行钝化处理，提高钢板的耐蚀性。

不锈钢在经过热轧退火和冷轧退火后，由于其表面成分和内部组织不同，其酸洗的目的也各不相同。

热轧不锈钢和冷轧不锈钢的酸洗目的

钢种状态	酸洗目的	说明
热轧不锈钢	（1）去除氧化层； （2）去除贫铬层； （3）钝化处理	热轧不锈钢酸洗主要是要去掉热轧及退火过程中在不锈钢表面形成的氧化层以及贫铬层，并对不锈钢表面进行钝化处理
冷轧不锈钢	（1）去除氧化层； （2）去除贫铬层； （3）钝化处理； （4）获得表面色泽	冷轧不锈钢主要是要去掉退火过程中在不锈钢表面形成的氧化层以及贫铬层，对不锈钢表面进行钝化处理，提高钢板的耐蚀性；另外，根据客户的要求获得所需的表面色泽

4. 氧化层的组成

不锈钢表面的氧化层结构比较复杂，通常会形成以铁的氧化物（Fe_2O_3、Fe_3O_4）为主的外层结构和以铁-铬尖晶石氧化物（$Fe_2O_3 \cdot Cr_2O_3$）为主的内层结构。外层较薄但结构十分致密，能够牢固附着在不锈钢表面。内层结构相对疏松但厚度较大。一般热连轧机生产的热轧不锈钢表面的氧化皮含量为 $80 \sim 100 \ g/m^2$。

5. 氧化层的预处理

酸洗前的氧化层预处理通常有两种方式：

（1）机械破鳞，通常用于热轧卷，机械破鳞处理方法主要有破鳞辊处理和喷丸机处理两种；

（2）化学法，包括盐浴处理和中性盐电解处理两种方法，通常用于冷轧卷处理。

6. 酸洗工艺

（1）酸浸法，主要有硫酸或混酸（硝酸+氢氟酸）。

（2）酸浸电解法，主要有硫酸电解或硝酸电解。

不锈钢的酸洗一般是连续进行的，将各种酸洗方法包括预处理，采取不同方式组合起来使用，具体的组合方式要根据不锈钢的钢种、表面状态和设备条件来综合决定。

各类不锈钢的预处理+酸洗的工艺组合

钢种状态	钢种	预处理工艺	酸洗工艺
热轧不锈钢	300 系列 400 系列 200 系列	抛丸清理 弯矫破鳞 重研磨刷 中性盐电解	硫酸（酸浸、电解、喷射） 硝酸+氢氟酸（酸浸、喷射）
冷轧不锈钢	300 系列 200 系列	中性盐电解	硫酸（酸浸、电解） 硝酸+氢氟酸（酸浸）
	400 系列	中性盐电解 碱电解	硝酸（酸浸、电解） 硝酸+氢氟酸（酸浸）

 思考题

7-1 钢材热处理的目的是什么，具体有哪些手段？

7-2 常见的各类型热轧不锈钢带钢退火的目的和方式是什么？

7-3 不锈钢退火的主要设备有哪些？

7-4 卧式连续退火炉从功能和流程上分为哪些部分，其各自有什么特点？

7-5 光亮退火炉的主要特点有哪些？

7-6 热轧不锈钢和冷轧不锈钢进行酸洗的目的是什么？

7-7 简述不锈钢带钢表面氧化铁皮层的结构特点。

7-8 氧化铁皮层预处理的主要设备有哪些？

7-9 什么是直接轧制退火酸洗技术？

模块 8 不锈钢修磨与精整工艺

不锈钢修磨
与精整工艺

【模块背景】

我们在生产生活中常见的不锈钢为什么能够表面平整且具有光泽度？为什么不锈钢出厂前要进行修磨与精整？修磨与精整的原理与目的是一样的吗？通过修磨和精整，不锈钢就一定不会有缺陷了吗？修磨与精整过程中，需要注意控制哪些参数？通过本模块的学习，大家将会对不锈钢修磨与精整工艺建立基本认识，以助于后续开展对不锈钢修磨与精整工艺的实际操作以及计算、分析、设计和研究。

【学习目标】

知识目标	1. 掌握不锈钢修磨的目的和分类； 2. 熟悉不锈钢修磨的工艺流程及研磨机、研磨带、抛光带、研磨油的用途与构成； 3. 了解研磨带粒度、修磨压力、带钢运行速度、研磨带转速、接触辊、研磨油等对修磨能力的影响； 4. 掌握不锈钢精整的目的，以及与普通碳钢的区别； 5. 熟悉平整、重卷、纵切、拉矫、横切等工艺的作用和原理； 6. 了解平整、重卷、纵切、拉矫、横切等工艺的设备、对来料的要求和控制手段。
技能目标	1. 能区分不锈钢粗磨和精磨的目的和工艺； 2. 能判断典型板形缺陷现象产生的原因； 3. 能辨别来料的物理化学性能是否符合平整、重卷、纵切、拉矫和横切工艺的要求； 4. 能进行不锈钢修磨平整产线的工艺设计。
价值目标	1. 了解我国冶金行业一代宗师的奋斗事迹，学习铭记近代老一辈科学家的爱国精神和奉献精神，弘扬探索创新、精益求精、刻苦耐劳的工匠精神； 2. 培养实现团队、班级、学校、行业以及国家整体目标的意识，培养敢为人先、勇挑重担的奉献精神； 3. 培养严谨的工作作风、安全意识和责任心，树立遵循规范的职业准则，养成遵纪守法的法治意识。

【课程思政】

中国的冶金宗师——柯俊院士

"我来自东方，那里有成千上万的人民在饥饿线上挣扎，一吨钢在那里的作用，远远超过一吨钢在英美的作用，尽管生活条件远远比不过英国和美国，但是物质生活并不是唯一的，更不是最重要的。"

——《柯俊传》。

这句名言来自 20 世纪 50 年代柯俊先生准备从英国学成回国时，时任美国芝加哥大学金属研究所主任的 Smith 先生邀请他去美国工作时，柯先生给 Smith 先生的回信。

柯俊先生，北京科技大学教授，中国科学院院士，是北京科技大学金属物理专业的奠基人，也是北京科技大学冶金与材料所科学技术史学科的开拓者。

柯俊先生于1953年9月从英国回到祖国，1954年4月来到北京钢铁工业学院（1960年改名为北京钢铁学院，1988年改为北京科技大学）任教。回国后，柯先生在北京科技大学开展了一系列具体金属物理方面的基础研究，其贝氏体相变机理研究获得了1956年国家自然科学奖三等奖，这是北京科技大学第一个国家级科研成果奖项。同时，其贝氏体转变切变理论学派与国际、国内另一组扩散理论学派之争也在学术上留下了深远的影响。1956年，柯先生在北京科技大学创建了国内第一个金属物理专业，形成了所谓北京科技大学金属物理"四大名旦"（柯俊、肖纪美、张兴钤、方正知）的科研与教学团队，在材料专业具有很高影响力。

1974年，柯先生又在北京科技大学推动了国内第一支冶金史研究团队的组建与国内第一个科学技术史学科设立。北京科技大学冶金史研究团队被 Smith 教授称为世界上规模最大的冶金史研究团队。近50年来，北京科技大学冶金与材料史研究所业绩令人钦佩，科学技术史专业为高校专业评估 A+，同时被评为国家一流专业。柯先生被称为北京科技大学冶金与材料史研究的开拓者，对此其功不可没。

柯先生除了是一名钻研学术的金属物理学家（贝氏体切变理论的创始人）、科技技术史学家，还是一名教育学家。20世纪90年代，柯先生积极推动我国高等工程教育改革，是中国高等工程教育改革23位领航人之一，并在北京科技大学建立了"大材料"试点班，在全国产生了广泛影响。

柯先生思想活跃，与时俱进不断创新，20世纪50年代创建了中国第一个金属物理专业，70年代成为中国第一个冶金与材料史研究的开拓者，90年代不遗余力推动全国高等工程教育改革，是令人敬佩的科学家与教育学家。

（资料来源：杨平."我来自东方"——记柯俊院士二三事. 冶金工业出版社（微信公众号），2023-07-17.）

8.1 修 磨

8.1.1 修磨的目的

不锈钢修磨的主要目的是：

（1）消除退火酸洗造成的表面缺陷，改善不锈钢产品的表面质量；

（2）得到某种特定的表面质量，以满足不同行业用户的特殊要求。

8.1.2 修磨的分类

8.1.2.1 粗磨

不锈钢的粗磨通常是指中间工序的研磨，包括一般粗磨、BA 粗磨以及反面简单研磨。

（1）一般粗磨是为了消除或改善带钢在冷轧及退火酸洗过程中产生的表面缺陷。

（2）BA 粗磨是为了提高 BA 表面的表面质量而专门设置的工序。

（3）反面简单研磨是对带钢研磨面的反面进行同等应力变形的简单研磨，主要为了解决单面研磨导致的表面应力变形和表面瓢曲等问题。当只对带钢的一面进行研磨时，研磨面会因为受力不均而产生应力变形，导致带钢出现瓢曲现象。

8.1.2.2　精磨

不锈钢精磨通常是指成品研磨，通过研磨机的研磨带，将各种类型的不锈钢带钢表面研磨成高质量、精加工表面，或者通过抛光机上的抛光带进行抛光打磨。精磨后的带钢通过清洗、烘干，直接进入成品工序。

由于粗磨和精磨的最终成品和目的不同，所需要的设备也不同。除了粗磨所需的开卷机、剪切机、修磨机外，精磨还需要根据产品特性配置抛光机、脱脂装置、烘干装置等。

8.2　修磨工艺

8.2.1　工艺流程

不锈钢修磨工艺流程主要分为卷磨和板磨两种方式。

（1）卷磨，是对整个不锈钢钢卷进行研磨，主要设备包括开卷机、卷取机、研磨机组、抛光机等。卷磨具有自动化程度高、生产线长、产量高、产品质量稳定等显著优势。然而，这种方式的投资成本相对较高，主要适用于大、中型不锈钢生产企业。

（2）板磨，是将不锈钢卷先剪切成一定尺寸的平板，再对每张平板进行单独的研磨。板磨具有设备简单、产线短、成本低、使用灵活等优点，但同时存在连续生产与自动化程度低、产量小等不足，主要常用于小型不锈钢表面加工企业。

目前，不锈钢带钢修磨机组通常采用接触辊带动研磨带的磨削装置，即在带钢运行线的上方或下方设置磨头。磨头由一对辊子组成，辊子上套有环形研磨带。辊子的一端与电机连接，通过接触辊的高速旋转带动研磨带高速转动，带钢在接触辊和水平导向辊的中间运行，通过水平导向辊或反压辊给带钢一定的压力，这样带钢表面在运行中即可被研磨带修磨。

现代化不锈钢带钢修磨机组通常配置 4~6 组磨头，可根据产线的实际情况来调整。为提高生产效率和表面质量，大型不锈钢冷轧生产企业广泛使用钢卷连续精磨机组，如图 8-1 所示，主要由开卷机、卷取机、研磨机组、抛光机、脱脂干燥段等组成。

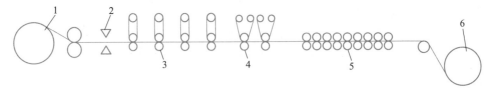

图 8-1　不锈钢修磨机组

1—开卷机；2—焊机；3—研磨机架；4—抛光机架；5—脱脂干燥段；6—卷取机

8.2.2　研磨机

研磨机是修磨机组的核心设备，其结构示意图和整体结构，分别如图 8-2 和图 8-3 所示，主要包含空转辊、接触辊、研磨带、比利辊和反压导辊，其各自功能如下。

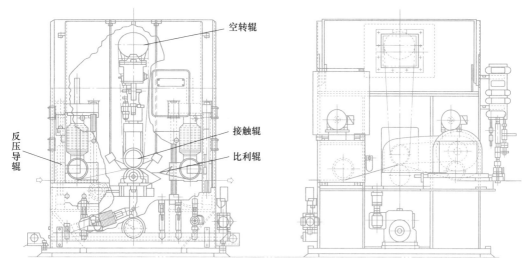

图 8-2　研磨机二维结构

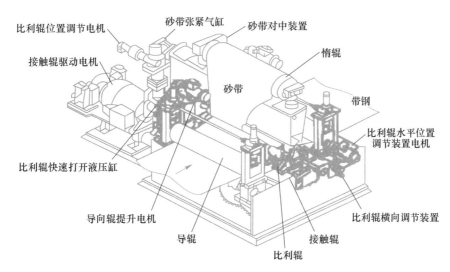

图 8-3　研磨机整体结构

（1）空转辊。与接触辊相互配合，使得研磨带处于张紧状态，并在运行过程中对研磨带进行纠偏控制。

（2）研磨带。研磨带高速运转，与不锈钢带钢表面接触并对其进行磨削。根据磨料粒度的不同，研磨带可以分为粗粒、细粒等品号，通常 80~240 号为粗粒，240 号以上为细粒。不锈钢带修磨通常使用粗粒研磨带。

（3）接触辊。接触辊由电机驱动，带动研磨带高速旋转，从而对带钢表面进行磨削。实际运行时，接触辊通常加工成螺旋状沟槽状，以便于排出研磨过程中产生的研磨渣。

（4）比利辊。安装在接触辊的下面，研磨时从带钢下表面压紧带钢，以提高研磨效率。

8.2.3 研磨带

8.2.3.1 研磨带的组成

不锈钢修磨机组使用的研磨带通常为环形研磨带，研磨带主要由背基、磨料颗粒和黏结剂三部分组成。

A 背基

研磨带的背基根据所使用的材料性质主要为布基、纸基和无纺布等，目前不锈钢修磨机组主要以布基为主。纸基类研磨带由于成本低，在板磨机组中使用较多；无纺布类研磨带由于成本高，通常在某些高品质研磨品表面生产时使用。

B 磨料颗粒

研磨带的磨料颗粒材质主要包括氧化铝、碳化硅、氧化锆、蓝宝石、石榴石、陶瓷、软木等几类，根据不同类型的材料组合还可以分为单材质常规研磨带、氧化铝+陶瓷研磨带、氧化铝空心球研磨带、碳化硅空心球研磨带、氧化铝软木研磨带、碳化硅软木研磨带等。目前，常规的不锈钢修磨机组主要以氧化铝、碳化硅、氧化锆作为研磨带的主要磨料颗粒。

8.2.3.2 使用及管理

随着研磨的进行，研磨带的研磨能力会随着磨料磨削损耗和表面粗糙度的变化而逐渐降低，这就要求在生产中，应根据产品质量要求和研磨带损耗来实时调整研磨工艺，以保证研磨质量。研磨开始后的 30~50 min 内，磨料颗粒损耗大，导致形成的带钢表面质量不稳定，研磨纹路深，带钢表面容易产生振痕等缺陷。随着研磨的进行，研磨量的变化逐渐稳定，表面纹路趋于均匀。

不同种类和形式的研磨带，其使用寿命不同。生产实践中，研磨带的管理主要有两种方式：（1）按研磨带处理带钢的长度进行管理；（2）按研磨带使用的时间进行管理。目前，生产中主要以研磨带使用的时间来进行管理。

8.2.4 抛光带

目前，不锈钢修磨机组主要使用纸基的卷状抛光带。当带钢运行时，抛光带通过抛光接触辊下压与带钢表面接触，在带钢表面拉出均匀的发纹表面。发纹的粗细可以根据用户的需求，对抛光带号数进行调整。抛光带是一次性使用的，使用过的抛光带直接进行报废处理。

8.2.5 研磨油

不锈钢修磨过程中，根据是否使用研磨润滑剂，可分为润滑剂研磨和干磨两类。

润滑剂研磨的润滑剂可以是矿物研磨油、乳化液或水。研磨油在不锈钢研磨过程中的主要作用是润滑、冷却、渗透和助磨，因此研磨油必须具备较高的闪点，以避免修磨机组因摩擦升温导致起火的风险，通常采用矿物研磨油。采用矿物研磨油研磨时，由于磨削量较大，带钢产品具有表面细腻、表面质量好、耐腐蚀性强等优点，因此适用于对表面质量要求较高的产品；采用乳化液或水研磨时，由于磨削量较小，容易导致带钢产品研磨不均匀、表面粗糙、表面质量低、产品耐腐蚀性弱等问题；采用干磨时，同样存在磨削量较小、表面粗糙、表面质量不高、表面发白等问题。

研磨油一般分为磷系研磨油、活性硫黄系研磨油、磷酸盐系研磨油及脂肪酸系研磨油等。研磨油对研磨过程起着至关重要的影响，使用研磨油需要注意以下方面。

（1）活性硫含量增加使研磨量和带钢表面粗糙度增大。活性硫中的硫离子 S^{2-} 与亚铁离子 Fe^{2+} 结合生成硫化亚铁 FeS，FeS 使研磨负荷降低，砂粒损耗减小，从而提高研磨能力与研磨量。

（2）为保证研磨能力，需添加活性硫含量较高的同种研磨油。硫离子 S^{2-} 在研磨中将不断损失，最终分解为稳定硫原子，因此需定期进行补充。

（3）当修磨机配备较新的研磨带时，由于新研磨带的磨削能力较强，因此活性硫含量对研磨能力提高的作用并不显著；随着研磨带磨削能力的下降，活性硫含量与研磨量的大小关系将变得明显。

因此，研磨油中的活性硫含量是影响研磨效果的关键因素之一。通过调整研磨油中的活性硫含量，以及定期添加新的研磨油，可以有效地控制研磨过程中的负荷、砂粒损耗以及研磨量，从而实现对研磨效果的优化。

8.2.6　修磨能力的影响因素

影响不锈钢修磨能力的主要因素如下。

（1）研磨带粒度。研磨带的粒度越大，磨削量越大。由于研磨带使用一段时间后，其砂粒顶端磨损和脱落后不再有新的砂粒，因此研磨带的粒度随着修磨时间而改变，随着研磨带使用时间的增加，其磨削能力在不断衰减。

（2）修磨压力。压力越大，修磨能力越大。需要注意的是，修磨压力过大容易导致研磨带断裂或辊子变形，因此研磨压力的确定应综合考虑产品质量要求、研磨带性质等。

（3）带钢运行速度。简单来看，带钢运行速度越慢，单位时间内带钢接受研磨带砂粒的修磨次数越多，所产生的磨削量就越大；反之，带钢运行速度越快，磨削量越小。

（4）研磨带转速。研磨带的线速度决定了研磨面上的研磨力，在一定的运动条件下，研磨带的转速越高，磨削能力越小。

（5）接触辊。接触辊是研磨带和带钢互相接触的部分，其辊径、形状和硬度对磨削能力和产品表面粗糙度具有重要影响。接触辊辊径越小，研磨带和带钢的接触面积越小，在同等压力下，研磨带和带钢接触部分的单位面积压力增大，磨削能力增强。

（6）研磨油。研磨油主要功能是在研磨过程中起到润滑、冷却、渗透和助磨作用，其中研磨油中的活性硫含量对磨削能力的影响较大，研磨油活性硫含量越高，磨削能力越强。

8.3　精　　整

精整不仅是不锈钢生产中的最后一道工序，同时是确保产品出厂质量的关键环节。通过精整工序，产品的尺寸规格和质量得以精确调整和优化，以满足用户的多样化需求。

不锈钢的精整工序与机组设备主要包括平整（SPM）、重卷（RCL）、纵切（STL）、拉矫（TLL）、横切（CTL）等。

（1）平整机组（SPM）能够改善钢材板形和材料力学性能，提高表面光泽度，降低粗糙度，甚至对于特定的钢种如 430 钢，还能消除其屈服点延伸，提高冷加工性能。

（2）重卷机组（RCL）负责将长卷带钢重卷成短卷，便于后续的储存和运输。

（3）纵切机组（STL）将宽幅带钢切割成窄幅，满足用户对不同宽度的需求。

（4）拉矫机组（TLL）可以进一步改善板形，消除波浪和瓢曲等缺陷。

（5）横切机组（CTL）负责将带钢切割成特定长度的钢板或钢带，完成成品的切割工作。

8.3.1　平整

8.3.1.1　平整的作用

平整（Skin Pass Mill，SPM），即对经再结晶退火后的冷轧不锈钢进行小变形率的轧制，进而改善带钢板形、提高表面光泽度及改善力学性能。由于平整过程的变形率很小（一般在 2.0% 以下），所以平整过程是带钢发生弹塑性变形的过程。

一般来说，冷轧不锈钢平整的主要作用如下。

（1）改善带钢的板形。通过控制平整机组的轧制力、正负弯辊、张力、单侧轧制力以及伸长率，经过一道次或多道次的平整，可以消除或减轻退火后带钢板形不良以及辊压痕、人字纹、纸压痕等情况。

（2）改善带钢表面光泽度。带钢表面的光泽度是在轧制力的作用下，工作辊与带钢表面产生摩擦，并依靠大辊径使工作辊的表面粗糙度（平整工作辊的辊面粗糙度通常为 $0.015 \sim 0.025 \ \mu m$）能有效地复制到带钢表面。平整后，带钢的表面光泽度提高，如 2D 钝面可转变成 2B 雾面。对于铁素体 BA 表面产品，经多道次的平整后，表面光泽度有大幅度提高。相反，对于奥氏体 BA 表面产品，经平整后其光泽度提高不大。

（3）改善带钢的力学性能。通过控制轧制力、张力及伸长率，改善带钢的力学性能，如对于 SUS 430 钢种，经过平整，带钢的屈服强度略有下降，硬度和抗拉强度有所上升。

（4）消除 430 钢种的屈服延伸。带钢在屈服过程中产生的伸长变形称为屈服延伸，屈服延伸对冷轧不锈钢的产品质量有较大影响，一般经过平整后，可消除屈服延伸。

8.3.1.2　平整与连轧的区别

平整本身是一个轧制过程，与热轧、冷轧加工过程不同，平整与连轧的区别主要体现在以下 4 方面。

（1）变形本质不同。连轧的轧制变形量较大，主要为塑性变形，要求尽可能大的变形量，使带钢的厚度发生改变从而得到所需要的尺寸；平整的变形量较小，属于弹塑性变形（其中大部分为弹性变形），且只是表面变形，不会使带钢的公称厚度发生改变。

（2）衡量方式不同。在连轧过程中，衡量轧制过程带钢变形量的工艺参数是压下率，反映带钢在厚度方向上的变形，以毫米（mm）表示；在平整过程中，衡量带钢变形的工艺参数是伸长率，反映带钢在长度方向上的变化，以微米（μm）表示。

（3）过程控制不同。连轧过程主要采用前馈、后馈的厚度自动控制；而平整过程则主要采用恒轧制力和伸长率控制。轧制过程控制的目标是合格的带钢厚度；平整过程控制的目标是合理的伸长率。

（4）对带钢性能的影响不同。连轧后，带钢的抗拉强度、屈服强度明显上升，塑性下降；平整后，带钢的屈服强度略有下降，硬度、抗拉强度则有所上升，如430钢种。

8.3.1.3　不锈钢平整机

不锈钢平整机主要分为以下四类：
（1）单机架二辊可逆式平整机；
（2）单机架四辊可逆式平整机；
（3）与连续退火相连的平整机；
（4）与拉伸矫直相连的平整机。

上述4种机组中，可逆式平整机（单机架二辊可逆式平整机和单机架四辊可逆式平整机）的主要优点在于生产效率高、成本低、可生产板形要求高的产品。后两种机型（与连续退火相连的平整机以及与拉伸矫直相连的平整机）由于是非可逆式机组，因此生产具有一定的局限性，通常仅用于生产单道次且表面光泽度要求不高的产品。综合考虑各钢种特性以及各类表面的平整工艺要求，目前，冷轧不锈钢普遍采用的是可逆式平整机，尤其是二辊可逆式平整机。

典型的不锈钢平整机组主要由开卷机、入口导向辊、刷辊、防皱辊、工作辊、出口导向辊、卷取机及抽风系统等组成，如图8-4所示。

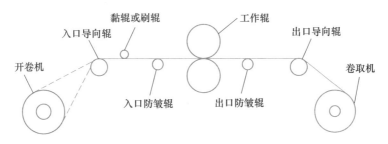

图8-4　不锈钢平整机

二辊可逆式平整机与四辊可逆式平整机相比，区别在于：
（1）表面质量控制，二辊平整机较四辊平整机结构相对简单，更容易控制产品表面质量；
（2）表面光泽度控制，二辊平整机的工作辊辊径更大，轧制时产生的接触弧更长，更有利于产品光泽度的提高；
（3）板形控制，四辊平整机的工作辊辊径较小，在轧制力相同的情况下，单位面积产生的压力较大，故四辊平整机的板形调节能力强于二辊平整机；
（4）材料延伸，由于四辊平整机的工作辊辊径较小，在轧制力相同的情况下，四辊平整机受到的单位面积压力更大，更容易变形；
（5）工艺操作，二辊平整机的操作性与设备控制，较四辊平整机相比要简单一些。

二辊平整机与四辊平整机的结构，如图 8-5 所示。

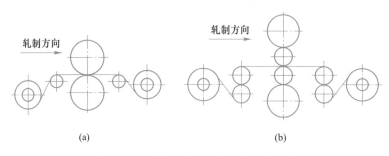

图 8-5　二辊平整机与四辊平整机的结构
（a）二辊平整机；（b）四辊平整机

8.3.1.4　平整方式

以二辊不锈钢平整机为例，根据其是否使用润滑和冷却介质，分为干平整和湿平整。湿平整使用的平整液为平整原液（3%～5%）与脱盐水配制而成的乳化液，平整液在循环使用过程中必须采用多道过滤。

平整液的主要功能如下。

（1）降低工作辊与带钢表面之间的摩擦系数，起润滑作用。因此，当轧制力一定时，湿平整的伸长率大于干平整的伸长率。

（2）清洗带钢表面，减少辊印、压入等缺陷的产生。

（3）冷却工作辊，保证工作辊凸度值的稳定，有利于带钢板形的控制。

然而，由于带钢与工作辊之间存在一层平整液薄膜，工作辊表面复制到带钢表面的光泽度会有一定的下降。因此，湿平整通常不能用于生产 BA 板等高品质表面产品。另外，湿平整在出口侧需要对带钢表面的平整液进行吹扫，若吹扫不干净、不充分，将导致平整液残留甚至产生液斑等缺陷。

干平整与湿平整的比较见表 8-1。

表 8-1　干平整与湿平整的比较

平整方式	摩擦系数	伸长率	光泽度	压入	热膨胀
干平整	大	小	高	多	易发生
湿平整	小	大	低	少	不易发生

8.3.1.5　平整机辊型

平整过程中，平整辊在轧制力的作用下会产生轻微的变形，这就要求平整辊带有一定的凸度来补偿这个变形。带有一定凸度的平整辊，需要一定的轧制力作用，才能使平整辊的夹缝（工作区域）接近长方形，带钢的板形才会平直。平整辊凸度与钢材板形作用的示意图，如图 8-6 所示。

通常，要根据来料带钢的屈服强度、板形状态、伸长率等多方面来选择合适的工作辊辊型，工作辊的凸度选择原则为：

（1）带钢越窄，轧辊凸度越大；

（2）带钢越薄，轧辊凸度越大；

（3）带钢越硬，轧辊凸度越大；

（4）伸长率越大，轧辊凸度越大；

（5）干平整的轧辊凸度要大于湿平整的轧辊凸度。

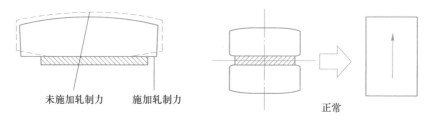

未施加轧制力 　施加轧制力 　　　　　　正常

图 8-6　平整辊凸度与钢材板形

不锈钢平整机常用的凸度有：0.12 mm、0.15 mm、0.20 mm、0.30 mm、0.40 mm 及 0.45 mm 等，生产过程中可根据实际需求进行适当配对。一般在生产 300 系奥氏体不锈钢时采用小凸度的工作辊，而 400 系列则采用较大凸度的工作辊。

8.3.1.6　板形控制

平整机主要通过机组轧制力和张力的联合作用，使带钢产生一定的伸长率，以消除或减轻板形的"双边浪""中浪"及"单边浪"等缺陷，从而达到板形平直和改善来料板形缺陷的目的。然而需要注意的是，平整机在工作过程中，可能会由于轧制力的设定不合理，导致辊缝偏差，从而再次产生板形缺陷。常见的板形缺陷，如图 8-7 所示。

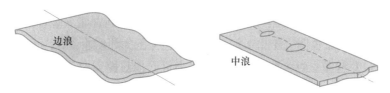

边浪　　　　　　　　　　中浪

图 8-7　"边浪"与"中浪"板形缺陷

A　"双边浪"板形缺陷

平整机轧制力过大，带钢两侧的受力大于中部，带钢两侧受到挤压，则两侧截面的延伸比中部大，生产的带钢就会产生"双边浪"板形缺陷，如图 8-8（a）所示。此时，应适当减小轧制力。

B　"中浪"板形缺陷

平整机轧制力过小，带钢中部的受力小于两侧，带钢中部受到挤压，带钢中部截面延伸比两侧大，生产的带钢就会出现"中浪"板形缺陷，如图 8-8（b）所示。此时，应适当增加轧制力。

C　"单边浪"板形缺陷

若平整辊发生倾斜，带钢就会有一侧的受力较大从而会产生"单边浪"板形缺陷，如图 8-8（c）所示。此时，应适当减小边浪侧的轧制力。

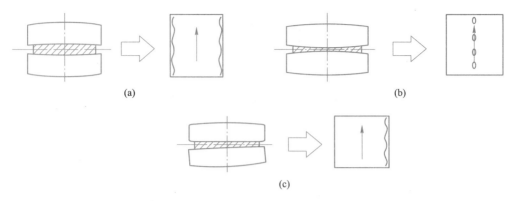

图 8-8　板形缺陷的产生过程
（a）"双边浪"；（b）"中浪"；（c）"单边浪"

8.3.1.7　表面光泽度

实际生产中，不锈钢带钢冷轧的表面光泽度主要受来料表面粗糙度、平整辊表面粗糙度和平整工艺（伸长率、张力等）的影响。

A　来料表面粗糙度的影响

通常来讲，来料带钢的表面粗糙度 Ra 越低，平整后成品的表面光泽度就越高。2B 板的表面粗糙度一般在 0.3 μm 以下，BA 板的表面粗糙度一般在 0.1 μm 以下。

B　伸长率的影响

在一定伸长率范围内（通常为 1.5% 以下），带钢的表面光泽度随着伸长率的提高而增大。因此，为提高伸长率可采用较大的轧制力，同时考虑到板形控制的需要，可增加平整辊的凸度。当伸长率超过 1.5% 时，进一步提高伸长率对成品表面光泽度的增加不明显，甚至会对成品性能产生不利影响。这是因为随着伸长率的进一步增大，带钢的拉伸塑性降低，而加工硬化指数增加。通常，对于板形要求较高的产品（BA 板等），可适当提高伸长率。

C　平整张力的影响

增加平整张力会降低带钢的表面光泽度，但降低程度不明显。平整张力主要对板形控制影响较大，但如果前后张力差过大，可能会引发打滑现象，从而影响带钢的表面质量。

8.3.2　重卷、纵切

8.3.2.1　重卷、纵切的作用

不锈钢冷轧钢卷在热轧和冷轧时，基本上都是以几种常规宽度和大卷为主，并伴随有头尾质量的不稳定性，导致这种钢卷难以被直接加工使用。因此，在冷轧的成品工序，可通过重卷或纵切对钢卷进行再加工，以满足产品的出厂要求。

（1）不锈钢重卷（Re Coiling Line，RCL）：将钢卷的头尾切除、切边，并根据产品性能要求分成相应的小卷。

（2）不锈钢纵切（Slitting Line，STL）：将带钢沿纵向切成窄条，以便于后续加工使

用，纵切机组同样具备切边及重卷功能。

8.3.2.2 来料要求

A 力学性能

抗拉强度：400~750 MPa；屈服强度：180~450 MPa。

B 处理条件

来料为经过退火、冷轧的半软状态，以及部分硬轧产品。

C 钢卷参数

钢卷参数会因各机组设备的差异而有所差别，常见的参数主要有：

(1) 钢卷平直度，板形平整，可有效避免机组运行时对带钢表面产生擦刮，同时符合出厂或协议标准；

(2) 横向厚度偏差，≤钢卷厚度的3%；

(3) 边缘错位，≤150 mm；

(4) 洁净度，表面洁净，无明显的油污、氧化铁皮以及鳞折，同时边部无凸起或折叠、边裂等其他重大缺陷。

8.3.2.3 切边过程

不锈钢带钢的切边过程通常可分为压塌阶段、滑移变形阶段、剪裂阶段和分离阶段四个阶段。

(1) 压塌阶段（弹性变形阶段）：带钢处于剪切区域时受到剪刃的挤压，带钢开始出现弹性压缩弯曲，这一阶段带钢内的应力还没有超过其弹性极限。

(2) 滑移变形阶段（塑性变形阶段）：带钢继续前行，剪刃则继续挤压带钢，带钢内部产生的应力达到屈服点，产生晶界滑移。在这一阶段的末期，靠近剪刃口的应力与带钢的剪切应力相等。

(3) 剪裂阶段：当剪刃继续挤压时，刃口处带钢受到的内应力大于分子间的结合力，这时带钢将沿滑移面出现裂纹。

(4) 分离阶段：剪刃继续挤压带钢，使滑移面方向产生的裂纹发展为裂缝。剪断的边丝条由于受到剪刃外侧摩擦力的作用而脱离带钢，带钢则在机组牵引下继续不断前行，从而完成剪切过程。

8.3.2.4 切边质量

带钢切边质量的好坏主要通过剪切断面的状态来进行判断，带钢的剪切断面根据特征可分为：塌角区、光亮区、撕裂区和毛刺区，如图8-9所示。

(1) 塌角区：剪切的初始部位，因带钢受到剪刃的挤压，产生弯曲变形所形成，主要发生在压塌阶段的后期至塑性变形阶段的前期。

(2) 光亮区：该区域表面光滑，故称为光

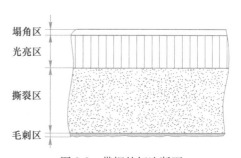

图 8-9 带钢的切边断面

亮区。光亮区的大小主要取决于剪刃的锋利程度以及带钢的屈服强度，例如，剪刃越锋利，带钢的屈服强度越小，则光亮区越大。主要发生在塑性变形阶段的后期至剪裂阶段的前期。

（3）撕裂区：该区域占切边断面的占比最大，因带钢受到剪切力的挤压破坏所形成，断面粗糙且无光泽，主要发生在剪裂阶段的后期。

（4）毛刺区：边丝与本体完全断裂后所形成的，位于带钢断面的最下面。

实际生产中，当来料的硬度高、塑性差时，剪切断面的撕裂区占比较大。反之，当来料的硬度小、塑性好时，其撕裂区的占比较小，增加了剪切工艺的难度。

理论上，只要剪刃安装到位、刀口完好就可以达到理想的剪切断面。但在实际生产上，虽然目前的设备精度达到了较高的水平，但剪切过程中仍存在相关的不利因素从而对剪切造成影响，甚至是多种因素同时作用等。因此，如何保证实际生产中的剪切质量非常重要。根据实践生产的经验，要控制好剪切质量的关键在于剪切间隙、重合量、剪刃锋利度以及剪切区域的稳定状况。

8.3.2.5　切边毛刺和废边的处理

A　切边毛刺的处理

随着目前对不锈钢产品质量的要求越来越高，不锈钢成品切边后的毛刺高度通常要控制在不超过带钢厚度 3% 的范围内。因此，切边处理时不仅要保证剪刃材质、缩短剪刃更换周期、保证合适的重合量和间隙量等外，部分高质量产品还需要增加切边毛刺去除装置。

切边毛刺去除装置根据原理又分为：

（1）毛刺碾压装置。在带钢边部的上下两侧，安装带有一定锥度的碾压辊，通过碾压辊的反复碾压，从而控制毛刺尺寸。该装置主要用于处理厚度在 0.6 mm 以上的产品。

（2）毛刺刮除装置。在带钢边部的上下两侧安装刮刀，在带钢运行时，刮除毛刺的凸起部分，主要用于处理厚度在 0.6 mm 以下的产品。

B　废边卷曲

废边卷曲即是将被剪切后的两条边上形成的废边（边丝）进行卷曲后再收集。废边卷曲分为同步卷曲和自由拉取两种形式，同步卷曲是目前较为先进也比较通用的形式。同步卷曲的边丝卷整齐，可再利用率高，但是对卷曲机速度及边丝张力控制的要求极高，稍有偏差就会出现拉刀的问题。自由拉取则需人工根据边丝存量，随时调节卷曲速度，收集的边丝较杂乱、利用率低，且在高速生产过程中边丝容易窜出。

8.3.2.6　重卷、纵切的质量控制

A　重卷质量控制

重卷过程中常见的质量问题是由于切边不良造成的边皱、边浪、毛刺过大、刀印、边部细铁屑、切不断等。

（1）边皱：产生边皱的主要原因包括剪切区域不稳定、刀口变钝、剪切力过大等，主要表现为带钢边部存在密集的小波浪形褶皱纹；

（2）边浪：主要表现为带钢边部存在一定长度（约 10 cm）的连续性小波浪形状；

（3）毛刺过大：主要表现为带钢切口处存在较明显的密集"毛刺山峰"；

（4）刀印：产生刀印的主要原因是剪切刃位置调整不当，导致刀刃与带钢表面直接接触而产生刀印、刀痕等，通常呈直线状。

B　纵切质量控制

纵切过程的常见质量问题主要出现在切边分条、卷取及张力压板上。

卷取过程出现的主要问题是卷取跑偏及翻边等。卷取跑偏主要是由于带钢卷取时张力不均造成的。翻边的问题集中存在于分条过程中，毛刺朝上的带条上，由于带钢剪切后的毛刺过大，导致边部的厚度远大于中间，卷取时这种"厚度差"会逐步积累，到一定程度时造成带钢边缘的变形越来越严重，目视成喇叭状。张力压板产生的质量问题一直是纵切线比较突出的，主要有压板划伤和分离盘擦刮边。

8.3.3　拉矫

8.3.3.1　拉矫的作用

拉矫（Tension Levelling，TL）的作用：通过几组相互交错的工作辊对带钢施加一定的应力（应力大小远小于材料的屈服极限），使带钢产生塑性拉伸变形，以达到修正板形缺陷和消除材料屈服等目的。

不锈钢的变形抵抗力大、塑性拉伸困难，使得其在拉矫过程中使用的工艺参数、装备与常规碳钢不同，主要在于：

（1）不锈钢的变形抵抗力大、塑性拉伸困难，拉矫时比普通碳钢更难以延伸；

（2）不锈钢对表面精度和光洁度要求更高，拉矫时要兼顾带钢的表面质量；

（3）来料板形中如存在浪形等缺陷，拉矫时需要施加更大的伸长率才能消除缺陷。

8.3.3.2　拉矫的原理

在热轧、冷轧、退火酸洗、修磨及平整工序中，由于带钢表面受到不均匀的拉伸而产生内部应力，当应力值达到一定程度时，会造成板形的变形或扭曲。拉矫机正是利用了内部应力的存在，基于弹塑性拉弯矫直理论而形成。在拉矫机中，需要矫直的带钢在张力辊组的作用下，连续经过上下交替布置的多组小直径的弯曲辊产生剧烈弯曲，带钢的各条纵向纤维在拉伸张力和弯曲应力的共同作用下，沿长度方向产生了不同程度的塑性延伸，各条纵向纤维的长度趋向于一致，从而减小内应力的不均匀分布，由纵向纤维长度差造成的板形缺陷得以消除。

8.3.3.3　拉矫机

典型的不锈钢冷轧拉矫机组主要包括开卷机、焊机、S辊、矫直辊、脱脂段、出口活套、卷取机和循环系统等，如图8-10所示。拉矫形式一般有两种：张力矫直和拉伸弯曲矫直。

A　张力矫直

张力矫直主要通过前后两组S辊产生张力，使带钢产生应力变形以达到矫直的目的。张力矫直就是在纯张力下进行的矫直，一般适用于窄带、薄带以及强度较小的带钢。

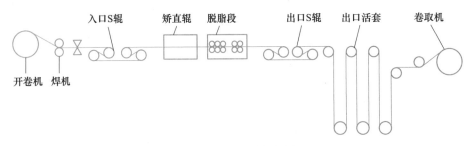

图 8-10　不锈钢精整拉矫机

B　拉伸弯曲矫直

拉伸弯曲矫直是使带钢在远小于材料屈服极限的应力作用下，通过相互交错的辊子而产生塑性拉伸变形，从而实现板形矫正目的。拉伸弯曲矫直技术集拉伸矫直和辊式矫直的优点于一体，具有以下主要特点：

（1）能够矫正带钢表面三维形状缺陷，如波浪、瓢曲、镰刀弯等；

（2）拉伸弯曲矫直具有张力小、结构简单、维修方便、辊系损耗小等优势，而且弯曲辊和矫直辊均是与带钢同步运动的从动辊，避免了因打滑而擦伤带钢表面；

（3）当用于热轧退火酸洗时，具有较好的破鳞效果，降低了后续酸洗中的酸液消耗，提高质量和效率；

（4）应用广泛，适用钢种的范围广；

（5）适用钢种厚度范围广，对厚度为 0.1~2 mm 的薄带效果更好；

（6）运行速度高，工作速度通常设计为 30~700 m/min，最高可达 1000 m/min。

目前，拉伸弯曲矫直技术已经在带钢处理线上得到广泛应用。根据不同不锈钢钢种的材料性质、结构特征以及产品要求，可采用不同结构形式的拉矫机进行拉伸弯曲矫直，如图 8-11 所示。图中，与带钢表面接触较大的辊系一般称为矫平辊系，而接触较小的辊系则为矫直辊系。

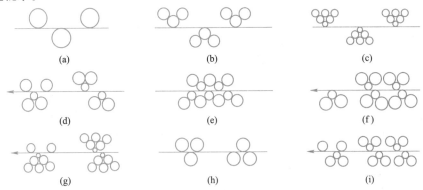

图 8-11　拉矫机的不同辊系结构
(a)~(i) 为各种结构

矫平辊系对带钢的弯曲量不大，因此带钢上下表层产生的塑性变形量较小；而矫直辊系因其辊径较小，可实现较大的反曲率，从而能更大程度地消除带钢的残余应力，起到板形矫正的作用。由于不锈钢的屈服强度较高，因此，在结构布置上，通常遵循"2 弯 1 矫以上"的原则，即带钢在过拉矫机时必须经过至少 2 个大的弯曲辊组及 1 个小的弯曲辊组。

8.3.3.4 来料要求

拉矫机对来料的主要要求如下：
(1) 冷轧退火或部分硬轧产品，厚度通常控制在 2.0 mm 以下；
(2) 屈服强度：退火态不超过 470 MPa，硬轧态不超过 1000 MPa；
(3) 平坦度不超过 3%；
(4) 来料表面的槽沟深度不超过 10 mm；
(5) 表面无油污、凸起、折叠孔洞以及其他重大缺陷。

8.3.3.5 拉矫板形控制

拉矫机组的板形修正能力非常强，可以使带钢产生 2%~3% 的伸长率。然而，较大的伸长率容易使带钢表面出现振痕、擦伤、解析度下降等问题，甚者会产生较大的板形缺陷。因此，不锈钢精整拉矫机的带钢伸长率通常控制在 0.5% 以内。

A　板形控制

根据不同设备的特点，拉矫板形的控制方式有两种：伸长率控制和张力控制。采用伸长率控制时，操作人员首先根据带钢的材质、厚度、原始形状以及预期的矫正效果，来设定带钢需要达到的伸长率，接下来机组则会自动调节矫直段的张力，以确保带钢在生产过程中能够达到预定的伸长率。采用张力控制时，操作人员根据带钢的厚度、宽度以及当前的板形，设定矫直段的张力控制参数，从而实时修正带钢的板形。

B　板形调节

如前所述，不锈钢带钢的拉矫伸长率理论上可以达到 2%~3%（实际上不超过 0.5%），该伸长率已经足以矫正板形很差的带钢。然而，无论是伸长率控制还是张力控制，都只能消除带钢残余的浪形缺陷，而 L 翘、C 翘等瓢曲缺陷则不能消除，从而影响后续的加工过程。通常，消除带钢 C 翘的难度大于 L 翘，加大张力或伸长率可以消除 L 翘，但不一定能消除 C 翘。此时，还需通过矫直机的调节来达到最佳效果。

8.3.3.6 拉矫过程质量控制

A　焊接质量

进入拉矫机时，待矫直钢卷前端与前一钢卷后端通过焊接而实现连接，当焊缝通过矫直机后，矫直机启动并根据焊缝的位置来调整张力，将待矫直钢卷进行矫直。这一过程中，焊接的质量非常关键，焊接质量差会造成断带等不良后果。

B　常见问题

拉矫机组最常见的质量问题有四种：
(1) 矫直辊缺陷，当矫直机辊子受损或辊子装配异常时，会对带钢表面造成辊印、擦伤、压入等缺陷；
(2) 板形不良，板形控制调节不合理或不到位、矫直压下力或张力调节不当，来料板形较差或性能异常，均会导致板形不良；

（3）表面擦伤，当张紧辊与带钢之间存在速度差时，会造成带钢表面擦伤；

（4）振痕，振痕是拉矫机组中最常见、最难控制的质量缺陷，产生的原因主要有：1）拉矫机在低速、重载下运行时，机组设备本体会产生共振，导致带钢振颤；2）张力过大或张力波动较大时，会引起带钢打滑造成振颤；3）拉矫参数控制不当，材料在短时间内产生屈服延伸变形，导致带钢振颤；4）辊盒结构变形；5）张力辊辊面粗糙度下降导致的带钢打滑。

8.3.4　横切

8.3.4.1　横切的作用

横切（CTL）的主要作用是将带钢经过矫直平直后，通过切边使其满足客户对宽度的要求，然后将其切成相应长度的钢板。实际生产中，为保护钢板的表面质量，还需进行垫纸或覆膜处理。

横切机组根据产品厚度一般可分为轻型横切矫直线、中型横切矫直线、重型横切矫直线；根据产品强度可分为：普通强度和高强度横切矫直线，目前使用较多的是普通强度型。大多数的不锈钢冷轧产品在最终使用之前，都要经过横切，如冰箱外壳、电梯面板、刀具、厨房用具、汽车装饰条等。

8.3.4.2　来料要求

（1）以厚度为 0.2~3.0 mm 的退火态为主要来料，有时也可使用少量硬轧态（厚度不大于 1.0 mm，屈服强度不大于 900 MPa）。

（2）板形缺陷程度不能过大。

（3）表面干净平整，无明显的脏污、氧化铁皮和鳞状折叠。

8.3.4.3　横切机组

图 8-12 所示为某条设置有二十三辊矫直机的不锈钢冷轧横切机组，主要由开卷机、导向辊、五辊矫直机、张力辊、圆盘剪、挤干辊、覆膜辊、夹送辊、飞剪和堆垛台等组成。

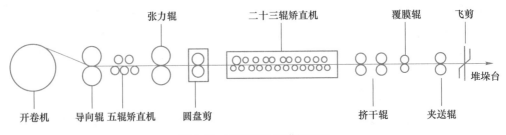

图 8-12　不锈钢冷轧横切机组

8.3.4.4 横切矫直

A 原理

横切矫直机的矫直原理与拉伸弯曲矫直的原理相同。横切矫直是横切机组的核心工艺，同时也是衡量机组生产能力及性能的重要标志。横切机组采用平行辊矫直法，将间断的压力矫直变成辊式连续矫直，在入口到出口之间交错布置若干个互相平行的矫直辊，按递减压弯规律进行多次反复压弯使带钢连续得到正、反两个方向的弯曲，在此过程中带钢得到充分的弹性和塑性变形，带钢的原始曲率得到消除，从而达到矫直目的。

B 矫直种类

a 干矫直

干矫直是带钢在矫直过程中不使用液体介质进行清洗和润滑，目前大多数横切机组都采用干矫直。干矫直无须设置润滑清洗系统，因此成本低、投入少。但是，矫直过程中矫直机容易压入带钢表面，且辊系间相互磨损大，因此很难满足 BA 板等对表面要求较高的产品生产。

b 湿矫直

湿矫直方式是带钢在矫直过程中用清洗液对带钢、矫直机辊系进行清洗，并且清洗液具有一定的防锈功能。由于湿矫直需要增加一套复杂的矫直液循环系统及挤干、烘干设备，而且湿矫直对辊系轴承的密封和辊子防锈的要求较高，同时对企业的环保设施也有一定的要求，因此目前横切机组较少采用湿矫直方式。

湿矫直的中间辊采用螺旋辊，以利于脏污和矫直液能从两侧顺利地排出。由于带钢在矫直过程中，矫直机上的各个辊系受到矫直液的清洗与润滑，污渍不容易黏附在带钢及辊子上，因此可以有效地控制矫直机压入，同时辊子间因有矫直液保护，辊子间的磨损小。

C 矫直机种类

横切矫直机根据板形控制的工作原理可分为四大类。

(1) 反复弯曲式矫直机。在同一个平面内，对带钢进行反复压弯并逐步降低压弯量，直到压弯量与弹复量相等而使带钢变直。

(2) 旋转弯曲式矫直机。带钢在塑性弯曲状态下，以旋转变形的方式从大的等弯矩区向小的等弯矩区过渡，在走出塑性区时变直。

(3) 拉伸矫直机。通过拉伸变形，把原来纵向长度不一的带钢纤维拉成相等长度，并在达到一定的塑性变形后经卸载及弹复而变直。

(4) 拉弯矫直机。将拉伸与弯曲变形结合，通过精确控制拉伸和弯曲的施加顺序和程度，使带钢上下表层的拉伸和全截面的拉伸变形不会在同一时间发生，这样既避免了带钢在矫直过程中因应力集中而导致断裂，同时减少局部应力峰值，提高矫直质量。

8.3.4.5 飞剪剪切

A 飞剪类型

横切机组飞剪的类型较多，目前应用较广的有圆盘式飞剪、双滚筒式飞剪、曲柄回转式飞剪。

（1）圆盘式飞剪，主要由两对或多对圆盘形刀片组成，刀片轴线和带钢运动方向之间呈 60°夹角，这种飞剪结构简单、工作可靠、成本低，主要用于小型厂家。

（2）双滚筒式飞剪，将两片剪刃向心固定在滚筒上，该飞剪的特点是剪切力大，但在剪切厚料时容易产生剪切面不平整。

（3）曲柄回转式飞剪，由四连杆机构组成，剪刃在剪切区域内作近似的平面运动，并与带钢表面垂直，因此切断面比较平直。目前，不锈钢横切机组基本采用该类型的飞剪。

B　飞剪工作方式

飞剪在剪切带钢时，其精度高度依赖于测量轮（辊）所检测到的数据。测量轮（辊）的主要任务是计量脉冲量，当达到预设值时触发飞剪进行剪切。因此，确保测量轮（辊）的精确性对于剪切长度的准确性至关重要。在实际生产过程中，测量精度可能会受到多种因素的影响。其中，测量轮（辊）与带钢之间的打滑现象是一个常见问题。打滑会导致测量轮（辊）所计量的脉冲量与实际带钢通过的长度之间存在偏差，从而影响剪切精度。此外，编码器脉冲信号的丢失也是另一个可能导致测量精度偏差的因素。为了减小打滑现象，通常采取的措施包括选用质量较轻的材料（如尼龙或铝合金）来制造测量轮（辊），质量较轻的材料可以减少与带钢之间的摩擦力，从而降低打滑的可能性。此外，在测量轮（辊）外面套几个 O 形橡胶圈也可以增加与带钢之间的摩擦力，提高测量的稳定性。同时，在对应的压下位置加一个反压辊可以进一步增加带钢与测量轮（辊）之间的接触压力，减少打滑现象的发生。这些措施共同作用，可以显著提高测量轮（辊）的精确性，从而确保飞剪在剪切带钢时能够达到预期的精度要求。

飞剪装置除了刀架及转动机构外，还有相应的间隙调整机构、稳定辊、测量控制系统等。间隙调整机构可根据生产线厚度跨度，采用固定间隙或自动调整间隙；稳定辊是为了防止带钢在剪切时产生跳动而对测量精度造成影响。

8.3.4.6　横切生产过程控制

与重卷、拉矫相比，横切除了切边过程相同外，其他生产过程差异较大，主要为矫直、飞剪和堆垛等三个主要的过程质量控制点。

A　矫直控制

（1）辊印。由于工作辊长期连续工作，辊面会因损伤而出现凹凸，再印到带钢表面就产生了辊印。辊面损伤较小时，可用砂纸打磨辊面后再使用；

（2）压入。由于异物附着在工作辊辊面上，或掉落在带钢表面上，在矫直时会被工作辊压入带钢表面，使得带钢表面有点状缺陷或呈凹状。压入问题常见于干矫直。当压入程度较小时，运行一段时间后可自动消除，而附着在工作辊辊面的异物需要进行清洗来消除。

（3）振痕。产生振痕的原因有很多，如张力不稳定、工作辊直径偏差大、支撑辊卡阻、辊系间隙配合过大等。

（4）BA 振痕。主要呈密集横向分布，在生产 2B、2D 等板面时不会表现出来，但在生产 BA 板时则容易显现。因此，生产高品质产品时，使用高精度的矫直辊系是十分必要的。

（5）板形不良：来料没有板形缺陷或板形缺陷较小，但经矫直后却产生边浪、中浪、翘曲等缺陷。造成板形不良的原因主要是矫直机辊缝精度不良及操作调节不当,另外矫直张力存在偏差也会造成板形问题。

B 飞剪剪切控制

(1)毛刺过大:主要由于剪刀长时间使用后,刃口变钝造成。

(2)翻边:同样由于剪刀长时间使用后,刃口变钝造成剪切间隙量偏大,常见于生产薄料时。

(3)切不断:主要由于剪刀在修复磨削后,因补偿不到位,剪刀重合量不够所造成,另外,刃口太钝或剪切间隙过大也会导致出现该问题。

(4)凸点:由于飞剪剪刀崩口,导致在剪刀崩口处出现带钢边缘凸点。

(5)边角擦伤:由于飞剪在剪切过程中与带钢存在一定的相对运动,当飞剪上下剪刀的实际重合点与带钢出现偏移时,会出现剪刀擦到钢板边角的现象。

【知识拓展】

中国盾构,国之重器

当今的中国盾构机制造能力已今非昔比,以强大的制造能力与实力引领世界盾构机领域,全球70%的盾构机都是中国制造。这充分展示了中国在盾构机制造领域的引领实力。最新统计数据显示,截至2023年11月,中国盾构机订单总数超过5000台,已出厂超过4500台,出口海外约40个国家和地区。中铁装备是中国盾构机制造产业中杰出企业代表,上述中国盾构机制造成就不仅反映了中国盾构机制造企业在盾构机制造方面的技术实力和市场竞争力,也展示了中国盾构机产业在全球市场上的广泛认可。

盾构机是一种用于地下隧道建设的重型机械设备,是开挖隧道的利器,具有高效、精准、安全等特点。随着包括中国高铁、城市地铁建设等全球基础设施建设的如火如荼进展,盾构机的市场需求也在持续增长。中国盾构机产业的快速发展,不仅满足了国内市场的需求,也为全球基础设施建设提供了有力的支持。目前中国盾构机上下游企业已有上千家。近些年,国产盾构机在国内外工程中钻山入海,助力一个个高难度项目顺利完工。

中国作为基建强国,高铁与城市地铁的飞速发展,不仅极大地提升了人们的出行效率,也展示了中国在基础设施建设领域的卓越能力。

除了中国盾构机产业外,中国制造在其他方面也一样大显神威,如"神舟飞天"的成功,标志着中国在航天领域的深厚积累和持续创新;"天眼"探空,为探索宇宙奥秘提供了有力工具。北斗组网的完成,使中国拥有了自主可控的全球卫星导航系统,对于提升国家安全、促进经济发展具有重要意义。

资料来源(参考改编):掘进,一路向前——中国盾构机走向世界始末,科技日报,2023年11月9日第8版:深瞳。

【模块重点知识点归纳】

1.修磨

(1)修磨的目的:

1)消除退火酸洗造成的表面缺陷,改善不锈钢产品表面质量;

2）得到某种特定的表面质量，以满足不同行业用户的特殊要求。

（2）修磨的分类：

1）粗磨，指中间研磨，包括一般粗磨、BA 粗磨以及反面简单研磨；

2）精磨，指成品研磨，精磨后通过清洗、烘干，直接进入成品工序加工出厂。

（3）修磨的工艺。

在带钢运行线的上方或下方设置磨头。磨头由一对辊子组成，辊子上套有环形研磨带。辊子的一端与电机连接，通过接触辊的高速旋转带动研磨带高速转动，带钢在接触辊和水平导向辊的中间运行，通过水平导向辊或反压辊给带钢一定的压力，这样带钢表面在运行中即可被研磨带修磨。

（4）修磨机组的构成：

1）研磨机；

2）研磨带；

3）抛光带；

4）研磨辊。

2. 精整

精整主要包括平整（SPM）、重卷（RCL）、纵切（STL）、拉矫（TLL）、横切（CTL）等机组。

（1）平整。平整（Skin Pass Mill，简称 SPM），即对经再结晶退火后的冷轧不锈钢进行小变形率的轧制，进而改善带钢板形、提高表面光泽度及改善力学性能。不锈钢平整的主要目的是：

1）改善带钢的板形；

2）改善带钢表面光泽度；

3）改善带钢的力学性能；

4）消除 430 钢种的屈服延伸。

（2）重卷、纵切。

1）不锈钢重卷（RCL），将钢卷的头尾切除、切边，并根据产品性能要求分成相应的小卷。

2）不锈钢纵切（STL），将带钢沿纵向切成窄条，以便于后续加工使用，纵切机组同样具备切边及重卷功能。

（3）拉矫。拉矫（TLL），通过几组相互交错的工作辊对带钢施加一定的应力（应力大小远小于材料的屈服极限），使带钢产生塑性拉伸变形，以达到修正板形缺陷和消除材料屈服等的目的。

不锈钢的变形抵抗力大、塑性拉伸困难，其拉矫过程中的工艺参数、装备与常规碳钢不同，主要在于：

1）不锈钢的变形抗力大、塑性变形难，拉矫时比普通碳钢更难以延伸；

2）不锈钢对表面精度和光洁度要求更高，拉矫时要兼顾带钢的表面质量；

3）来料板形中若出现浪形等缺陷，拉矫时需要提供更大的伸长率才能消除缺陷。

（4）横切。横切（CTL）是将酸洗退火、修磨及平整后的带钢，经过矫直消除其残余应力使其平直，并通过切边使其满足客户对宽度的要求，然后将其切成相应长度的钢板，为保护钢板的表面质量还需进行垫纸或覆膜处理。

横切机组采用平行辊矫直法，将间断的压力矫直变成辊式连续矫直，在入口到出口之间交错布置若干个互相平行的矫直辊，按递减压弯规律进行多次反复压弯使带钢连续得到正、反两个方向的弯曲，在此过程中带钢得到充分的弹性和塑性变形，带钢的原始曲率得到消除，从而达到矫直目的。

 思考题

8-1 不锈钢修磨机组主要有哪几种形式，各自有什么特点？

8-2 简述研磨机的主要组成及功能。

8-3 研磨油对研磨过程有哪些影响？

8-4 影响不锈钢修磨能力的主要因素有哪些？

8-5 不锈钢精整工序主要包括哪些机组？

8-6 冷轧不锈钢平整的主要作用是什么？

8-7 不锈钢与普通碳钢冷轧的区别有哪些？

模块 9 不锈钢管与配件生产

不锈钢管与
配件生产

【模块背景】

在生产生活中常见的不锈钢管有哪些？不锈钢管件又有哪些？不锈钢无缝钢管、不锈钢焊接钢管、对焊管件、沟槽式管件、卡压式管件、环压式管件的定义、特点、标准、性能、参数、用途、生产工艺等有什么区别？不锈钢无缝钢管和焊接钢管的主要生产设备和生产工艺是什么？不锈钢管生产技术在信息化和智能化领域是怎样的发展趋势？通过本模块的学习，大家将会对不锈钢管与配件生产建立基本认识，以助于后续开展对不锈钢管与配件生产方面的实操、计算、分析、设计和研究。

【学习目标】

知识目标	1. 掌握不锈钢无缝钢管、焊接钢管的定义、特点、参数、性能、标准和应用范围； 2. 了解流体输送用不锈钢焊接钢管和装饰用不锈钢焊接钢管的区别； 3. 熟悉不锈钢无缝钢管、不锈钢焊接钢管的生产工艺流程与主要生产设备； 4. 了解不锈钢管生产工艺的信息化与智能化技术； 5. 熟悉不锈钢对焊管件、沟槽式管件、卡压式管件和环压式管件的定义、结构、规格、用途、生产工艺； 6. 了解未来制造业（包括不锈钢管生产）智能化的概念与思路。
技能目标	1. 能区分不锈钢无缝钢管和焊接钢管的特点和应用范围； 2. 能初步判断不锈钢管的应用场景； 3. 能识别各类型不锈钢管的产品标准； 4. 能进行不锈钢焊接钢管和不锈钢无缝钢管的生产工艺初步设计； 5. 能区分不同类型的不锈钢管件（对焊管件、沟槽式管件、卡压式管件和环压式管件），并对其具体用途和应用场景进行判断。
价值目标	1. 了解不锈钢管和配件生产行业的科技前沿成果，激发利用专业知识建设祖国的热情与动力； 2. 培养专业认同感，树立法治意识、安全意识和职业道德规范； 3. 培养为了团队、班级、学校、行业以及国家的整体目标，敢为人先、勇挑重担的奉献精神； 4. 培养严谨的工作作风、安全意识和责任心，树立遵循规范的职业准则，遵纪守法的法治意识； 5. 了解国家对制造业智能化的思路与基本要求。

9.1 不锈钢管生产与应用概述

在工业生产领域，不锈钢管按制造工艺，分为不锈钢无缝钢管和不锈钢焊接钢管两大类。不锈钢焊接钢管，按其应用领域与产品性能要求不同，又分为流体输送用不锈钢焊接钢管与装饰用焊接不锈钢管两大类。

9.1.1　不锈钢无缝钢管

9.1.1.1　不锈钢无缝钢管定义及特点

不锈钢无缝钢管是一种具有圆形中空截面且管体没有接缝的不锈钢管材，以下简称无缝管。

无缝管采用热轧（挤、扩）或冷拔（轧）工艺生产。管壁越厚，就越具有经济性和实用性，管壁越薄，其加工成本就会大幅度上升。冷拔工艺生产的无缝管比热轧工艺生产的无缝管具有更高的尺寸精密度。

无缝管因热轧或冷轧的生产工艺，决定了无缝管尺寸精度比较低、定尺生产成本高等特点。如壁厚不均匀，管内外表面粗糙度大，光亮度低，黑点不易去除。热轧状态的不锈钢无缝管，如图9-1所示。

图 9-1　热轧状态的不锈钢无缝管

9.1.1.2　产品标准及参数

A　常用的无缝管标准

GB/T 14976　流体输送用不锈钢无缝钢管

GB/T 14975　结构用不锈钢无缝钢管

GB/T 13296　锅炉、热交换器用不锈钢无缝钢管

B　流体输送用不锈钢无缝钢管参数

a　分类及代号

无缝管根据生产工艺分两类：热轧无缝管，代号 W-H；冷轧无缝管，代号 W-C。根据尺寸精度分两类：普通级，代号 PA；高级，代号 PC。

b　外径 D 及壁厚 S

无缝管外径用字母 D 表示，壁厚用字母 S 表示。无缝管常见外径为 $6\sim426$ mm，壁厚为 $0.5\sim28$ mm。一种外径有多种壁厚，无缝管常用外径和壁厚按照 GB/T 17395《无缝钢管尺寸、外形、重量及允许偏差》中参数选用。无缝管按公称外径和公称壁厚交货时，外径及壁厚偏差应符合表9-1的规定；无缝管按公称外径和最小壁厚交货时，外径及壁厚允许偏差应符合表9-2的规定。

表 9-1　无缝管外径与壁厚允许偏差　　　　　　　　　　（mm）

热轧无缝管			冷拔无缝管		
尺寸		允许偏差	尺寸		允许偏差
		普通级（PA）|高级（PC）			普通级（PA）|高级（PC）
外径 D	68~159	±1.25%D	外径 D	6~10	±0.20 | ±0.15
				>10~30	±0.30 | ±0.20
		±1%D		>30~50	±0.40 | ±0.30
				>50~219	±0.85%D | ±0.75%D
	>159	±1.5%D		>219	±0.9%D | ±0.8%D
壁厚 S	<15	+15%S / −12.5%S	壁厚 S	≤3	±12%S | ±10%S
	≥15	+20%S / −15%S	±12.5%S	>3	+12.5%S / −10%S | ±10%S

表 9-2　无缝管的最小壁厚允许偏差　　　　　　　　　　（mm）

制造方式	壁厚	允许偏差	
		普通级（PA）	高级（PC）
热轧无缝管（W-H）	$S_{min} \leq 15$	+25%S_{min} / 0	+22.5%S_{min} / 0
	$S_{min} > 15$	+30%S_{min} / 0	
冷拔无缝管（W-C）	所有壁厚	+22%S / 0	+20%S / 0

注：S_{min}为最小壁厚。

c　长度

无缝管通用长度为 1000~12000 mm，通常为不定尺，按实际重量交货。根据客户需求，可按定尺或倍尺交货。定尺或倍尺全长允许偏差为 $^{+20}_{0}$ mm。

d　弯曲度

无缝管的弯曲度不大于全长的 15%。

e　不圆度与壁厚不匀

无缝管的不圆度与壁厚不匀，不应超过外径公差和壁厚公差的 80%。

f　质量

无缝管按实际质量交货，也可按理论质量交货。按理论质量交货要在合同中规定质量允许偏差。理论质量计算：

$$W = \frac{\pi}{1000} \rho S(D - S) \tag{9-1}$$

式中　W——无缝管的理论质量，kg/m；

　　　π——3.1416；

　　　ρ——钢的密度，kg/dm^3，密度见表 9-4；

S——无缝钢管公称壁厚，mm；

D——无缝钢管公称外径，mm。

C 不锈钢无缝钢管的牌号与化学成分

无缝管有几十种不锈钢牌号，常见材料牌号为 S30408（06Cr19Ni10）、S31608（06Cr17Ni12Mo2）和 S31603（022Cr17Ni12Mo2），也是用量较大的不锈钢牌号。不锈钢材料统一数字代号和牌号见 GB/T 20878 的规定。S30408、S31608 和 S31603 的化学成分见表9-3，其他材料牌号和化学成分见 GB/T 14976。无缝管按材料熔炼成分验收。如需方要求对成品进行成分分析时，应在合同中注明。成品无缝管的化学成分允许偏差应符合 GB/T 222 的规定。

表9-3 无缝管牌号及化学成分

统一数字代号	牌号	化学成分（质量分数）/%										
		C	Si	Mn	P	S	Ni	Cr	Mo	Cu	N	其他
S30408	06Cr19Ni10	0.08	1.00	2.00	0.035	0.030	8.00~11.00	18.00~20.00	—	—	—	—
S31608	06Cr17Ni12Mo2	0.08	1.00	2.00	0.035	0.030	10.00~14.00	16.00~18.00	2.00~3.00	—	—	—
S31603	022Cr17Ni12Mo2	0.030	1.00	2.00	0.035	0.030	10.00~14.00	16.00~18.00	2.00~3.00	—	—	—

注：表中所列成分除表明范围或最小值外，其余均为最大值。

9.1.1.3 不锈钢无缝钢管性能

A 力学性能

热处理状态无缝钢管的纵向力学性能及密度见表9-4。

表9-4 无缝钢管的力学性能及密度

组织类型	序号	统一数字代号	牌号	抗拉强度 R_m/MPa	规定塑性延伸强度 $R_{p0.2}$/MPa	断后伸长率 A/%	密度 ρ/kg·dm^{-3}
				不小于			
奥氏体型	1	S30210	12Cr18Ni9	520	205	35	7.93
	2	S30408	06Cr19Ni10	520	205	35	7.93
	3	S30403	022Cr19Ni10	480	175	35	7.9
	4	S30458	06Cr19Ni10N	550	275	35	7.93
	5	S30478	06Cr19Ni9NbN	685	345	35	7.98
	6	S30453	022Cr19Ni10N	550	245	40	7.93
	7	S30908	06Cr23Ni13	520	205	40	7.98
	8	S31008	06Cr25Ni20	520	205	40	7.98
	9	S31608	06Cr17Ni12Mo2	520	205	35	8.00
	10	S31603	022Cr17Ni12Mo2	480	175	35	8.00

组织类型	序号	统一数字代号	牌号	抗拉强度 R_m/MPa	规定塑性延伸强度 $R_{p0.2}$/MPa	断后伸长率 A/%	密度 ρ/kg·dm^{-3}
				不小于			
奥氏体型	11	S31609	06Cr17Ni12Mo2	515	205	35	7.98
	12	S31668	06Cr17Ni12Mo2Ti	530	275	35	7.90
	13	S31658	06Cr17Ni12Mo2N	550	275	35	8.00
	14	S31653	022Cr17Ni12Mo2N	550	245	40	8.04
	15	S31688	06Cr18Ni12Mo2Cu2	520	205	35	7.96
	16	S31683	022Cr18Ni14Mo2Cu2	480	180	35	7.96
	17	S31708	06Cr19Ni13Mo3	520	205	35	8.00
	18	S31703	022Cr19Ni13Mo3	480	175	35	7.98
	19	S32168	06Cr18Ni11Ti	520	205	35	8.03
	20	S32169	07Cr19Ni11Ti	520	205	35	7.93
	21	S34778	06Cr18Ni11Nb	520	205	35	8.03
	22	S34779	07Cr18Ni11Nb	520	205	35	8.00
铁素体型	23	S11348	06Cr13Al	415	205	20	7.75
	24	S11510	10Cr15	415	240	20	7.70
	25	S11710	10Cr17	415	240	20	7.70
	26	S11863	022Cr18Ti	415	205	20	7.70
	27	S11972	019Cr19Mo2NbTi	415	275	20	7.75
马氏体型	28	S41008	06Cr13	370	180	22	7.75
	29	S41010	12Cr13	415	205	20	7.70

B　液压性能

无缝管应逐根进行液压试验。将无缝管安装在液压试验机上，充入清洁的自来水，升压到试验压力，稳压时间不少于 10 s，无缝管不允许出现渗漏现象。当无缝管外径≤88.9 mm 时，最大试验压力为 17 MPa；当无缝管外径大于 88.9 mm 时，最大试验压力为 19 MPa。试验压力计算为：

$$p = \frac{2SR}{D} \tag{9-2}$$

式中　p——试验压力，MPa；当 $p<7$ MPa 时，修约到最接近的 0.5 MPa，当 $p \geqslant 7$ MPa 时，修约到最接近的 1 MPa；

S——钢管的壁厚，mm；

D——钢管的公称直径，mm；

R——允许应力，按表 9-4 中规定塑性延伸强度最小值的 60%，MPa。

经供需双方协商，可以用超声波无损探伤或涡流探伤替代液压试验。

C　压扁性能

壁厚不大于 10 mm 的无缝管可进行压扁性能试验。压扁后，试样弯曲处外侧不允许出现裂缝和裂口。压扁试验时，试样应压至两平板间距为 H，H 可计算为：

$$H = \frac{(1 + \alpha)S}{\alpha + S/D} \tag{9-3}$$

式中　H——两平板间距离，mm；

　　　S——无缝管的壁厚，mm；

　　　D——无缝管的公称外径，mm；

　　　α——单位长度变形系数，奥氏体无缝管为 0.09，其他无缝管为 0.07。

D　扩口性能

外径不大于 150 mm，且壁厚不大于 10 mm 的无缝管可进行扩口试验。扩口试验的顶芯锥度为 60°，扩口后外径的最大值为 10%，扩口后试样不允许出现裂缝和裂口。

E　耐腐蚀性能

奥氏体型无缝管应进行晶间腐蚀试验。晶间腐蚀试验按 GB/T 4334—2020 方法 E 规定进行。试验后无缝管的外表面应无晶间腐蚀裂纹。

F　外观要求

无缝管的内外表面不允许有裂纹、折叠、扎痕、离层和结疤。这些缺陷应完全清除，清除深度不应超过壁厚的 10%，缺陷清除处的实际壁厚应不小于壁厚所允许的最小值。

热轧无缝管内外表面划痕允许深度不大于壁厚的 5%，且外径不大于 140 mm 的无缝管其最大允许深度为 0.5 mm，外径大于 140 mm 的无缝管其最大允许深度为 0.8 mm；冷拔无缝管内外表面划痕允许深度不大于壁厚的 4%，且最大允许深度为 0.30 mm，但对于壁厚小于 1.4 mm 的无缝管，其最大允许深度为 0.05 mm。

无缝管两端端面应与轴线垂直，并清除切口毛刺。

9.1.1.4　不锈钢无缝管应用范围

不锈钢无缝管是性能优良的耐腐蚀管材，广泛应用在石油、化工、能源、食品、制药、建筑、电力、海洋工程、冶金、核工业等领域。

石油、天然气领域应用：不锈钢无缝管在石油、天然气勘探、开采、输送过程中被广泛应用，主要被用于制造钻井管、油井套管、输油管道、输气管道等。

化工领域应用：不锈钢无缝管被用于制造化工反应器、传热设备、石化装置、管道系统等，如图 9-2 所示。

制药与食品生产领域应用：不锈钢无缝管可被用于制药生产与食品生产设备输送管道。该管道采用内外镜面抛光管材，确保制药与食品的纯度与清洁。

建筑领域应用：广泛应用在建筑给水、建筑热水、直饮水、高压细水雾、空调循环水、室内燃气、消防管道等系统。

9.1.2　不锈钢焊接钢管

9.1.2.1　不锈钢焊接钢管定义及特点

不锈钢焊接钢管是一种截面为中空、带有纵向或纵向与横向焊缝的不锈钢管，以下简

图 9-2　不锈钢无缝管在化工行业应用

称焊接钢管。

焊接钢管是通过制管机模具将钢带卷曲成管状，再经氩弧焊接生产，具有外径、壁厚尺寸精度高，耐压强度大、耐腐蚀等优点，特别是低压薄壁管材的生产成本远远低于不锈钢无缝管。

焊接钢管按制造方法和检测要求分类及代号如下：

（1）Ⅰ——钢管采用双面自动焊接方法制造，且焊缝 100% 全长射线探伤；

（2）Ⅱ——钢管采用单面自动焊接方法制造，且焊缝 100% 全长射线探伤；

（3）Ⅲ——钢管采用双面自动焊接方法制造，且焊缝局部射线探伤；

（4）Ⅳ——钢管采用单面自动焊接方法制造，且焊缝局部射线探伤；

（5）Ⅴ——钢管采用双面自动焊接方法制造，且焊缝不做射线探伤；

（6）Ⅵ——钢管采用单面自动焊接方法制造，且焊缝不做射线探伤。

焊接钢管与管件之间主要采用螺纹连接、氩弧焊接。在给水管道系统通常将壁厚与外径比不大于 6% 的焊接钢管称为薄壁不锈钢管。薄壁不锈钢管主要采用压接式连接（卡压、环压）、沟槽式连接和氩弧焊连接。

9.1.2.2　不锈钢焊接钢管的分类

不锈钢焊接钢管按其应用领域与产品性能要求不同，又分为流体输送用不锈钢焊接钢管与装饰用焊接不锈钢管、机械结构不锈钢焊接钢管三大类。

流体输送用不锈钢焊接钢管主要用于液体、气体等流体输送用，装饰用焊接不锈钢管主要用于楼梯扶手、护栏、卫浴等装饰用，机械结构用不锈钢焊接钢管主要用于机械、汽车、自行车、家具及其他机械部件与结构用。下面主要介绍流体输送用不锈钢焊接钢管和装饰用焊接不锈钢管。

9.1.2.3　流体输送用不锈钢焊接钢管

A　流体输送用不锈钢焊接钢管产品标准及常用规格

流体输送用不锈钢焊接钢管（以下简称焊接钢管）执行标准为 GB/T 12771《流体输送用不锈焊接钢管》，外径与壁厚执行标准为 GB/T 21835《焊接钢管尺寸及单位长度重量》。焊接钢管外径为 8 ~ 1829 mm，壁厚为 0.3 ~ 28 mm，外径及允许偏差参见 GB/T 12771。给水管道系统常用的 DN15 ~ DN400 焊接钢管尺寸及允许偏差见表 9-5。给水用薄壁不锈钢管执行标准 GB/T 19228.1《不锈钢卡压式管件组件第 2 部分 连接用薄壁不锈钢管》、CJ/T 151《薄壁不锈钢管》，薄壁不锈钢管尺寸及允许偏差见表 9-6。

表 9-5　给水系统常用规格焊接钢管尺寸与偏差

公称尺寸		管外径 D/mm		外径允许偏差		壁厚 S/mm	壁厚允许偏差
DN/mm	NPS/in	I 系列	II 系列	高级	普通级		
15	½	21.3	18	±0.2	±0.3	2.8	±10%S
20	¾	26.9	25			2.8	
25	1	33.7	32			3.0	
32	1¼	42.4	38			3.5	
40	1½	48.3	45	±0.3	±0.4	3.5	
50	2	60.3	57			3.5	
65	2½	76.1	76	±0.4	±0.5	4.0	
80	3	88.9	89			4.0	
100	4	114.3	108			4.0	
125	5	139.7	133	±0.38	±1.0	4.0	
150	6	168.3	159			4.0	
200	8	219.1	219			4.5	
250	10	273.0	273			4.5	
300	12	323.9	325	±0.5%D	±1%D	5.0	
350	14	355.6	377			6.0	
400	16	406.4	426			6.0	

表 9-6　薄壁不锈钢管尺寸及允许偏差　　　　　　　　（mm）

工程尺寸 DN	外径 D		外径允许偏差	壁厚			壁厚允许偏差
	I 系列	II 系列		S_a[①]	S_b[②]	S_c[③]	
15	16	18	±0.10	0.6	0.8	1.0	±10%S
20	20	22	±0.11	0.7	1.0	1.2	
25	25.4	28	±0.14	0.8	1.0	1.2	
32	32	35	±0.17	1.0	1.2	1.5	
40	40	42	±0.21	1.0	1.2	1.5	
50	50.8	54	±0.26	1.2	1.2	1.5	
65	76.1	76.1	±0.38	1.5	2.0	2.0	
80	88.9	88.9	±0.44	1.5	2.0	2.0	
100	101.6	108	±0.54	1.5	2.0	2.0	
125	133	133	±0.99	2.0	2.5	2.5	
150	159	159	±1.19	2.0	2.5	2.5	

工程尺寸 DN	外径 D		外径允许偏差	壁厚			壁厚允许偏差
	Ⅰ系列	Ⅱ系列		S_a①	S_b②	S_c③	
200	219	219	±1.64	3.0	3.0	3.0	±10%S
250	273	273	±2.05	4.0	4.0	4.0	
300	325	325	±2.44	4.0	4.0	4.0	

①S_a适用于Ⅰ系列外径，环压式连接，PN16，>DN100 适用沟槽或焊接；

②S_b适用于Ⅰ系列外径，双卡压式、环压式连接，PN25，>DN100 适用沟槽或焊接；

③S_c适用于Ⅱ系列外径，双卡压式连接，PN25，>DN100 适用沟槽或焊接。

焊接钢管通常长度为 3000~12000 mm，最常见的焊接钢管长度为 6000 mm。焊接钢管可按定尺长度或倍尺长度交货，定尺长度或倍尺长度控制在通常长度范围内，其全长允许偏差为 $^{+15}_{0}$ mm。

焊接钢管的不圆度不允许超过外径允许公差。焊接钢管的弯曲度应不大于 1.5 mm/m，全长弯曲度应不大于钢管总长度 0.2%，钢管两端端面应与钢管轴线垂直，切口毛刺应予清除。根据需方要求，经供需双方协商，并在合同中注明，壁厚大于 3mm 的钢管两端可加工坡口，坡口形式由供需双方协商确定。

流体输送用不锈钢焊接钢管的交货状态：（1）焊接状态；（2）热处理状态；（3）磨（抛）光状态。

焊接钢管材料牌号，奥氏体型不锈钢以 S30408、S31603 为代表，铁素体型不锈钢以 S11972 为代表。焊接钢管可按长度交货，也可按质量交货。焊接钢管材料牌号及理论质量见表 9-7。

表 9-7   流体输送用不锈钢焊接钢管牌号

序号	类型	统一数字代号	牌号	抗拉强度 R_m/MPa	规定塑性延伸强度 $R_{p0.2}$/MPa	断后伸长率 A/%		质量计算公式	密度/(kg·dm⁻³)
						热处理	非热处理		
				不小于					
1		S30210	12Cr18Ni9	515	205	40	35	$W=0.02491S(D-S)$	7.93
2		S30403	022Cr19Ni10	485	180	40	35	$W=0.02482S(D-S)$	7.90
3		S30408	06Cr9Ni10	515	205	40	35	$W=0.02491S(D-S)$	7.93
4		S30409	07Cr19Ni10	515	205	40	35	$W=0.02482S(D-S)$	7.90
5		S30453	022Cr19Ni10N	515	205	40	35	$W=0.02491S(D-S)$	7.93
6	奥氏体型	S30458	06Cr19Ni10N	550	240	30	25	$W=0.02491S(D-S)$	7.93
7		S30908	06C23Ni13	515	205	40	35	$W=0.02507S(D-S)$	7.98
8		S31008	06Cr25Ni20	515	205	40	35	$W=0.02507S(D-S)$	7.98
9		S31252	015Cr20Ni18Mo6CuN	655	310	35	30	$W=0.02513S(D-S)$	8.00
10		S31603	022Cr17Ni12Mo2	485	180	40	35	$W=0.02513S(D-S)$	8.00
11		S31608	06Cr17Ni12Mo2	515	205	40	35	$W=0.02513S(D-S)$	8.00
12		S31609	07Cr17Ni12Mo2	515	205	40	35	$W=0.02513S(D-S)$	8.00

序号	类型	统一数字代号	牌号	抗拉强度 R_m/MPa	规定塑性延伸强度 $R_{p0.2}$/MPa	断后伸长率 A/%		质量计算公式	密度/(kg·dm⁻³)
						热处理	非热处理		
				不小于					
13	奥氏体型	S31653	022Cr17Ni12Mo2N	515	205	40	35	$W=0.02526S(D-S)$	8.04
14		S31658	06Cr17Ni12Mo2N	550	240	35	30	$W=0.02513S(D-S)$	8.00
15		S31668	06Cr17Ni12Mo2Ti	515	205	40	35	$W=0.02482S(D-S)$	7.90
16		S31782	015Cr21Ni26Mo5Cu2	490	220	35	30	$W=0.02513S(D-S)$	8.00
17		S32168	06Cr18Ni11Ti	515	205	40	35	$W=0.02523S(D-S)$	8.03
18		S32169	07Cr19Ni11Ti	515	205	40	35	$W=0.02523S(D-S)$	8.03
19		S34778	06Cr18Ni11Nb	515	205	40	35	$W=0.02523S(D-S)$	8.03
20		S34779	07Cr18Ni11Nb	515	205	40	35	$W=0.02523S(D-S)$	8.03
21	铁素体型	S11163	022Cr11Ti	380	170	20	—	$W=0.02435S(D-S)$	7.75
22		S11213	022Cr12Ni	450	280	18	—	$W=0.02435S(D-S)$	7.75
23		S11348	06Cr13Al	415	170	20	—	$W=0.02435S(D-S)$	7.75
24		S11863	022Cr18Ti	415	205	22	—	$W=0.02419S(D-S)$	7.70
25		S11972	019Cr19Mo2NbTi	415	275	20	—	$W=0.02435S(D-S)$	7.75

B 流体输送用不锈钢焊接钢管的性能

a 力学性能

（1）钢管应进行母材拉伸试验，母材的室温纵向拉伸性能应符合表9-7的规定。钢管拉伸试验时，可用母材的横向拉伸试验代替纵向拉伸试验，拉伸性能应符合表9-7的规定，但仲裁时应以纵向拉伸为准。

（2）焊接接头拉伸：外径不小于168 mm的钢管应进行焊接接头的横向拉伸试验。试样应沿钢管的横向或从焊接试板上截取，焊接试板应与钢管同一牌号、同一炉号、同一焊接工艺、同一热处理制度。焊缝应位于试样中心，并与试样轴线垂直。焊接接头的抗拉强度应符合表9-7母材抗拉强度的规定。

b 压扁性能

外径不大于168 mm的钢管应进行压扁试验。试验时，焊缝应位于受力方向90°的位置。经热处理的钢管，试样应压至钢管外径的1/3；未经热处理的钢管，试样应压至钢管外径的2/3。压扁后，试样不应出现裂缝和裂口。

c 焊缝横向弯曲性能

外径大于168 mm的钢管应做焊缝横向弯曲试验。弯曲试样应从钢管或焊接试板上截取，焊接试板应与钢管同一牌号、同一炉号、同一焊接工艺、同一热处理制度。一组弯曲试验应包括一个正弯试验和一个背弯试验（即钢管外焊缝和内焊缝分别位于最大弯曲表面）；对于壁厚大于10 mm的钢管，可用两个侧弯试样代替正弯和背弯试样。弯曲试验时，弯曲压头直径为4倍试样厚度，弯曲角度为180°。弯曲后试样焊缝区域不应出现裂缝和裂口。

d　晶间腐蚀性能

除 07Cr19Ni10、07Cr17Ni12Mo2、07Cr19Ni11Ti、07Cr18Ni11Nb 牌号外，其余奥氏体不锈钢管应按 GB/T 4334—2020 中方法 E 的规定进行晶间腐蚀试验，试验后试样不应出现晶间腐蚀倾向。根据需方要求，经供需双方协商并在合同中注明，可采用其他腐蚀试验方法。

e　液压性能

钢管应逐根进行液压试验。液压试验压力按式（9-4）计算，最大试验压力为 10 MPa。在试验压力下，稳压时间应不少于 5 s，钢管不应出现渗现象。

$$p = \frac{2SR}{D} \tag{9-4}$$

式中　p——试验压力，MPa；当 $p<7$ MPa 时，修约到最接近的 0.5 MPa；当 $p \geqslant 7$ MPa 时，

　　　　　修约到最接近的 1 MPa；

　　　R——允许应力，取规定塑性延伸强度的 50%，MPa；

　　　S——钢管的公称壁厚，mm；

　　　D——钢管的公称外径，mm。

供方可用涡流检测代替液压试验。涡流检测时，对比样管人工缺陷应符合 GB/T 7735—2016 中验收等级 E4H 或 E4 的规定。经供需双方协商，并在合同中注明，供方可用其他无损检测方法代替液压试验，检测方法及合格等级由供需双方协商确定。

f　气密性

外径不大于 50.8 mm 的钢管可采用逐根水下气密性试验代替液压试验。试验压力应不小于 1.0 MPa，试验介质为压缩空气。在试验压力下，钢管应完全浸入水中，稳压时间应不少于 10 s，钢管不应出现渗漏现象。

g　晶粒度

根据需方要求，经供需双方协商，并在合同中注明，对牌号为 07Cr19Ni10、07Cr17Ni12Mo2、07Cr19Ni11Ti、07Cr18Ni11Nb 的钢管母材可进行晶粒度检验，其平均晶粒度应为 7 级或更粗。

h　无损检测

根据需方要求，经供需双方协商，并在合同中注明，钢管可进行焊缝全长或局部射线检测。当合同规定进行局部射线检测时，应注明检测比例和位置（至少应包含两个管端）。

射线检测可按 GB/T 3323、NB/T 47013.2 或 NB/T 47013.11 的规定用胶片或实时成像方法进行检测和判定。射线检测技术等级应符合 NB/T 47013.2 或 NB/T 47013.11 中 AB 级的规定，或 GB/T 3323 中 A 级的规定；100% 射线探伤和局部射线探伤的结果评定和质量等级应符合 GB/T 3323 或 NB/T 47013.2 中 Ⅱ 级的规定。

射线检测可在热处理之前进行。

i　表面质量

钢管的内外表面应光滑，不应有分层、裂纹、未焊透、未熔合、折叠、重皮、扭曲、过酸洗及其他影响使用的缺陷。上述缺陷应完全清除，清除处实际壁厚应不小于公称壁厚所允许的最小值。钢管表面可有局部划伤、压坑存在，但其深度应不超过壁厚下偏差的 50%，超过者允许修磨，修磨处的实际壁厚应不小于公称壁厚所允许的最小值。

采用双面自动焊接方法制造的钢管，其内、外焊缝应与母材齐平或有不超过 3 mm 的均匀余高。

采用单面自动焊接方法制造的钢管，其外焊缝应与母材齐平或有不超过 3 mm 的均匀余高，其内焊缝余高应符合如下规定。

（1）外径小于 219 mm 的钢管，不大于 10%S 且不大于 1.5 mm。

（2）外径不小于 219 mm 但不大于 508 mm 的钢管，不大于 15%S 且不大于 2 mm。外径大于 508 mm 的钢管，不大于 20%S 且不大于 3 mm。

对磨（抛）光状态交货的钢管，表面粗糙度由供需双方协商确定，并在合同中注明。

j　补焊

钢管焊缝缺陷允许修补，焊缝同一位置的补焊应不超过 3 次。补焊焊缝长度应不超过焊缝总长度的 20%。

以热处理状态交货的钢管补焊后应进行热处理。

补焊后的焊缝应进行表面质量检查。有射线检测要求的钢管，补焊后应重新进行局部射线检测。

C　流体输送用不锈钢焊接钢管应用范围

流体输送用不锈钢管配合对焊管件、承插焊管件、卡压管件、沟槽管件组成管道系统，主要应用在市政管廊、建筑给水、生活热水、虹吸排水、消防、空调循环水、室内燃气、直饮水、压缩空气、穿线套管等领域。

建筑给水主要连接水泵、建筑给水立管、室内装修。不锈钢水管近年来被国家大力推广，在福州、郑州、深圳、广州、长春、杭州、苏州以及上海等城市都已建立了二次供水（建筑给水）管道系统上推荐使用不锈钢水管的工程设计及验收标准，形成了不锈钢的以钢代塑的新局面，如图 9-3 所示。

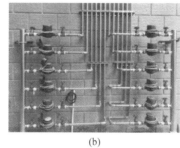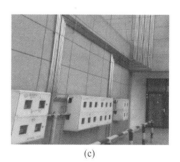

(a)　　　　　　　　　　　　　(b)　　　　　　　　　　　　　(c)

图 9-3　建筑给水系统使用的流体输送用不锈钢管应用案例

（a）建筑给水：水泵房；（b）建筑给水：一户一表；（c）室内燃气

9.1.2.4　装饰用焊接不锈钢管

A　装饰用焊接不锈钢管产品标准及常用规格

装饰用焊接不锈钢管简称装饰管，主要用于楼梯扶手、护栏、防盗窗、浴室挂件等用途。执行标准为冶金行业标准 YB/T 5363—2016，材质分奥氏体型不锈钢和铁素体型不锈钢，为 S35350、S30110、S30408、S31608、S11203 和 S11863 等牌号。

装饰管表面状态分类有：（1）未抛光状态；（2）抛光状态；（3）磨光状态；（4）喷

砂状态。

装饰管按截面形状分类有：（1）圆管；（2）方管；（3）矩形管。

装饰管按尺寸精度分类有：（1）普通级；（2）高级。

装饰管按表面粗糙度分类有：（1）普通级；（2）较高级；（3）高级。

B　装饰用焊接不锈钢管性能

a　尺寸、外形及重量

圆管的公称外径 D 和公称壁厚 S 应符合 GB/T 21835 的规定。

圆管外径和壁厚的允许偏差应符合表 9-8、表 9-9 的规定，具体精度等级应在合同中注明，未注明时按普通级供货。根据需方要求，经供需双方协商，可供应其他外径和壁厚的钢管。

表 9-8　钢管外径允许偏差　　　　　　　　　　　　　　　（mm）

类别	外径 D	允许偏差	
		高级 PC	普通级 PA
未抛光、喷砂状态 SNB，SS	≤25	±0.10	±0.20
	>25~<50	±0.20	±0.30
	≥50	±0.5%D	±0.7%D
磨（抛）光状态 SB、SP	≤25	±0.10	±0.20
	>25~<40	±0.15	±0.22
	≥40~<50	±0.15	±0.25
	≥50~<60	±0.18	±0.28
	≥60~<90	±0.25	±0.30
	≥90~<100	±0.30	±0.35
	≥100~<200	按协议	±0.5%D
	≥200	按协议	±0.7%D

表 9-9　钢管壁厚允许偏差　　　　　　　　　　　　　　　（mm）

壁厚 S	壁厚允许偏差
<0.5	±0.05
≥0.5~1.0	±0.07
>1.0~2.0	±0.12
>2.0~<4.0	±0.20
≥4.0	±0.35

b　压扁试验

外径不大于 200 mm 的圆管应进行压扁试验。外径不大于 50 mm 的圆管取环状试样；外径大于 50mm 且不大于 200 mm 的圆管取 C 形试样。试验时，焊缝应位于受力方向 90°的位置，压至圆管外径的 1/3；试样压扁后不应出现裂缝和裂口。

c　弯曲试验

方管、矩形管和外径大于 200 mm 的圆管应进行弯曲试验。弯曲试验时，弯芯直径为

3 倍试样厚度，弯曲角度为 180°。弯曲后，试样焊缝区域不应出现裂缝和裂口。

d 表面质量

钢管不应有裂纹、划伤、咬边、未焊透，外焊缝应与母材齐平。外表面应光洁无锈蚀，不影响装饰效果的个别麻点、凹坑、残留斑点等轻微缺陷允许存在，其深度应不超过 0.05 mm。

钢管外表面粗糙度根据需方等级要求，按表 9-10 执行。当合同中未注明等级时，粗糙度按普通级供货。

表 9-10 钢管外表面粗糙度

类 别	外表面粗糙度 $Ra/\mu m$		
	普通级 FA	较高级 FB	高级 FC
	不大于		
圆管磨（抛）光状态	0.80	0.40	0.20
方管、矩形管磨（抛）光状态	1.60	0.80	0.40

以普通级粗糙度交货的钢管，全部外表面应符合普通级粗糙度的规定。外表面以较高级或高级粗糙度交货时，外表面应光滑，允许有分散的、不大于外表面总面积 1%且表面粗糙度符合低一个等级规定的表面存在。如对表面粗糙度有特殊要求，应在合同中注明。

9.2 不锈钢无缝管生产工艺与设备

9.2.1 不锈钢无缝管生产工艺

不锈钢无缝管采用圆钢坯为原料，通过热轧（挤、扩）或冷拔（扎）的方法制造。按尺寸精度不锈钢无缝管分普通级和高级。高级为冷拔（扎）方法制造。

9.2.1.1 不锈钢无缝管热轧（挤、扩）工艺

不锈钢无缝管热轧（挤、扩）工艺流程，如图 9-4 所示。

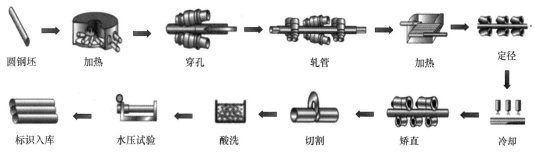

图 9-4 不锈钢无缝管热轧（挤、扩）工艺流程

圆钢坯：加工无缝管的坯料是用圆钢经切割机切割成需要的长度，形成无缝管加工的坯料。

加热：将坯料送入加热炉加热，温度为 1200 ℃左右。加热炉分转底炉、步进炉，燃

料一般采用煤气、乙炔或天然气。

穿孔：加热后的圆管坯送到穿孔机进行穿孔形成管坯。管坯穿孔有压力穿孔、推轧穿孔和斜轧穿孔三种方式。

轧管：将管坯进行多次轧制，轧制过程中经过多次减径和延伸，逐渐达到要求的尺寸和精度，轧制后的管也称为荒管。轧管有斜轧（二辊斜轧、三辊斜轧）、连轧或挤压三种方式。轧管后进行脱管，脱管过程中进行高压水除鳞。轧管工序也称为粗轧。

定径或减径：轧管后需要通过定径机或拉伸减径机进一步减径和定径，以确保达到钢管的尺寸精度和圆度。定径或减径工序也称为精轧。

冷却：无缝管经定径或减径后，放入冷床或水池中冷却。不锈钢管定径时温度达到热处理温度时，可直接冷却。

矫直：无缝管冷却后进行矫直，消除弯曲变形。

切割：矫直后通过切割机对管段进行切割平整。

酸洗：通过酸洗池将无缝管去除氧化皮和杂质。如果是生产内外抛光的无缝管，可不做酸洗处理。

水压试验或无损探伤：酸洗后的无缝管进行水压试验，水压试验也可用无损探伤检验替代。

9.2.1.2　不锈钢无缝管冷拔（轧）工艺

冷轧（拔）不锈钢无缝管生产工艺较热轧不锈钢无缝管复杂，前三步工序与热轧无缝管相同。冷轧可以从圆钢坯经穿孔、加热、多道冷轧完成，也可以从热轧后管坯开始进行轧制。冷轧无缝管根据工艺不同分为冷拔、冷轧和旋压三种工艺。

旋压和冷轧工艺类似，下面主要介绍冷拔和冷轧工艺。

A　冷拔工艺

不锈钢无缝管冷拔工艺流程为：圆钢坯→加热→穿孔→打头→酸洗→涂油→冷拔→脱脂→热处理→矫直→切头→酸洗→水压试验或探伤→标记→入库。

打头：是冷拔不锈钢特有的工序，通过锻头机将热轧后的毛管一端直径变细，便于坯料穿过冷拔模具。

酸洗：酸洗是除出去坯料铁锈、氧化皮，减少钢管与模具间的摩擦。

冷拔：冷拔分长芯棒拔制、短顶头拔制、空拔三种方式。长芯棒拔制就是将管坯套在长芯棒上，然后同长芯棒一同拉过拔管模，管坯在芯棒和模孔形成的环状孔型中获得减径和壁厚压缩。冷拔一般采用链式冷拔机。当尺寸不能满足要求时，需要多道冷拔。

B　冷轧工艺

不锈钢无缝管冷轧工艺流程为：圆钢坯→加热→穿孔→冷轧→脱脂→热处理→矫直→切割→酸洗→水压试验或探伤→标记→入库。

冷轧：无缝管冷轧采用纵轧方式，常见的周期式轧管机和三辊轧机。

9.2.2　不锈钢无缝管生产设备

无缝管生产由多套生产设备组成生产线。主要设备有加热炉、斜轧穿孔机、减径机、矫直机等。目前无缝管的生产已经由多套设备组成连轧生产线。

9.2.2.1 加热炉

坯料加热是无缝管热轧的重要工序，坯料加热采用加热炉进行加热达到热轧的温度。坯料加热采用连续加热炉，主要有推钢式加热炉、步进式加热炉、转底式加热炉。

A 推钢式加热炉

这是一种靠推钢机完成炉内坯料移动的连续加热炉。推钢式加热炉是用于加热小断面料坯的炉子，习惯上还按炉内安装烧嘴的供热带划分炉段，依供热带的数目把炉子称为一段式、二段式，以至五段式、六段式等。

B 步进式加热炉

这是靠专用的步进机构，按照一定的轨迹（通常是矩形轨迹）运动，使炉内的钢料一步一步地前进，把料坯一步一步地移送前进的连续加热炉，故被称为步进式加热炉。

C 转底式加热炉

炉身固定、炉底转动，放置在炉底上的料坯随炉底转动由进料口移送到出料口。根据炉底的形状，转底式加热炉可分为环形炉和盘形炉两种。冶金厂轧钢车间多用环形炉，其优点是可以加热不能用推钢式和步进式运送的异形物料，缺点是炉底面积利用率低，炉底单位面积产量通常约为 $350 \sim 400 \ kg/(m^2 \cdot h)$。

9.2.2.2 斜轧穿孔机

斜轧穿孔机是用于将圆钢坯料沿轴线穿孔并轧制荒管的设备。斜轧穿孔机按辊数分二辊穿孔机和三辊穿孔机。二辊斜轧穿孔机，其特征是轧辊由导向、穿孔、辗轧、减径和定径四段组成，是基于圆管坯被两个相互倾斜同向旋转的轧辊咬入并螺旋前进，通过由轧辊、导板（或导辊、导盘）和顶头所构成的孔型将管坯穿成中空的毛管。二辊斜轧穿孔是德国曼内斯曼兄弟于 1885 年发明，并经后人的多次改进与完善，发展至今，斜轧穿孔已成为热轧无缝钢管生产最主要的穿孔方式，如图 9-5 所示。

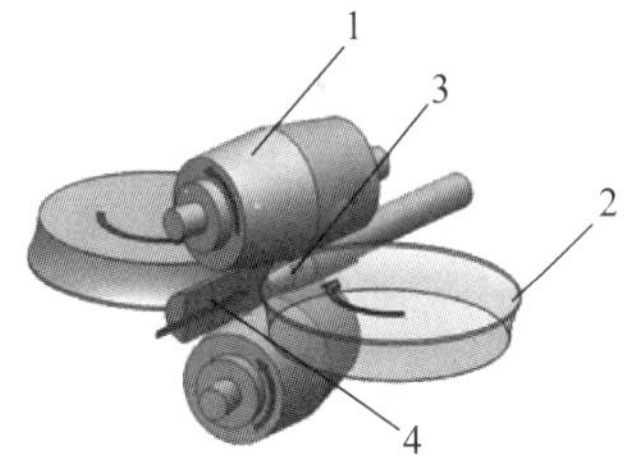

图 9-5 二辊斜轧穿孔示意图
1—轧辊；2—导盘；3—顶头；4—圆钢坯

9.2.2.3 张力减径机

张力减径机实际上是一种空心轧制的多机架连轧，被轧制的钢管不仅受到径向压缩，同时还受到纵向拉伸，即存在张力，故称为张力减径。张力减径机，主要有从轧辊数目上分为二辊减径机和三辊减径机。三辊式应用较广，因三辊轧制变形分布较均匀，管材横剖面壁厚均匀性好，同样的名义辊径，三辊机架间距小，可缩短 12%～14%；二辊主要用于壁厚大于 $10 \sim 12 \ mm$ 的厚壁管。

张力减径机多用于连续轧管机、皮尔格轧机之后。

9.2.2.4 矫直机

无缝管经减径和热处理后，管材会有一定程度的弯曲，需要矫直机进行矫直。矫直机通过矫直辊对管材进行挤压使其改变直线度。一般有两排矫直辊，数量不等。一般辊子的数目越多，矫直后管材精度越高。无缝管被辊子咬入之后，在矫直机里不断地作直线或旋转运动，因而使管材承受各方面的压缩、弯曲、压扁等变形，最后达到矫直的目的。

9.3　不锈钢焊接钢管生产工艺与设备

9.3.1　不锈钢焊接钢管生产工艺

不锈钢焊接钢管是以不锈钢带材或不锈钢板材为原料，根据原料的规格（厚度、宽度），选用不同的成形方式焊接而成的不锈钢管。目前，不锈钢焊接钢管生产工艺主要有在线制管机组生产工艺（简称在线生产工艺）和离线生产工艺两种方式。在线生产工艺就是从原料钢带到毛坯管制作完成，在一条生产线上连续生产，在线生产工艺目前为直缝焊；离线生产工艺就是将不锈钢板经卷板机卷制成含纵缝的开口管，再转运至焊接机台上对纵缝进行焊接成为毛坯管，是一支一支生产，也称非连续生产。从原料到开口管，在线生产由成型机完成，离线生产由卷板机和焊接机台完成。目前，焊管在线制管机组生产最大规格为 DN800(ϕ820 mm)，在线生产厂家常见的生产规格为 DN500 以下。DN500 及以上规格因需求批次量小，更适合离线生产。

9.3.1.1　不锈钢焊接钢管在线生产工艺

由于不锈钢带材或不锈钢板材与同类型碳钢板相比较，具有强度高、加工硬化敏感性强、耐磨性好、黏结的可能性大和导热性差等特点，所以不锈钢焊管在钢带成形为开口管的过程中，应特别注意上述特性，以便得到良好的成形效果。对于不锈钢焊管来说，更为重要的是成形以后的焊接。因此，对焊管成形的要求，除了要获得良好的外形外，还要求为焊接提供一个好的焊口。不锈钢焊管的焊口，是在带钢或板材的边缘，因此，钢带或板材的边缘成形是获得好的焊口的关键，也是成形过程中应特别关心和注意的地方。一般要求钢带或板材的边缘成形后无浪边，无折边，两边要对齐、对平、无错口，并不出现桃形等。

在线不锈钢焊管生产由制管机组、酸洗设备、抛光设备和检验等设备完成。从钢带开卷到气密试验前的工艺在制管机组上完成。不锈钢焊管生产工艺如下：

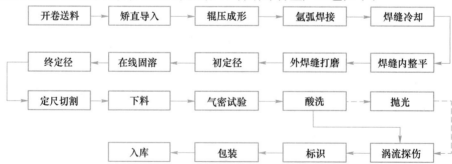

矫直导入：在成型机最前端有一对水平辊和一对立辊为夹送矫直辊，水平辊也称进料托架。其功能是将钢带引入成形区，包括钢带的夹送、矫直、对中及定位。对于较薄、较小的钢卷，在容易实现手工操作时，也可适当简化，将矫直导入机集成在成型机上。厚壁不锈钢管在成型机前可增加一个五辊矫直导入机。

辊压成形：成形区一般由多组水平辊和多组立辊组成，由成型辊对钢带由平面状态进辊压至成形为开口管。水平辊和立辊，如图 9-6 所示。

(a)　　　　　　　　　　　　(b)

图 9-6　水平辊及立辊

（a）立排及水平辊；（b）卧排及立辊

氩弧焊接：这是一种惰性气体保护焊，最常用的惰性气体的氩气，通常称氩弧焊。它是用钨极作为电极通过不加填充焊丝，在惰性气体保护气氛中将母材金属直接加热熔化结合，待熔池凝固后而形成的焊接。氩弧焊是不锈钢最普遍的焊接方式，除了氩弧焊，不锈钢焊接还有等离子弧焊和激光焊。

焊缝内整平：这是通过内焊缝研磨机将不锈钢焊管内焊缝进行研磨，使焊缝高度和母材平齐。医用与食品用流体管需要进行内外抛光，内外抛光首先进行内焊缝整平。普通不锈钢焊管不需要焊缝内整平工序。

外焊缝打磨：就是通过砂轮对完成焊接工序的不锈钢管的外焊缝进行研磨，也称焊缝研磨。焊缝研磨的作用是磨削焊接时形成的焊缝余高，使焊缝向钢管表面过渡更平滑，同时也为随后的定径创造条件。但研磨量不得过大，以免使钢管的壁厚减薄而造成强度下降。研磨用砂轮的粒度要小，一般在 180~320 目之间，因为粗糙的表面在热处理后酸洗是非常困难的。在修磨过程中会有粉尘产生，所以焊缝研磨装置要配备除尘设施。

终定径：也称定径矫直，定径辊由单独电动机驱动，线速度要比成形焊接的线速度略快，为的是让焊管受到拉力作用，以起到拉伸、矫直的作用，定径主要是通过对辊轮调整挤压钢管，使其达到外径公差和圆度。

在线固溶：是不锈钢管在通过初定径后进入固溶机组，在氢气保护下，不锈钢管通过高频设备将温度升至 1040~1080 ℃，然后进行冷却的热处理过程。

酸洗：将不锈钢管浸泡在酸洗液中，利用化学反应将不锈钢管生产过程中产生的氧化皮、杂质等清除。酸洗液一般为硝酸和氢氟酸的混合液。不锈钢管酸洗后可直接交货。

抛光：通过抛光机对不锈钢管外表面或内外表面进行研磨，消除生产过程产生的氧化皮，同时增加不锈钢管表面的光洁度。不锈钢管除酸洗交货外，还可以酸洗后外抛光交货、内外抛光后交货。内外抛光无需进行酸洗。

【知识拓展】

在线生产不锈钢焊管成形的方式

不锈钢焊管成形是钢带在成型机上，依次通过各架次成型辊，由成型辊将钢带弯曲成形为直缝开口管。成形后的开口管，根据其厚度采用相适应的焊接方法，在焊接挤压辊处被焊接成有直缝的焊管。用该成形方式生产加工的焊管，外形质量高而稳定，同时生产效率高。在线生产不锈钢焊管成形的方式有钢带中心弯曲成形、钢带边缘弯曲成形、钢带圆周弯曲成形、钢带双半径弯曲成形四种方式。

A　钢带中心弯曲成形

钢带中心弯曲成形是从钢带的中轴线开始弯曲的，弯曲的半径 R 是恒定的，等于成品管的半径，然后逐架增大中间变形角 θ，最终进入有导向片的闭合孔形的成型辊，到此完成了直缝焊管的成型。钢带中心弯曲成形，如图 9-7 所示。

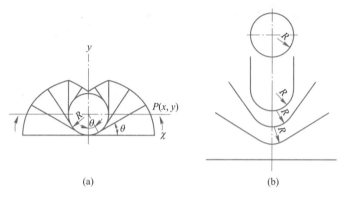

图 9-7　钢带中心弯曲成形变形
（a）辊花变形；（b）辊架变形

B　钢带边缘弯曲成形

钢带边缘弯曲成形是从钢带的边缘开始弯曲成形的，弯曲的半径 R 是恒定的，等于成品管的半径，然后逐架次增加边缘变形宽度，同时相应地逐架次减少钢带（管坯）的中间宽度，直至进入闭合成型辊，成形为开口直缝管。钢带边缘弯曲成形，如图 9-8 所示。

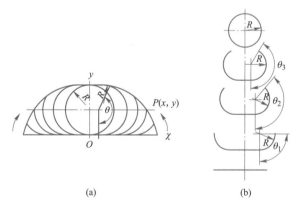

图 9-8　钢带边缘弯曲成形变形
（a）辊花变形；（b）辊架变形

C　钢带圆周弯曲成形

钢带圆周弯曲成形是沿钢带全部宽度同时进行弯曲变形，其弯曲半径逐架次减小，而中心弯曲角在成形过程中逐架次增大，到闭合成形辊后成形为开口直缝管。钢带圆周弯曲成形，如图 9-9 所示。

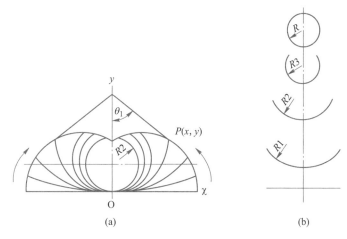

图 9-9　钢带圆周弯曲成型变形
（a）辊花变形；（b）辊架变形

D　钢带双半径弯曲成型

钢带双半径弯曲成型（W+0），是以挤压辊半径为边缘弯曲半径，将钢带边缘弯曲到某一变形角度，并且在以后各个成形道次中保持不变，而钢带中间的弯曲变形则按圆周成型方式进行。

该成型方法吸取了边缘弯曲成形和圆周弯曲成型的优点，具有变形均匀、成型稳定、边缘延伸小的好处，不足之处是对不同管径的成型辊的通用性差。双半径弯曲成型，如图9-10所示。

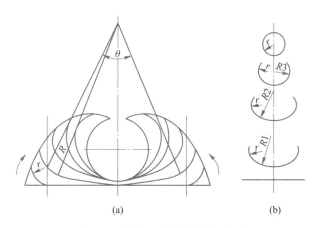

图 9-10　钢带双半径弯曲成型变形
（a）辊花变形；（b）辊架变形

【知识拓展】

钢带尺寸及偏差

钢带尺寸：不锈钢焊管原料用的钢带是由不锈钢卷板经分条裁切成需要的宽度。不同外径和厚度的不锈钢管，分条宽度不同。奥氏体不锈钢管钢带分条尺寸见表9-11。

表 9-11 奥氏体不锈钢管钢带分条尺寸表 （mm）

钢管外径	钢管厚度			
	0.6~1.2	1.5~2.1	2.2~3.0	>3.0
ϕ15.9~38.1	$(1.01D-0.68t)\pi$			
ϕ42.7~48.6	$1.02(D-t)\pi$			$1.015(D-t)\pi$
ϕ50.8~60.5	$1.015(D-t)\pi$			$1.01(D-t)\pi$
ϕ63.5~114.3	$1.01(D-t)\pi$			$1.005(D-t)\pi$
ϕ139.8~165.2	—			$1.007(D-t)\pi$
ϕ216.3~318.5				$1.005(D-t)\pi$

注：D—钢管外径；t—钢管壁厚；π 值以 3.1416 计。

钢带尺寸偏差：

（1）切边的切断面毛边及压入痕迹，应控制在钢卷厚度的 7% 以内。例如，钢卷厚度为 0.8 mm，其毛边小于等于 0.056 mm。

（2）裁切宽度之允许公差，以钢卷厚度为基准，当钢卷厚度在 1 mm 之内，则裁切宽度公差控制在 0.05 mm 以内；当钢卷厚度在大于 1 mm，且小于等于 2 mm 时，裁切宽度公差控制在 0.10 mm 以内；当钢卷厚度在大于 2 mm，且小于等于 3 mm 时，裁切宽度公差控制在 0.15 mm 以内。

氩弧焊接工艺要求

保护气体：通常采用单原子氩气，它不与焊缝金属起化学作用，密度比空气大 37%，使用时不易漂浮失散，所以是一种理想的保护气体。氩气的热导率小，高温时不分解吸热，电弧在氩气中燃烧时热量损失少，电离热低，故在各类气体保护焊中氩气保护焊的电弧燃烧稳定性最好。为了提高焊接效率，一般在焊接奥氏体不锈钢钢管时，在氩气中加入约在 3%~8% 的氢气，可增大母材金属的输入热，提高电弧电压，从而可提高热功率，增加熔透性且提高焊接速度和生产效率。同时还能防止焊缝产生咬边和抑制 CO 气孔的作用。气体保护效果可从焊缝表面颜色来判断，焊缝表面质量见表 9-12。

表 9-12 奥氏体型不锈钢焊缝质量

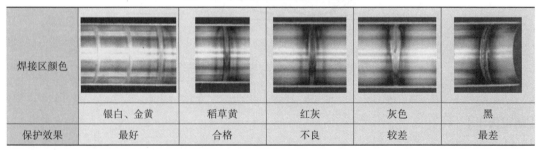

焊接区颜色	银白、金黄	稻草黄	红灰	灰色	黑
保护效果	最好	合格	不良	较差	最差

钨极：它是不锈钢氩弧焊、等离子焊和切割用的电极。它具有耐高温、不易熔化挥发及电子发射能力较高的优点。实践证明，用纯钨作为电极不够理想，必须在纯钨的基础上加一些电子发射能力很强的稀土元素，如钍、锶、铈、锆等，更能发挥其作用。

铈钨极，是在纯钨极配料中加入氧化铈，故易于引弧，具有电弧稳定性好、阴极斑点小、压降低、烧损少等优点，且对人身无损害，推荐首选使用。

钨极直径与相应焊接电源有关，要将钨极端部磨成一定形状，通常有尖头和平头等形状。采用较小的焊接电流施焊时，要选用小直径的钨棒，端头磨成尖形状或锥顶，尖端截面积小，电流密度大，钨极电弧可产生高温及电磁力，可使母材造成熔池，甚而穿透母材。

焊接：当钢管壁厚为 1 mm 以内，焊接速度约 3 m/min 为最佳。焊接时管与电弧相对运动，电弧的磁性会被管面吸引而成为偏离焊枪钨极中心现象，如图 9-11（a）所示。如产生电弧偏离，就需要对钨极角度进行调整以抑制电弧偏离，焊枪钨极倾斜角度如图 9-11（b）所示，倾斜 θ 一般为 10°~45°。电弧偏离也可以通过电磁控装置进行调整。

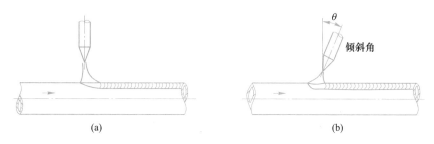

(a)   (b)

图 9-11　电弧偏离现象

（a）电弧偏离；（b）电弧修正

焊缝高度：采用氩弧焊接的内焊道的宽度大于等于 0.5 mm，且小于等于壁厚加 2 mm 之内时，内焊道高度应控制在表 9-13 以内。

表 9-13　内焊道高度　　　　　　　　　　（mm）

钢管外径	钢管壁厚							
	1.2	1.5	2.0	3.0	4.0	5.0	6.0	>7
34 以下	0.3	0.3	0.5	0.5	0.7	—	—	—
42.7~114.3	—	0.5	0.7	0.7	1.0	1.5	1.5	—
139.8~318.5	—	—	0.7	1.0	1.0	1.5	1.5	2.0

9.3.1.2　不锈钢焊接钢管离线生产工艺

不锈钢焊接钢管离线生产主要适用于小批量、DN400 及以上规格大口径的不锈钢焊管生产。其主要生产工艺如下：

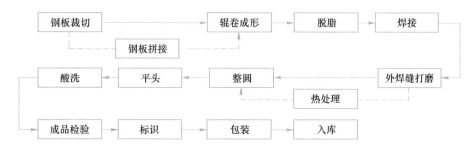

钢板裁切：大口径不锈钢焊管采用钢板为原料，将钢板切割成 6000 mm 长和适合焊管周长尺寸的宽度。切割后要对钢板边缘修整，以适应焊接的表面要求。

钢板拼接：大口径不锈钢焊管采用一块钢板成形时，成品管为一条纵向焊缝；当外径较大时，需要两块钢板进行拼接，成品管为两条纵向焊缝；当外径大于 1000 mm 时，成品管材会有径向环状焊缝和纵向焊缝。

辊卷成形：钢板裁切修整后，送到三辊成型机进行辊卷成型，也称辊弯成型。

脱脂：辊卷成形后对板材边缘进行脱脂，也称除油。

焊接：钢板成形、脱脂后运送到自动焊接机台进行焊接作业。焊接采用氩弧焊、等离子焊接或激光焊接，将成形后的开口管焊接成毛坯管。

热处理：大口径不锈钢焊管采用热处理炉进行热处理。

整圆：焊接后，通过液压整形机对管材进行整圆、定径处理。

平头：整形后将管材送至刨床进行平头，根据客户需求可以对管材端面加工坡口。

酸洗：酸洗与不锈钢焊管在线生产相同。

9.3.2　不锈钢焊接钢管生产设备

不锈钢焊管从原料到成品，需要制管机组、气密试压机、酸洗设备、抛光机、涡流探伤设备等主要设备。

9.3.2.1　在线制管机组

一般钢带连续成型直缝焊管机组由开卷机、成型机（矫直导入段、成型段、焊接段）、焊缝压延机（内整平）、焊缝研磨机（焊缝打磨）、初定径机、光亮退火机组、精定径矫直机、切割机和下料装置组成。制管机组如图 9-12 所示。

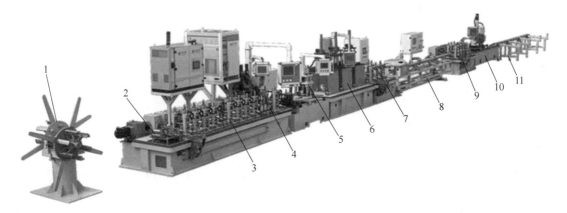

图 9-12　制管机

1—开卷机；2—矫直导向段；3—成型段；4—焊接段；5—内整平机；6—全封闭焊缝研磨机；

7—初定径机；8—光亮固溶；9—终定径机；10—伺服切割机；11—自动下料架

A　开卷机

开卷机是将带卷打开并送料到夹送矫直辊处。同时，其又可在带卷退卷前，能正、反转转动，以使带卷头转到合适的位置便于开卷。开卷机如图 9-13 所示。

B　成型机

成型机由矫直导向段、成型段、焊接段组成。通常的排列方式为 J VV HVHVHVHV VV HVHVHVHV V 焊接盒 V HV。其中，J 为进料托架；VV 为导向段；H 为水平辊支架；V 为立辊支架。成型机如图 9-14 所示。

图 9-13　开卷机

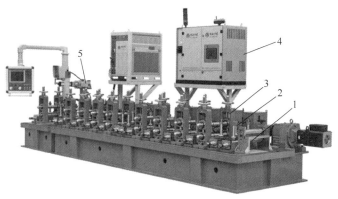

图 9-14　成型机及焊接段
1—矫直导入；2—立辊；3—立排及水平辊；4—氩弧焊机；5—焊接段

（1）矫直导入段，主要功能是夹送和矫直钢带的头部，把钢带头部送到成型段，其功能包括带钢的夹送、矫直、对中及定位。但是，对于较薄、较小的钢卷，矫直导向段整合在成型机组上。对于生产大口径厚管的设备，矫直导向段为独立一设备，还可配剪切对焊机将前一卷带钢的尾端和后一卷带钢的首端焊接在一起。

（2）成型段，成型段主要利用水平辊、立辊将不锈钢钢带成型为直缝的管状，为后续焊管做准备。成型机水平辊与立辊一般按 HVHVHVHV VV HVHVHVHV 排列。

成型辊轮具有耐磨特性，挤压焊接辊轮应具有耐磨、耐疲劳、耐氧化、耐热裂等特性，定径辊轮和矫直辊轮应具有耐磨特性。因上述的特性，成型辊常用材料有工具钢辊、高速钢辊、铝青铜辊等，成型定径辊轮的硬度为 RC60～62。

（3）焊接段，由氩弧焊机、电磁控装置、氩弧焊枪、焊枪自动定位机械手、气体保护盒、氩气供气系统、焊缝跟踪装置组成。

自动定位机械手定位焊枪，氩气供气系统供气，气体保护盒使焊缝完全处于气体保护中，由氩弧焊机及电磁控装置向焊枪提供电流，进行焊缝焊接工序。焊缝焊接完成后，进行水冷却。

C　焊缝压延机（内整平）

管材焊接完成后，进入焊缝内整平机对钢管内焊缝进行压延整平。整平后钢管内焊缝与母材高度一致。需内抛光钢管应进行内整平，不需要内抛光的管材，则不需要进行内整平工序。内整平设备如图 9-15 所示。

D　焊缝研磨机

焊缝研磨的作用是磨削焊接时形成的焊缝余高，使外焊缝向钢管表面过渡更平滑，同时也为随后的定径创造条件。但研磨量不得过大，以免使钢管的壁厚减薄而造成强度下降。研磨用砂轮的粒度要小，筛孔尺寸一般为 0.09～0.045 mm（180～320 目），因为粗糙的表面在热处理后酸洗是非常困难的。焊缝修磨一般采用砂带修磨，也可以采用千叶轮修磨，在修磨过程中会有粉尘产生，所以焊缝研磨装置要有除尘设施。目前采用全封闭式焊缝研磨机，电机直接驱动抛光轮，降低噪声，采用水除尘和双层密封隔音。焊缝研磨机如图 9-16 所示。

图 9-15　焊缝内整平机　　　　　　　图 9-16　全封闭式焊缝研磨机

E　初定径机组

初定径机有 HVHV 两组水平辊和立辊组成，对光亮退火（固溶）前的管材进行初步定径。

F　在线光亮退火（固溶）机组

不锈钢管的在线光亮退火设备整合在制管生产线中。该设备由高频加热装置、氢气保护系统和冷却系统组成。光亮退火是将钢管加热到 1040~1080 ℃，在氢气保护下使碳化合物充分溶于奥氏体中，然后迅速冷却达到单一、饱和的奥氏体组织。光亮退火的作用是消除组织缺陷，提高钢管力学性能，消除残余应力，降低硬度，提高塑性和韧性。根据客户需求，钢管可不做光亮退火工序。管材在线退火设备如图 9-17 所示。

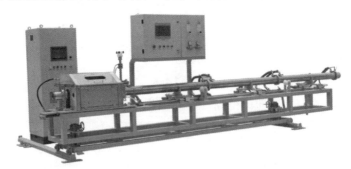

图 9-17　管材光亮退火设备

G　终定径机

排列方式：HVHVHV QT S V，其中，H 为水平辊；V 为立辊；QT 为矫直头；S 为测速器（计数器）。

成形、焊接、焊缝压延等工序会产生局部应力，使不锈钢管出现弯曲变形，这时就需要终定径对焊接完成的不锈钢管进行矫直和定径。定径机上的定径辊由单独电动机驱动，线速度要比成型焊接的线速度略快,为的是让焊管受到拉力作用,起到拉伸、矫直的作用。同时在定径机尾端安装定径模具,俗称"土耳其头",当不锈钢管通过定径模时起到整圆和定径的作用,以达到要求的外径公差和圆度。

H 伺服切割机

钢管长度为定尺长度,一般为 3000~6000 mm,允许偏差 0~+20 mm。为此,锯切由定尺传感器、锯切小车和控制系统组成。其功能为:准确定位,并快速锯截,不影响机组的正常生产。定尺传感器目前大都采用数字式传感器。伺服切割机行走系统采用伺服电机驱动,精度高。伺服切割机如图 9-18 所示。

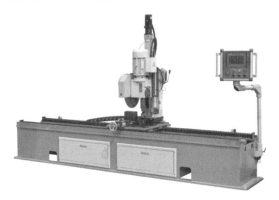

图 9-18 伺服切割机

I 滚轮下料机

由辊轮将切断的钢管传输到下料位置时,启动气动下料机构,将钢管下料到料槽。接料装置由可张紧皮带组成,可有效防止钢管碰撞产生的变形、划伤和噪声。

9.3.2.2 环保型自动酸洗设备

环保型自动酸洗设备由上料机构、下料机构、清洗槽、酸洗槽、钝化槽、碱中和槽、废气处理系统、废水处理系统构成。酸洗生产线自动化程度高,生产过程除上料、下料需人工外,其他工序全部由行车自动完成。生产线无异味,可在车间敞开操作,清洗水零排放。浙江坤博自动酸洗设备如图 9-19 所示。

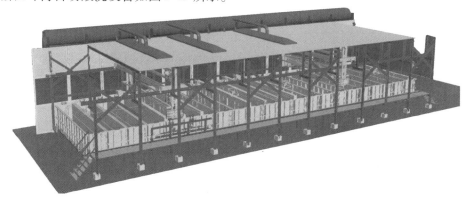

图 9-19 浙江坤博自动酸洗设备结构图

9.4　不锈钢管生产智能化

生产智能化即智能制造，国外称之为工业 4.0。工业 4.0 是由德国在 2013 年提出的概念。工业 4.0 是基于工业发展不同阶段进行划分，即工业 1.0 为蒸汽时代，工业 2.0 为电气化时代，工业 3.0 为信息化时代，工业 4.0 为智能化时代。我国于 2015 年 5 月由国务院正式印发《中国制造 2025》，部署和实施制造强国战略的第一个十年行动纲领，也被视为中国版的工业 4.0。智能制造是信息化与工业化的深度融合，也称两化融合。两化融合的核心是信息化为支撑，以信息化带动工业化，以工业化促进信息化。

目前，不锈钢管生产领域还没有完全的智能化的企业，很多企业还处在工业 2.0 的电气化阶段，部分企业在实施信息化并向智能化推进，进行产业升级和转型。实施生产智能化首先要做好企业管理信息化和设备智能化。

9.4.1　工厂流程信息化

工厂信息化是智能化的基础，没有信息化就不可能发展智能化。针对制造业，工厂信息化就是将现代管理方法、信息技术、自动化技术等相关技术与制造技术相结合，提高企业现代管理水平、生产自动化水平，降低成本、全面提升市场竞争力。工厂从产品设计、开发、生产、销售、管理等方面的信息化，实际上是将产品设计、生产过程、供应管理、物料流动、事务管理、客户交互、内部协同等生产经营过程数字化。

9.4.1.1　实施信息化的条件

工厂信息化不是购买一些硬件设备、购买几个软件就能实现的，要使工厂信息化能够达到预期效果，必须具备以下条件。

A　需要一个强有力的领导

信息化不是一个部门能实现的，必须有一个熟悉各部门业务流程，能够协调组织各部门配合的领导，信息化建设属于一把手工程。不是一把手主导，各部门很难打破壁垒与形成有效协同。

B　规划

根据企业的实际情况制定总体信息化建设规划，即做好顶层设计。确定先实施哪个系统，后实施哪个系统。先实施信息化的系统要为后实施的系统预留出接口空间，不能影响后面的信息化建设。

C　费用预算

信息化建设需要一定规模的资金支撑。这些资金主要用于人员培训、人员引进、硬件和软件购买、生产设备智能化改造、项目实施咨询、日常维护等。所需要资金从几十万到上亿不等。企业必须根据实际情况出发确定信息化建设的计划，逐步投入逐步实施。从实施数字化与智能化改造的经验看，虽然前期投入大，但由于生产效率提高、生产成本降低，智能化改造成本可以几年内收回。对小型的生存性企业不宜大面积进行信息化建设，可以考虑接入一些地方产业园已建设的服务型数字化系统平台，来提升企业的智能化水平。

D　管理要标准化、规范化

企业信息化首先就要将业务流程、管理流程、组织架构进行标准化、规范化。没有标准化、规范化的业务流程和管理流程，就无法建设好信息化。认为买了信息化软件就是完成了信息化，就能提升企业的管理水平，这是认识的误区。只有将企业的业务流程、管理流程、组织架构标准化、规范化后，再实施信息化，企业的信息建设才能成功。

E　设立信息化部门或信息化专员

信息化部门是建设信息化的重要组成部分，也是信息化能否实施成功的重要条件。企业的业务会随时间变化出现诸多新的业务，如果没有专门的信息化部门或人员，出现新的业务类型时就无法开展系统对应的升级配套工作。

9.4.1.2　信息化内容及信息化系统种类

工厂信息化一般包含生产过程控制信息化、管理信息化和供应链信息化。工厂信息化主要包括产品数据管理系统（PDM）或产品生命周期管理系统（PLM）、制造执行管理系统（MES）、生产设备及工位智能化联网管理系统（DNC）、生产数据及设备状态信息采集分析管理系统（MDC）、企业资源计划管理系统（ERP）、协同办公系统（OA）、客户关系管理系统（CRM）等。各信息管理软件独立为一个系统时，都会有一定的功能与其他系统功能重合。在工厂应用最多的是 ERP 和 MES。

ERP 是从 MRP 发展过来的，是面对制造业的企业资源计划管理系统。MRP 是制造业物料需求计划管理系统，重点是生产计划部分，目标是产品既不出现短缺，又不积压库存。为使产、供、销、财各个部门协调起来，MRP 发展到 MPRⅡ，即制造资源计划，在物料流动信息集成了资金流动的信息，形成了比较完整企业内部经营生产信息化系统。在MPRⅡ的基础上整合了企业的所有资源，发展为 ERP 信息管理系统。

ERP 分内部数据集成和外部数据集成，外部集成主要为供应链管理系统（SCM）和客户关系管理系统（CRM）。ERP 按功能可分成不同的模块。按功能划分，ERP 各系统或模块如下。

A　产品数据管理（PDM）和产品生命周期管理（PLM）

PLM 包含 PDM，PDM 或 PLM 是实现产品信息、工艺信息和生产管理不可缺少的系统，是计算机辅助设计（CAD）、计算机辅助工艺过程设计（CAPP）和 ERP 之间的桥梁，PLM 里的物料清单（BOM）为 MRP 提供运算信息。PDM 和 PLM 可以单独成为一个系统，有些 ERP 里面集成了 PDM 或 PLM。小型企业建议采用 ERP 里的 BOM。

B　销售与市场模块

销售模块包括销售合同、报价单、订单、发货通知单、销售出库单等，主要是执行客户订单及发货流程。

C　财务管理模块

ERP 的财务模块与一般的财务软件不同，作为 ERP 的一部分，它和 ERP 系统其他模块均有接口，能够相互集成，可以将销售信息、生产信息和采购信息自动记入财务模块生成总账、会计报表。

D　制造模块

制造模块是制造业信息化的核心模块，主要是根据销售预测和客户订单进行排产的模块。包括生产主计划（MPS）、物料需求计划（MRP），以及对应粗能力计划（RCCP）和能力需求计划（CRP）两个子系统。目前，一些工厂的 ERP 建设和使用还停留在供销存状态，没有建设生产模块，因此不能称为真正地使用 ERP。

E　制造执行管理系统（MES）

MES 系统与生产线紧密相关，用于持续优化生产、记录生产过程信息与技术参数。这些数据包括生产时间和生产数量信息、生产进度、质量数据、机器和设备状态。这些信息反映的是生产系统状态。设备有可编程逻辑控制器（PLC）控制系统并带通信接口，MES 可直接采集设备上生产数据，如果没有 PLC 及通信接口，则需扫描二维码手工录入。

F　质量管理（TQM）

TQM 子系统在质量标准、抽样规则、质量检验、批次跟踪、废品分析、检验设备管理提供支持，对发生的质量问题记录在案，为改进产品质量提供分析信息。

G　运输管理系统（TMS）

对客户的交货周期离不开生产周期，生产周期包含采购周期、运输周期和加工周期。TMS 是 ERP 的一个重要子系统，按时间、费用、距离要求不同的运输路线和运输工具分析和优化运费方案，编制运输计划缩短采购及货物交付运输时。

H　仓库管理系统（WMS）

仓库管理系统包括：收货、存放、库存管理、盘点、订单分配、订单提取、补充库存、包装、发运。WMS 如果是和 ERP 独立的系统，和 ERP 的库存管理模块功能就会重复，所以在建设 ERP 时要考虑 ERP 的 WMS 模块功能是否能满足立体式仓库的需要。

I　企业资产管理（TPM）

资产采购、资产登记、设备维修、备品备件采购和库存管理及相关的费用控制。

J　人力资源管理（HRM）

HRM 不仅包括考勤、工资和人事管理，还包括人才招聘、培训、考核、晋升等方面。

K　客户关系管理（CRM）

目前独立的 CRM 系统和 ERP 里面的客户文档、销售、合同等功能是重合的。独立的 CRM 系统与 ERP 里面集成的 CRM 系统的区别是通过手机定位功能，记录拜访的次数、时间，成交时间等信息。

L　供应链管理（SCM）

作为 ERP 重要的子系统，SCM 包含供应计划及执行信息、处理外包或外协、供应商管理与评价。

M　业务智能（BI）

企业要做出重要决策，需要各种数据进行分析，以确定决策的方向。BI 是从各种数据中进行查询分析，反映各种报表的问题和趋势。要使 BI 分析结果准确，ERP 里面的数据必须是准确的，否则 BI 分析的结果不会体现真实情况，因此必须保证 ERP 数据质量后再应用 BI，也就是先有 ERP 再建设 BI。

9.4.1.3　工厂的信息化建设

工厂的信息化建设，主要为 ERP 和 BI，首先要建设好 ERP，再建设 BI。根据相关资料，ERP 完全实施成功率只有 10%~20%，绝大部分企业还停留在 ERP 的供、销、存上，缺少 ERP 的核心 MRP 及 MES 部分，只能说是用了 ERP 的财务核算部分。要使工厂的 ERP 建设成功，应从以下几方面着手。

（1）运用项目管理的方法来实施 ERP 建设。ERP 是一个系统工程，涉及工厂管理的全部内容，因此要将建设 ERP 作为项目来管理。

（2）成立 ERP 项目建设领导小组和项目实施小组。建设 ERP 系统，要组织一支得力的队伍来完成繁重的工作。项目领导小组领导应由总经理及以上领导担任。如果 ERP 实施由财务主导则实施小组由财务人员组成，同时根据业务类型成立生产业务组、采购业务组、销售业务组、人力资源业务组等，组长应由部门经理或负责人担任。

（3）ERP 选型。目前国内的 ERP 品牌多样，不是所有 ERP 产品都适合工厂使用。选择哪个品牌的 ERP 要以工厂需求来确定。工厂是以制造为主业，主要解决的是产品既不积压，又不短缺的问题，因此选择 ERP 必须选择在制造业有经验、ERP 里的核心模块 MRP 功能匹配工厂生产流程和工艺的 ERP 品牌。软件公司要有制造业实施 ERP 的成功案例，咨询服务人员要有管理经验和能力。随着移动互联网的发展已经进入到万物互联的模式，ERP 使用人员从原来的在固定工作岗位工作，发展到移动岗位，因此 ERP 应具备移动互联网功能。

（4）编制 ERP 建设实施计划并实施。实施计划一般包含下列内容。

1）组织中、高层管理人员参加 ERP 原理与管理思想的培训。中、高层了解工厂为什么要进行 ERP 建设，ERP 能够解决什么，在实施过程中和以后运行中会遇到什么困难等。

2）规范组织架构、业务流程。首先要认识到，规范的组织架构和业务流程是 ERP 实施成功的关键，认为上了 ERP，组织架构、业务流程就规范了，这是误区。对于工厂来说，对 ERP 的原理、功能等不熟悉，而对 ERP 公司而言，他们熟悉软件原理，但对制造业和管理没有经验，无法帮助工厂规范流程。组织架构涉及审批流程，业务流程涉及审批、业务转序等。如果业务流程和组织架构不规范，则 ERP 建设基本不会成功，因此必须对原有的业务流程、管理制度重新审核、修订。对于业务流程应由部门经理编制、修订，由总经理站在全局的角度进行审核，有部门冲突或部门不协调的，需要进行调整。

3）规范产品制造标准、生产工艺、检验标准。产品标准涉及成品、半成品、原料的名称、外观、尺寸、结构、性能等。一个产品制造会有多种工艺路线，但应选择唯一的生产工艺，否则 MRP 无法准确计算物料需求。根据规范后的制造标准和工艺，编制物料清单（BOM）。

4）编制代码。根据 BOM 编制产品代码规则和代码，包含成品代码、半成品代码、坯料、原料、包材等代码。物料的属性要齐全，包含产品名称、尺寸、质量、表面、材质、系列（连接方式）等，将物料属性输入后可自动生成产品代码。设备、五金辅料、配件、人员、客户、会计科目等均需要编制代码。编制代码原则上要做到一物一码，不能出现一物多码。作为 ERP 实施的重要部分，物料编码、设备、人员等编码至关重要，甚至影响到 ERP 的成败。

5）数据录入与测试。代码、流程等基础数据规范后，就要将数据录入系统。录入后要将现有业务在 ERP 里面进行运行测试，即测试和现有的工作双轨运行。

6）业务流程改进或重组。根据 ERP 运行测试的情况，对于不完善或不合理的流程应进行改进，或对业务流程进行重组，以适合 ERP 审批、转序。

7）ERP 的二次开发。软件公司现有 ERP 是要适应各行各业，里面的功能较为齐全。对于制造业不同的行业，对 ERP 软件需求不同，有些功能不适合或有些功能不够完善，就需要根据工厂的具体需求对 ERP 进行二次开发。

8）设备智能化改造。工厂设备有机械操控、PLC 数字操控等形式。为适合 MES 对设备数据的读取，应对机械操作的设备进行数字化改造。

9）编制各岗位操作手册。ERP 测试完成后，应根据业务流程、管理制度等编制各岗位的操作手册。统一各岗位操作标准和方法。

10）验收。根据 ERP 建设的要求，对 ERP 系统逐项进行验收。

9.4.2　生产设备智能

工厂的信息化建设离不开生产设备的智能化，没有生产设备的智能化就无法实现工厂完美的信息化。目前，国家在大力推进制造业产业升级，进行数字化工厂建设。生产设备智能化包含设备自动化和设备数字化。

9.4.2.1　生产设备自动化

国内的不锈钢管和管件工厂大多不是流水线生产，而是离散型生产。离散型生产也就是大口径焊管的离线生产、非连续生产，是不同的设备负责一个工序，各工序间需要人工转运物料、往设备上下料。设备自动化首先要从自动上下料开始，要实现流水作业，还需要 AGV 进行工序间自动转运物料。

9.4.2.2　生产设备数字化

生产设备应具有 PLC 数字控制和预留通信接口，MES 可以读取设备相应状态参数。

9.4.3　不锈钢管生产智能化改造

要建立数字工厂，现有的不锈钢管生产厂就需要进行智能化改造。根据国家政策，各地都出台了生产智能化改造的奖励政策，以促进生产技术升级。不锈钢管和管件生产的智能化改造，要从企业资源计划（ERP）和设备升级改造两方面进行。

9.4.3.1　ERP 建设

如果不锈钢钢管生产企业的生产模块（MRP）已建设完，并且 ERP 集成了 MES 模块，则可以启动 MES 模块的开发和使用；如果不锈钢钢管生产企业 ERP 没有集成 MES，则需要购买单独的 MES 系统。单独购买的 MES 系统要与现有的 ERP 系统能互通通信和功能集成，生产计划由 ERP 完成，MES 负责生产过程控制。没有 MES 的建设和完善，就达不到生产智能化的要求。

9.4.3.2 设备升级改造

如果设备不是 PLC 操控，则需要对设备进行数字化改造。可通过增加传感器和 PLC 系统，对设备进行升级。如果升级的费用较高，也可以采用在设备上留存二维码等方式由人工扫描方式记录设备数据。

9.4.4 不锈钢管生产智能化案例

不锈钢制管生产线已经发展到智能阶段，以佛山中用智能化装备有限公司生产的 BLT-60-SNT 型智能焊管生产线为例，其智能化生产线组成，如图 9-20 所示。

图 9-20 不锈钢制管智能化生产线

该不锈钢制管智能化生产线有如下特点。

（1）该机配置智能电控系统，主电控系统可控制成形、焊接机，内整平机组、光亮退火机组、焊缝研磨机组、伺服切割机组，也可由每台机组上的 PLC 独立控制。

（2）主电控系统设置不同登录权限，分管理员和操作工。操作工通过账号登录后，设备发生的相关数据会记录在操作工的工号上。

（3）具有智能停机功能。下班需要停机时，按下停机键，系统会自动计算停机位置。

（4）具有数据采集功能。采集焊接时的电流、电压、保护气体流量；采集光亮退火温度、功率。

（5）具有焊缝漏焊检测功能。焊接位置安装激光传感器用于检测焊缝。当焊缝出现漏焊时，系统会自动关闭冷却水、打磨水，并将漏焊记录反馈到系统，通过自动切割分离不良品。

（6）拥有生产工艺历史数据库。在生产过程中系统自动存储生产数据，这些数据包括工号、壁厚、管径、材质、炉号、焊接电流、焊接电压、焊接速度、焊接气体流量、退火温度、退火功率等信息。检测到的数据保存至系统中，便于生产管理及产品工艺数据可追溯性，可根据时间段导出历史数据，系统支持数据现场复制，复制出来的数据能够用普通的办公软件在电脑中打开。

（7）具有通信功能：系统可与 MES 系统联网。采用一站式数字化控制技术，各单元的数据可以共享，为群控系统提供了更为精确、完善的数据平台。生产线数据平台构成如图 9-21 所示。

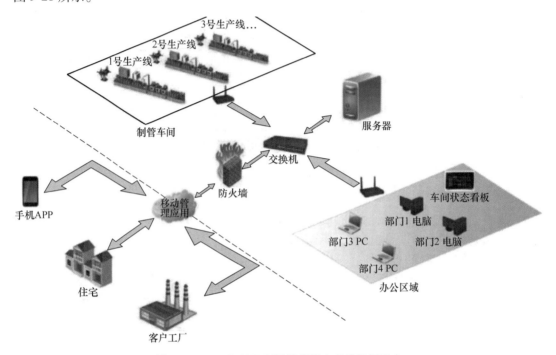

图 9-21　BLT-60-SNT 型智能焊管生产线数据平台

【知识拓展】

企业资源计划或企业资源规划，（Enterprise Resource Planning，ERP），是指以信息技术为支撑、以系统化管理思想统筹，为企业决策层及员工提供决策运行手段的管理平台。

物资需求计划，（Material Requirement Planning，MRP），即指根据产品结构各层次物品的从属和数量关系，以每个物品为计划对象，以完工时期为时间基准倒排计划，按提前期长短区别各个物品下达计划时间的先后顺序，是一种工业制造企业内物资计划管理模式或实用技术。

制造执行系统，（Manufacturing Execution System，MES），是一种用于实时监控、追踪和控制生产过程的计算机化系统。MES 系统可以对生产线上的生产过程、资源和数据进行集成管理，以提高生产效率和质量，降低生产成本。

ERP 系统与 MES 系统之间的关系

ERP 系统主要关注企业整体的资源规划和管理，而 MES 系统则主要关注生产过程的实时管理。MES 系统将生产线的实时数据传递给 ERP 系统，ERP 系统根据这些数据进行生产计划、物料需求和成本分析，从而实现企业资源的优化配置。

可编程逻辑控制器，（Programmable Logic Controller，PLC），一种具有微处理器的用于自动化控制的数字运算控制器，可以将控制指令随时载入内存进行储存与执行。

智能制造，（Intelligent Manufacturing，IM），是一种由智能机器和人类专家共同组成的人机一体化智能系统，它在制造过程中能进行智能活动，诸如分析、推理、判断、构思和决策等。

9.5 不锈钢管件生产工艺与设备

9.5.1 不锈钢对焊管件

9.5.1.1 不锈钢对焊管件产品标准及参数

不锈钢对焊管件（以下简称对焊管件）主要采用不锈钢无缝管、不锈钢焊管、不锈钢板等原料制造，其制造标准为 GB/T 13401《钢制对焊管件 技术条件》、GB/T 12459《钢制对焊管件 类型与参数》。对焊管件生产过程不需要进行焊接工序的管件为无缝管件，有焊接工序的为有缝管件。例如，无缝管件三通是通过水压机利用水压将原料短管在模具中胀形成三通形状，再通过车床切削，整个生产工序无焊接；而有缝管件三通的生产，是在短管上通过开孔、拉孔、平孔后形成三通主体，再将短管与三通主体焊接形成三通成品。

对焊管件常用的材料为 S30408、S31603 不锈钢。

对焊管件常用规格为 DN15 ~ DN600（NPS½ ~ NPS24），最大规格为 DN1500（NPS60）。管件压力等级按与其连接的同规格、同壁厚的钢管计算。对焊管件 90°弯头、45°弯头、等径三通、等径四通的结构，如图 9-22 所示，规格尺寸见表 9-14。

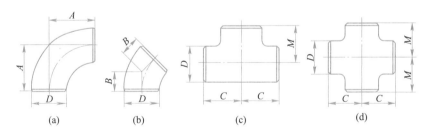

图 9-22 结构件

（a）90°弯头；（b）45°弯头；（c）等径三通；（d）等径四通

表 9-14 对焊 90°弯头、45°弯头、等径三通、等径四通的基本尺寸

公称尺寸		管口外径 D/mm		弯头 A/mm		45°弯头	等径三通/四通	
DN	NPS/in	Ⅰ系列	Ⅱ系列	长半径	短半径	B/mm	C/mm	M/mm
15	½	21.3	18	38	—	16	25	25
20	¾	26.9	25	38	—	19	29	29
25	1	33.7	32	38	25	22	38	38

续表 9-14

公称尺寸		管口外径 D/mm		弯头 A/mm		45°弯头	等径三通/四通	
DN	NPS/in	Ⅰ系列	Ⅱ系列	长半径	短半径	B/mm	C/mm	M/mm
32	1¼	42.4	38	48	32	25	48	48
40	1½	48.3	45	57	38	29	57	57
50	2	60.3	57	76	51	35	64	64
65	2½	76.1	76	95	64	44	76	76
80	3	88.9	89	114	76	51	86	86
100	4	114.3	108	152	102	64	105	105
125	5	141.3	133	190	127	79	124	124
150	6	168.3	159	229	152	95	143	143
200	8	219.1	219	305	203	127	178	178
250	10	273.0	273	381	254	159	216	216
300	12	323.9	325	457	305	190	254	254
350	14	355.6	377	533	356	222	279	279
400	16	406.4	426	610	406	254	305	305
450	18	457	480	686	457	286	343	343
500	20	508	530	762	508	318	381	381
550	22	559	—	838	559	343	419	419
600	24	610	630	914	610	381	432	432
650	26	660	—	991	—	406	495	495
700	28	711	720	1067	—	438	521	521
750	30	762	—	1143	—	470	559	559
800	32	813	820	1219	—	502	597	597
850	34	864	—	1295	—	533	635	635
900	36	914	—	1372	—	565	673	673
1000	40	1016	—	1524	—	632	749	749
1100	44	1118	—	1676	—	695	813	813
1200	48	1219	—	1829	—	759	889	889
1300	52	1321	—	1981	—	821	978	978
1400	56	1422	—	2134	—	884	1054	1054
1500	60	1524	—	2286	—	947	1118	1118

9.5.1.2　对焊管件的型式与种类

A　管件的类型与代号

管件是用于连接管材形成管路系统的管路附件，也称管道配件。管件根据功能分弯头类（45°弯头、90°弯头、异径弯头、180°弯头）、三通类（等径、异径）、四通类（等径、异径）、异径管（同心异径管、偏心异径管）、管帽（封头）、翻边短节。对焊管件与管材采用氩弧焊连接，管材与管材可以直接进行焊接，因此对焊管件没有管接头（等径直接）这个管件。管件的种类与代号见表 9-15。

表 9-15　管件的种类与代号

种类	示意图	类型	代号	
			无缝管件	焊接管件
45°弯头		长半径	45EL	W45EL
		3D	45E3D	W45E3D
90°弯头		长半径	90EL	W90EL
		短半径	90ES	W90ES
		3D	90E3D	W90E3D
		长半径异径	90ELR	W90ELR
180°弯头		长半径	180EL	W180EL
		短半径	180ES	W180ES
大小头		同心	RC	WRC
		偏心	RE	WRE
三通		等径	TS	WTS
		异径	TR	WTR

种类	示意图	类型	代号	
			无缝管件	焊接管件
四通		等径	CRS	WCRS
		异径	CRR	WCRR
管帽 （封头）			C	WC
翻边短接 （翻边）		长型	LJL	WLJL
		短型	LJS	WLJS

B　对焊管件功能

a　弯头

弯头是连接管材并改变管路方向的管路附件。

根据改变管路的方向，弯头分 22.5°弯头、45°弯头、90°弯头和 180°弯头。180°弯头常用在回形管路上。异径弯头是连接管材、改变管路方向并改变管路尺寸的管路附件。异径弯头不常用，一般可以通过小尺寸弯头+异径管进行组合使用。

根据弯曲半径，弯头分为长半径弯头（1.5D）、短半径弯头（1D），3D 弯头。对焊管件弯头的弯曲半径 D 是管件的 NPS 尺寸，而不是管件外径尺寸。例如，90°短半径弯头 DN100（NPS4），NPS4 是公称尺寸为 4 英寸，即 102 mm，短弯头端面到弯头中心距长度 A 是 102 mm（A 见图 9-22），而不是 I 系列管外径的 114.3 mm，也不是 II 管外径的 108 mm。

b　三通

三通是连接管材并增加管路数量的管路附件。根据尺寸，三通可分为等径三通、异径三通。异径三通均为支管尺寸小于主管尺寸的三通，也称为中小异径三通。

三通的标记通常为主管尺寸、支管尺寸、主管尺寸，如图 9-23 所示，按①②③的顺序进行尺寸标记。例如，DN150 的等径三通尺寸标记为 DN150X150X150，简称 DN150 三通；主管尺寸为 DN150，支管尺寸为 DN100 的异径三通尺寸标记为 DN150X100X150，简称 DN150X100 三通。对焊管件无中大三通（支管尺寸大于主管尺寸）这个管件，中大三通一般用异径管+三通

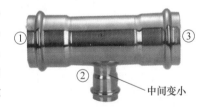

图 9-23　三通标记顺序

组合。例如，中大三通 DN100X150X100，用异径管 DN150X100+等径三通 DN150+异径管 DN150X100 这三个配件通过焊接完成。

c　四通

四通是连接管材并增加管路数量的管路附件。根据尺寸，四通可分为等径四通、异径

四通。等径四通是管件四个管路端面尺寸相同，异径四通也通常称为异径中小四通，即主管尺寸大，两侧支管尺寸相同并小于主管尺寸。四通成品管件没有三头不一样尺寸或四头不一样尺寸的管件。

d 异径管

异径管也称为大小头、异径接头、异径直接、异径直通，是连接管材并改变管路尺寸的管路附件。根据结构型式，异径管分同心异径管和偏心异径管。同心异径管就是管件两侧为斜边，两端的圆中心点在同一轴线上；偏心大小头是一侧为直边，一侧为斜边，管件两端圆中心点不在同一轴线上，异径管的结构见表9-15。管道最常用的是同心异径管，偏心异径管一般在管道支架都是一个高度时使用或作为排水管道时采用偏心异径管。

e 管帽

管帽也称为封头，用于封堵管材。当管道有一端需要封堵时，采用管帽封堵。

f 翻边短节

翻边短接也称翻边，是与松套法兰（也称活套法兰）配套使用的管件。

9.5.1.3 不锈钢对焊管件生产工艺

A 对焊管件的制造方法

对焊管件可以通过挤压、推制、模压、拉拔、锻制、焊接或切削加工等一种或几种组合的方法制造。

B 对焊管件生产工艺

常见的对焊管件在 DN400 及以下，一般以无缝管或焊管为原料制造，大于 DN400 的管件一般以不锈钢板为原料制造。下面主要介绍弯头、三通、异径管的生产工艺。

a 弯头生产工艺

弯头生产工艺分推球成型和冲压焊接成形两种生产工艺。

（1）弯头推球成型生产工艺流程如下：

定尺下料：根据弯头需要原料长度，用砂轮机切割或激光切割机进行下料，下料后的两端面为斜面。采用激光切割机不用去毛刺。

推球成型：不锈钢弯头主要以推球成型、芯棒推制、弯管机弯管三种工艺。推球成型将坯料放置在磨具中，将球连续放置模具中，通过推球机压力杆推制。

热处理：不锈钢热处理为固溶处理，根据供需双方协商，可不做热处理。

表面处理：不锈钢管件有抛丸、喷砂、内外抛光三种表面处理方式。内外抛光处理表面常用于食品、医药行业的管路使用，内外抛光管件不用酸洗，采用脱脂处理。

平口倒角：弯头成形后端口不平，需车床平口。厚度大于 3 mm 的管件，还需预制坡口，方便焊接。

（2）弯头冲压焊接成形生产工艺：此工艺主要是生产大口径弯头生产。以不锈钢钢板为原料，通过冲压成形后再焊接成弯头的生产工艺。其工艺如下：

钢板下料→冲压成型→修边→焊接→焊缝处理→表面处理→标识→入库

弯头由一条焊缝、两条焊缝构成，焊缝位置如图 9-24 所示。

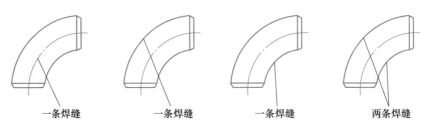

图 9-24　由一条焊缝、两条焊缝构成的弯头

b　三通生产工艺

（1）以无缝管为原料，三通生产工艺流程如下：

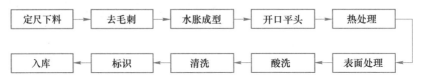

水胀成形：将三通坯料放入水胀机模具，通过水胀机往三通坯料内注入高压水，通过高压水将坯料与模具贴合形成三通形状。此时的三通为一体成型。

开口平头：水胀后三通支管端部是封堵状态，需要通过锯床或车床将支管开口并平口。厚度超过 3 mm 的管件还需预制坡口。

（2）以焊管为原料，三通生产工艺流程如下：

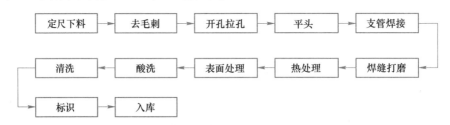

壁厚较薄的三通，无法采用水胀一次成形，需要通过拉孔、焊接支管工艺成型。

开孔拉孔：将三通坯料通过冲压或激光切割开孔，开孔形状一般为椭圆形。开孔后通过将相匹配尺寸的球由管内往外拉，形成三通支管的孔。拉孔后端面不平，需要用车床将孔平头，方便后续焊接支管。

支管焊接：三通拉孔平口后，支管孔高度为 2~5 mm，低于成品三通支管高度，需要焊接一段短管以达到成品三通支管高度。

9.5.2　不锈钢沟槽式管件

9.5.2.1　沟槽管件定义

沟槽式连接是在管材、管件平口端的接头部位加工（辊压加工或切削加工）成环形沟槽后，并由卡箍件、C 形橡胶密封圈和紧固件组成的快速拼装接头的连接方式。

沟槽式管件是沟槽式连接管道系统上采用的弯头、三通、四通、异径管等管件的统称。其平口端的接头部位均加工成与管材接头部位相同的环形沟槽，以下简称管件。

9.5.2.2　沟槽管件结构

薄壁不锈钢沟槽管件，管件端用滚槽机滚槽加工，管件端面滚槽结构如图 9-25 所示，滚槽基本尺寸见表 9-16。

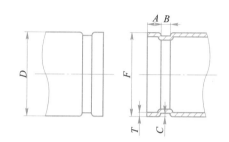

图 9-25　轧制沟槽管端结构

A—密封端长度；B—沟槽宽度；C—沟槽深度；

D—钢管外径；F—扩口最大外径；T—管端最小厚度

表 9-16　轧制沟槽管端基本尺寸　　　　　　　　（mm）

公称尺寸 DN	钢管外径 D	外径公差	管端最小厚度 T		密封端长度 A	沟槽宽度 B	沟槽深度 C	扩口最大外径 F
			PN16	PN25				
65	76.1	±0.38	—	1.8	16±0.5	$9_{-0.5}^{0}$	$2.2_{0}^{+0.5}$	78.7
80	88.9	±0.44	—	1.8				91.4
100	101.6	±0.51	—	1.8				104.1
	108		—	1.8				110.5
125	133	$±_{0.79}^{1.32}$	2.25	2.7			$3.2_{0}^{+0.5}$	135.9
150	159		2.25	2.7				161.3
200	219	$±_{0.79}^{1.6}$	2.7	3.0	19±0.5	$12.5_{-0.5}^{0}$	$3.5_{0}^{+0.5}$	223.5
250	273		3.6					277.4
300	325		3.6				$3.8_{0}^{+0.5}$	329.3

9.5.2.3　沟槽管件产品标准及常用规格

不锈钢沟槽管件制造标准为 CJ/T 152《薄壁不锈钢卡压式管件和沟槽式管件》、T/CECS 10370《给水用不锈钢沟槽式管件》。常见的规格为 DN65～DN300，公称压力分 PN16 和 PN25 两个等级，热水管道宜选用 PN25 系列。一般情况 DN15～DN100 选用双卡压式连接。沟槽管件类型、代号及常用规格见表 9-17，管件简图见表 9-18。

表 9-17　管件的种类与代号

种　类		代　号		公称尺寸	
		Ⅰ型	Ⅱ型	PN16	PN25
弯头	90°弯头	G90E	G90EL		
	45°弯头	G45E	G45EL		
	22.5°弯头	G23E	—		
三通	等径三通	GT	GTL		
	异径三通	GRT	GRTL		
	沟槽卡压异径三通	GSRT	GSRTL		
		GDRT	GDRTL		
四通	等径四通	GX	GXL		
	异径四通	GRX	GRXL		
	沟槽卡压异径四通	GSRX	—	DN125～DN350	DN65～DN200
		GDRX	—		
异径接头	沟槽异径接头	GRC	GRCL		
	沟槽卡压异径接头	GSRC	—		
		GDRC	—		
	法兰	GF	—		
	盲板	GM	—		
	管帽	CAP	—		
管接头	柔性卡箍	KR	—		
	刚性卡箍	KG	—		

注：Ⅰ型为标准型，Ⅱ型为加长型。

表 9-18　沟槽管件

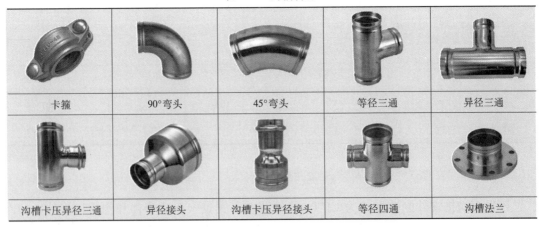

卡箍	90°弯头	45°弯头	等径三通	异径三通
沟槽卡压异径三通	异径接头	沟槽卡压异径接头	等径四通	沟槽法兰

9.5.2.4　沟槽管件生产工艺

沟槽管件采用切削加沟槽或焊管成型后滚槽加工的工艺，下面介绍流槽生产工艺。

A 弯头/异径管生产工艺

定尺下料 → 去毛刺 → 推球成型 → 平头 → 热处理

入库 ← 标识 ← 酸洗 ← 表面处理 ← 滚槽

推球成型：利用推球机将坯料短管推制成形，异径接头通过液压机对模具实施压力使管件成形。沟槽管件推制成形后，弯头两端要有 50~60 mm 长度的直管段作为滚槽段。异径接头采用四柱压机，通过模具将短管坯料压制成形。

滚槽：将平口后的弯头放入滚槽机进行滚槽作业。

表面处理：沟槽管材表面分抛丸、喷砂、抛光。抛光管件不需要进行酸洗，进行脱脂工序。

B 三通生产工艺

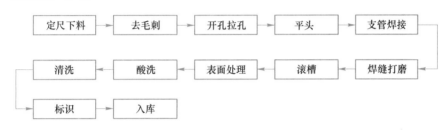

定尺下料 → 去毛刺 → 开孔拉孔 → 平头 → 支管焊接

清洗 ← 酸洗 ← 表面处理 ← 滚槽 ← 焊缝打磨

标识 → 入库

9.5.2.5 沟槽式管件安装

沟槽式管件安装，如图 9-26 所示。沟槽管件安装步骤如下。

A 管材滚槽

（1）定尺下料。管材根据需要长度用砂轮切割机下料。切割管材是要注意以下几点：1）砂轮切割机切割不锈钢后不得切割其他钢材，防止铁屑污染不锈钢管；2）切割时，要保证端面与管材轴线垂直，防止滚槽时出现翻边、开裂现象；3）切割后要对管材端面用角磨机去除毛刺；4）管材下料不宜采用电动割刀作业，防止切割过程管材变形量过大引起应力上升。

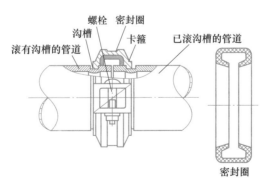

图 9-26 沟槽式不锈钢管接头安装

（2）调整滚槽机模具。根据管材规格选用匹配的滚槽机模具，滚槽机实物如图 9-27 所示。不锈钢管壁厚比镀锌管薄，模具尺寸与通用的镀锌管滚槽机模具不同。

（3）将要滚槽的管材一端在滚槽机模具上，另一端放置在托架上，用水平尺调整管材达到水平状态，并保证管材与模具在同一轴线上。

（4）滚槽。启动电源，并开启液压助力向下压模具开始滚槽，当下压模具达到限位时再旋压两圈后停止滚槽。

（5）采用千分尺检测滚槽深度是否符合标准，滚槽深度应符合表 9-16 的尺寸要求。

（6）将上压轮卸压，取出管材，并检查焊缝是否开裂，管材端面是否圈边。

图 9-27　滚槽机

B　安装步骤

滚槽式管件安装步骤如图 9-28 所示。

①检查钢管端部毛刺　　②密封圈唇部及　　③将密封圈套入管端
　　　　　　　　　　　　　背部涂润滑剂

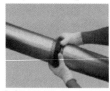　　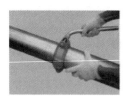

④密封圈套入另一段钢管　　⑤卡入卡件　　⑥用限力扳手上紧螺栓

图 9-28　滚槽式管件安装步骤

（1）检测管材端面是否有毛刺、铁屑等污染物，如有需要清除。

（2）将管材放置到支架上，并将卡箍密封圈套在管材一端，放密封圈前可在密封圈内涂水溶性润滑剂，润滑剂不得含氯化物。

（3）将管件用临时托架放置与管材水平，然后将管材上密封圈移动到管材与管件连接的密封位置。

（4）将卡箍扣在密封圈上，并将卡箍边缘安放在管材和管件滚槽位置。将卡箍两侧安装螺栓。安装螺栓时要均匀受力安装。

（5）卡箍安装后，两片卡箍之间缝隙不得超过 2 mm，密封圈不得外露，不得在卡箍缝隙出现凸起。

C　滚槽机参数

（1）滚槽尺寸：ϕ76~325。

（2）管槽最大厚度：4 mm。

（3）主轴转速：15 r/min。

（4）额定电压：380 V，50 Hz。

（5）电机功率：1.5 kW。

（6）重量：175 kg。

9.5.3 卡压式管件

9.5.3.1 卡压式连接定义

卡压式连接是以带有特种密封圈的管件承口连接管道，用专用工具压紧管口而起到密封和连接作用的一种管道连接方式。根据管件端部形态，卡压方式分 D 型和 S 型两种，如图 9-29 所示。

D 型——管件承口端部无延伸直段的卡压连接，又称单卡压连接，单卡连接的管件称为单卡压管件或卡压 D 型管件。

单卡压(D型)　　双卡压(S型)

图 9-29　单卡压与双卡压卡压式管件

S 型——管件承口端部有延伸直段的卡压连接，又称双卡压连接，双卡连接的管件称为双卡压管件或卡压 S 型管件。

9.5.3.2 卡压式管件结构

A　双卡压管件结构

双卡压管件是在管件密封圈两侧用专用压接工具同时进行压接，起到密封和连接作用的连接方式，如图 9-30 所示。双卡压管件承口结构见图 9-31，尺寸见表 9-19 和表 9-20。

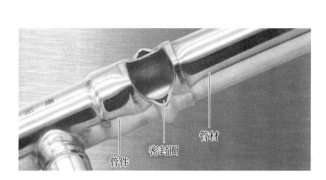

图 9-30　双卡压管件连接

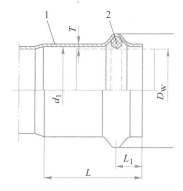

图 9-31　双卡压管件承口结构
1—管件本体；2—密封圈

表 9-19　Ⅰ 系管件承口基本尺寸　　　　　　（mm）

公称尺寸 DN	钢管外径 D_W	承口端外径 D	承口内径 d_1	管件壁厚 T_{min}	承口长度 L	卡压段中心距 L_1
10	12.7	18.2±0.2	$12.8^{+0.2}_{0}$	0.6	18±2	7±1
15	16	22.2±0.2	$16.2^{+0.3}_{0}$	0.6	23±3	8±1

公称尺寸 DN	钢管外径 D_W	承口端外径 D	承口内径 d_1	管件壁厚 T_{min}	承口长度 L	卡压段中心距 L_1
20	20	27.9±0.2	$20.2^{+0.3}_{0}$	0.8	26±3	10±1
25	25.4	33.8±0.2	$25.6^{+0.3}_{0}$	0.8	32±3	10±1
32	32	44.0±0.3	$32.3^{+0.4}_{0}$	1.0	38±3	11±1
40	40	53.5±0.3	$40.3^{+0.4}_{0}$	1.0	46±4	12±1
50	50.8	66.5±0.3	$51.2^{+0.6}_{0}$	1.0	56±4	14±1
60	63.5	79.3±0.3	$63.9^{+0.6}_{0}$	1.3	58±4	16±1
65	76.1	94.7±0.8	$76.7^{+1.2}_{0}$	1.5	60±5	19±1
80	88.9	109.5±0.8	$89.5^{+1.2}_{0}$	1.5	70±5	22±1
100	101.6	126.4±0.8	$102.2^{+1.2}_{0}$	1.5	82±5	24±1

表 9-20　Ⅱ管件承口基本尺寸　　　　　　　　　　（mm）

公称尺寸 DN	钢管外径 D_W	承口端外径 D	承口内径 d_1	管件壁厚 T_{min}	承口长度 L	卡压段中心距 L_1
10	15.0	23.2±0.4	$15.2^{+0.5}_{0}$	1.2	22±1	10±1
15	18.0	26.2±0.4	$18.2^{+0.5}_{0}$	1.2	22±1	10±1
20	22.0	31.6±0.4	$22.2^{+0.5}_{0}$	1.2	24±1	10±1
25	28.0	37.2±0.4	$28.2^{+0.5}_{0}$	1.2	24±1	10±1
32	35.0	44.3±0.6	$35.3^{+0.8}_{0}$	1.2	27±2	10±1
40	42.0	53.3±0.6	$42.3^{+0.8}_{0}$	1.2	36±2	12±1
50	54.0	65.4±0.8	$54.4^{+0.8}_{0}$	1.2	40±2	14±1
65	76.1	94.7±1.0	$76.7^{+1.2}_{0}$	1.5	60±5	19±1
80	88.9	109.5±1.0	$89.5^{+1.2}_{0}$	1.5	65±5	22±1
100	108.0	132.8±1.0	$108.8^{+1.5}_{0}$	1.5	73±5	24±1

B　双卡压连接优点

a　抗旋转

DN15～DN50 压接断面为六角形，防止安装阀门时产生径向扭力破坏管材与管件连接；DN65～DN100 连接阀门采用法兰，连接时不产生径向扭矩，压接断面为环形，如图 9-32 所示。

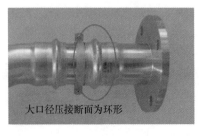

大口径压接断面为环形　　　　　小口径压接断面为六角形

图 9-32　双卡压密封抗旋转结构

b 抗拉拔力大

双卡压有两道阻力圈，可以大大提高了抗拉拔力，提高了连接强度，如图 9-33 所示。

图 9-33 双卡压密封抗拉拔结构

c 抗折弯、抗震动

双卡压管件密封圈外有直边承口段，当外力作用管道时，承口吸收外力，而安放密封圈的 R 口不发生变形，有效提升抗折弯、抗震动能力，有效避免渗漏，如图 9-34 所示。

受力点,管件因外力作用,管件承口变形,密封圈R口不变形

图 9-34 双卡压管件密封圈抗折弯、抗震动结构

9.5.3.3 卡压式管件产品标准及常用规格

A 卡压式管件产品标准

卡压式管件是国内最早使用的除焊接、螺纹连接、沟槽连接以外的不锈钢管道机械连接技术。2001 年我国颁布卡压管件行业标准 CJ/T 152《不锈钢卡压式管件》，2016 年第一次修订。2003 年第一次颁布了国家标准 GB/T 19228.2《不锈钢卡压式管件》，2011 年第一次修订，目前正在进行第二次修订。2003 年第一部设计、施工标准 CECS153—2003《建筑给水薄壁不锈钢管道工程给水规程》颁布实施，2018 年第一次修订。2012 年《薄壁不锈钢管道技术规范》颁布，至此我国健全了卡压管件生产、管道设计、施工方面标准体系。

B 卡压管件常用规格

卡压管件目前常用的为双卡压管件，规格从 DN15～DN100，压力为不大于 PN25。卡压管件种类及代号见表 9-21。

表 9-21 卡压管件种类与代号

示意图				
名称	等径接头	可调接头	A 型异径接头	外螺纹转换接头
代号	SC	KT	RC-A	ETC

示意图				
名称	内螺纹转换接头	90°A 型弯头	90°B 型弯头	外螺纹弯头
代号	FTC	90E-A	90E-B	E 90E
示意图				
名称	内螺纹弯头	内螺纹短弯头	45°A 型弯头	45°B 型弯头
代号	F 90E		45E-A	45E-B
示意图				
名称	等径三通	异径三通	外螺纹异径三通	内螺纹异径三通
代号	T(S)	T(R)		
示意图				
名称	管帽	移动螺母对接	法兰转换接头	
代号	CAP			

9.5.3.4　卡压式管件生产工艺

双卡压管件是选用不锈钢焊接钢管为原料，通过冲压、胶胀、水胀等成型工艺生产，管件生产工艺如下。

A　等径接头、90°A 型弯头、90°B 型弯头生产工艺

等径接头、90°A 型弯头、90°B 型弯头生产工艺流程如下：

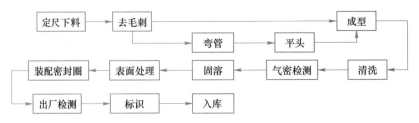

（1）下料：根据不同规格、不同品种，按尺寸下料。激光下料机不用去毛刺。

（2）弯管：将切割完成的坯料在弯管机上弯管，等径接头直接转到成形工序。

（3）平头：弯管后的坯料端面不平，需用台式平头机或激光切割机平头，使坯料管端与轴线垂直，两侧弯管尺寸相同。

（4）清洗：清洗坯料加工过程中产生的油污。

（5）气密检测：检查管件冷加工过程中焊缝是否开裂。

（6）固溶：采用网带固溶炉，在氢气保护下进行热处理，温度1040～1080℃。固溶后管件表面光亮，消除应力，恢复焊缝奥氏体组织。

（7）表面处理：卡压管件表面处理主要有酸洗钝化、振动抛光、磁力抛光三种工艺。根据客户需要的表面颜色确定表面处理工艺。酸洗是通过酸洗液（硝酸和氢氟酸的混合液）将管件表面油污、焊缝氧化层（回火色）通过化学反应消除，露出不锈钢基质，再通过钝化液中的氧离子与铬生成钝化膜。酸洗钝化后管件表面颜色呈亚光的灰白色。振动抛光是通过机械振动将不锈钢研磨颗粒与管件摩擦，起到去除表面杂质，提高表面细致度，振动抛光后管件表面呈镜面的银白色。

（8）装配密封圈：卡压管件独特的设计，管件承口内预装了密封圈。

B　三通、异径接头、内/外螺纹转换接头、管帽生产工艺

三通、异径接头、内/外螺纹转换接头、管帽生产工艺流程如下：

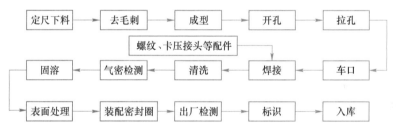

三通、异径接头、内螺纹转换接头、外螺纹转换接头、内螺纹弯头、外螺纹弯头、内螺纹三通、外螺纹三通、法兰转换接头都是半成品通过焊接工艺生产。主要用三通主体、卡压接头、螺纹件、法兰等配件组装后进行焊接。

卡压管件的焊接是采用氩弧焊接工艺。焊接时要做好气体保护。焊接后要对焊缝进行酸洗或内外抛光处理。

9.5.3.5　卡压管件安装

卡压管道设计安装应依据GB/T 29038《薄壁不锈钢管道技术规范》、CJJ/T 154《建筑给水金属管道工程技术标准》、T/CECS 153《薄壁不锈钢管管道工程技术规程》、22S407-2《建筑给水薄壁不锈钢管道安装》及生产厂家技术资料进行。

A　卡压管件安装

不锈钢卡压管件安装步骤，如图9-35所示。

（1）切管：使用切管工具将管材裁切至合适安装的长度，切管工具根据需要可使用割刀或切割机。用切割机一定要注意使切口与管材轴向垂直。

（2）修端：用倒角工具或角磨机将管端的毛刺去除，目的是为防止金属毛划伤密封圈

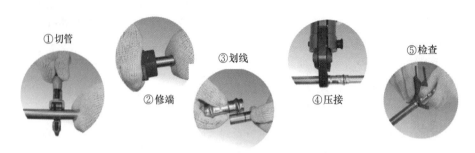

图 9-35　卡压管件安装步骤

造成漏水。

　　（3）划线：用记号笔在管端上划线，确定插入需要的深度，防止管子插入深度不足造成管道耐压不足而脱落。

　　（4）安装管件：首先应在确认 O 形圈安装在正确的位置上，将管子沿轴线插入卡压式管件中，插入时不得歪斜，以免 O 形圈割伤或脱落造成漏水，插入后应确认管子上面所画标记线距离端部的位置，确认管材是否插入到位。

　　（5）压接：将卡压工具钳口的凹槽与管件 R 口（管件凸环部位）部位靠紧，工具的钳口应于管子轴心呈垂直状，然后开启自动卡压工具电源，至钳口自动弹开，压接完成。

　　（6）检查：用六角量规测量压接部分，六角量规能顺利通过，同时压接部位无褶皱。

　　B　卡压工具

　　a　电动液压工具

　　便携式电动液压工具，如图 9-36 所示，适用于卡压 DN15～DN50 管材压接，额定活塞出力 32 kN，标配 2 块 18V 4.0A·h 锂电池，充一次电可以使用 350 次，压接一次时间为 3～4.5 s，压接完成自动断开。10000 次需要进行保养。总重 6.1 kg，适合高空作业。

图 9-36　便携式电动液压工具

　　b　钳口

　　钳口分剪刀式钳口（燕尾钳）和环模钳口。剪刀式钳口主要适用于 DN15、DN20、DN25、DN32 规格的不锈钢管件卡压，环模钳口主要用于 DN40、DN50、DN65、DN80、DN100 规格的不锈钢管道安装。每个规格管道采用一种钳口，如图 9-37 所示。

剪刀式钳口　　　　　　　　　　环模

图 9-37　剪刀式钳口和环模钳口实物

c 割刀

割刀也称为切管器。本书介绍的是李奇公司生产的
薄壁不锈钢专用割刀,型号 35S,如图 9-38 所示。最大
切割不锈钢管材 35 mm,特别适合小口径管材切割使用。
用手动割刀切割薄壁不锈钢管,管材端口无须打磨即可
使用。切割不锈钢要采用专用的不锈钢刀片。

手动割刀

图 9-38 薄壁不锈钢专用割刀

9.5.3.6 卡压式管件生产设备

卡压管件主要生产设备有激光下料机、弯管机、水胀成型机、焊接机台、振动抛光
机、网带式固溶炉、酸洗钝化机组等,主要生产设备如下。

A 激光下料机/开孔机/平头机

卡压管件下料用的激光切割机功率一般为 1000～2000W,2000W 型最大切管为
ϕ160 mm,由自动上料架、激光发生器、激光头、工作台、抽渣系统、水冷机、排烟系统、
数控系统组成。激光切割机具有自动上料、切管速度快、精度高、操作简单等特点。较机
械切割提高了效率,降低了原料损耗。激光下料机如图 9-39 所示。

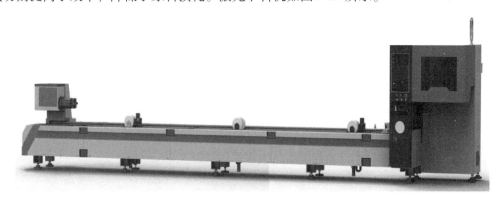

图 9-39 卡压管件下料用激光切割机

B 弯管机

不锈钢弯管机主要功能是将短管冷弯成 90°或 45°弯管。主要介绍 DN65～DN100 弯头
用 120 型弯管机。该机针对不锈钢卡压管件制作,采用微电脑控制,加数控模组;人机对
话式操作,程序设定容易;多角度液压驱动,可任意设置手动、半自动、自动多组程序;
带有扩管功能,一次装夹,先扩后弯,夹紧直线段短,不打滑。恒利达 120 型弯管机(见
图 9-40),其参数如下:

(1)最大弯管能力,ϕ120×6(mm)A3;

(2)最小弯曲半径,$R=1.2D$(D 为管材直径);

(3)最大弯曲半径,R500(mm);

(4)最大弯曲角度,185°;

(5)弯曲速度,50°/s;

(6)循环速度,12 s/90°;

图 9-40 恒利达 120 型弯管机

（7）最大穿芯长度，1500 mm；

（8）夹紧行程，150 mm；

（9）电动机，Y132-15 kW Y132-5.5 kW；

（10）油泵，YB-55；

（11）流量，38 mL/r；

（12）系统压力，15 MPa；

（13）油箱容积，400 L 推荐用 32 号机械油及 YA-N46 液压油；

（14）机器外形，4500×1800×1350，定制型，占用空间小。

C 水胀成型机

伺服内高压水胀成型机是目前生产卡压接头、卡压三通、卡压弯头的常用的成形设备，也可以用于生产对焊三通管件，如图 9-41 所示。以生产卡压 $\phi108$ 管件设备宽为 500 型为例，挤压介质采用乳化水，内高压成形技术，通过工业编程控制器对挤压成形中的压力、速度进行动态控制，以实现最优化的挤压成形，确保产品的稳定性。其技术参数为：

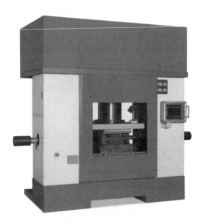

主缸夹紧压力，5000 kN；

水缸最大储水量，3 L；

最高水压压力，200 MPa；

图 9-41 伺服内高压水胀成型机

加工效率，30 s/次。

9.5.4 环压式管件

9.5.4.1 环压式连接定义

环压式连接是采用专用工具将管件连同桶形橡胶密封圈与不锈钢管材沿圆周方向向内挤压为一体的一种管道连接方式。环压管件，如图 9-42 所示。

图 9-42　环压管件实物

9.5.4.2　环压式管件结构

环压管件结构与卡压管件类似，但管件没有预置密封圈的凹槽，密封圈需安装在管材上，再将带有密封圈的管材插入管件承口。环压管件承口结构见图 9-43，其基本尺寸见表 9-22。

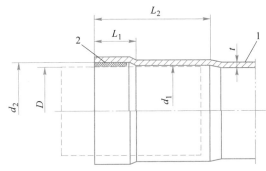

图 9-43　环压管件承口结构

1—本体；2—橡胶密封圈

表 9-22　环压管件承口尺寸　　　　　　　　　　（mm）

公称尺寸 DN	管子外径 D	管件最小壁厚 t_{min}		承口内径 d_1	密封段内径 d_2	密封段长度 L_1	承插段长度 L_{2min}
		Ⅰ系列	Ⅱ系列				
15	16	0.6	0.72	$16.0^{+0.5}_{0}$	$17.9^{+0.4}_{0}$	10.5±1	23
20	20	0.8	0.9	$20.1^{+0.5}_{0}$	$22.2^{+0.4}_{0}$	11±1	25
25	25.4	0.8	0.9	$25.4^{+0.5}_{0}$	$27.9^{+0.5}_{0}$	12±1	32
32	32	1.0	1.08	$32.0^{+0.6}_{0}$	$34.5^{+0.5}_{0}$	12±1	35
40	40	1.0	1.08	$40.1^{+0.8}_{0}$	$43.0^{+0.7}_{0}$	18±2	42
50	50.8	1.0	1.08	$50.9^{+0.8}_{0}$	$54.0^{+0.7}_{0}$	18±2	43
60	63.5	1.3	1.35	$63.6^{+1.0}_{0}$	$67.5^{+0.8}_{0}$	19±3	50
65	76.1	1.5	1.8	$76.3^{+1.0}_{0}$	$80.2^{+0.8}_{0}$	19±3	60
80	88.9	1.5	1.8	$89.4^{+1.0}_{0}$	$93.4^{+1.0}_{0}$	19±3	72
100	101.6	1.5	1.8	$102.2^{+1.1}_{0}$	$106.3^{+1.1}_{0}$	19±3	78
125	133	1.8	2.1	$134.2^{+1.2}_{0}$	$140.2^{+1.2}_{0}$	30±3	110
150	159	2.0	2.7	$160.2^{+1.5}_{0}$	$166.2^{+1.5}_{0}$	32±3	125

注：Ⅰ系列管件公称压力不大于 PN16，Ⅱ系列管件公称压力为 PN25。

9.5.4.3　环压管件标准及常用规格

A　环压管件标准

环压管件执行 GB/T 33926《不锈钢环压式管件》，此标准为 2017 年第一次颁布。配套用的管材执行标准 YB/T 4204《供水用薄壁不锈钢焊接钢管》。

B　管件代号及规格

环压管件最大规格为 DN150，常用管件规格为 DN15～DN100，标准型公称压力为 1.6 MPa，加厚型为 2.5 MPa，管件种类及代号见表 9-23。

表 9-23　卡压管件种类与代号

示意图				
名称	等径接头	调节直通	A 型异径接头	外螺纹直通
代号	C(S)		C(R)	ETC
示意图				
名称	内螺纹直通	弯头	带直管弯头	外丝弯头
代号	ITC	90E-A	90E-B	
示意图				
名称	内丝弯头	内螺纹短弯头	45°弯头	带直管 45°弯头
代号			45E-A	45E-B
示意图		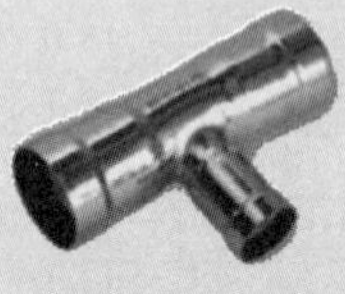		
名称	等径三通	异径三通	带直管异径三通	外螺纹等径三通
代号	T (S)	T (R)		
示意图	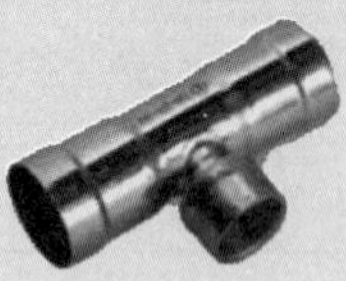			
名称	内螺纹异径三通	环压活接内丝	法兰接口	环压用密封圈
代号				

9.5.4.4　环压管件安装

环压管件压接与卡压管件压接类似，都是管材插入管件后，采用专用压接工具压接。

不同的是环压管件安装，多了一道密封圈安装在管材上的步骤。环压安装步骤如下。

（1）切管：用割刀或切割机将管材切割。

（2）去毛刺：用倒角工具或角磨机将切好的管端的毛刺去除。

（3）划线：将管材插入管件，在管件端口处用记号笔划线做标记。

（4）安装密封圈：将桶形密封圈套入管材，密封圈安装位置要刚压过划线。

（5）安装管件：将带有密封圈的管材插入管件承口。

（6）压接：将压接工具钳口放在环压管件密封圈位置，一定要确保位置准确。然后打开液压工具开关，进行压接。

（7）检查：检查压接质量，并除去多出的密封圈。

【知识拓展】

不锈钢钢管行业的创新绿色之路

2024 第二届中国钢管产业创新发展大会于 2024 年 3 月 20 日在江苏宜兴召开。中国工程院院士、东北大学教授王国栋在主题报告中指出："目前，钢管行业推进颠覆性工艺创新、绿色发展面临管坯芯部质量差、内壁质量差、缺少在线组织调控手段三大难题，需要重点解决。针对此三大难题，提出连铸坯凝固组织调控、铸坯直接穿孔高温再结晶控轧组织调控和热轧后控制冷却组织调控 3 个绿色化的系统解决方案。"

钢管行业进行创新绿色发展所面临的三大痛点是：（1）管坯芯部质量差，严重影响最终钢管的质量；（2）内壁质量差，严重影响钢管的整体使用性能和承载能力；（3）钢材组织性能调控完全依靠合金与离线热处理，缺少组织调控手段，导致成本高、消耗大、质量差、效率低。王国栋院士指出，要解决三大痛点，需要从以下 3 个方面着手：

（1）连铸坯凝固组织调控技术。可以采用电磁搅拌、连铸坯凝固末端重压下、电磁旋流水口等技术，消除管坯中心缩孔、疏松等缺陷和宏观偏析，提高铸坯芯部质量。

（2）连铸坯直接穿轧大变形控轧。采用铸坯免加热直接穿孔，在芯部疏松和杂质偏析形成之前，对高温的芯部金属进行穿孔和碾压变形，实现高温动态再结晶控制轧制，并避免了顶头前铸坯芯部开裂，故可以获得细晶、均匀、无缺陷的内壁组织。

（3）轧后在线控制冷却进行组织调控。借鉴板材控轧控冷技术的经验，将该技术作为热轧无缝钢管颠覆性的组织调控手段，突破了传统钢管生产工艺的技术瓶颈，开辟了热轧无缝钢管高效组织调控、实现高质量发展的新路径。

同时，王国栋院士指出，钢铁工业为大型复杂流程工业，巨大的不确定性是钢铁生产过程面临的重大挑战。在此背景下，数字化转型成为钢铁行业解决上述问题的关键。为了突破钢管行业的三大技术瓶颈、实现钢管行业的高质量发展，钢管企业必须尽快建立自己的企业数字化创新基础设施，即数字化转型的底座。

资料来源：推进钢管行业颠覆性创新，王国栋认为——面临三大难题 寻求三大突破口，冶金工业出版社微信公众号，2024-03-27。

【模块重要知识点归纳】

1. 不锈钢无缝钢管

（1）不锈钢无缝钢管定义及特点。

1）定义：不锈钢无缝钢管是一种具有中空截面、周边没有接缝的不锈钢管材。

2）特点：无缝钢管采用热轧或冷拔工艺生产。壁厚越厚，它就越具有经济性和实用性，壁厚越薄，它的加工成本就会大幅度地上升。冷拔工艺生产的无缝钢管比热轧工艺生产的无缝钢管尺寸精密。

（2）不锈钢无缝钢管生产工艺。

1）不锈钢无缝钢管采用圆钢坯为原料，通过热轧（挤、扩）或冷拔（扎）的方法制造。

2）不锈钢无缝钢管生产工艺主要分为不锈钢无缝钢管热轧（挤、扩）工艺和不锈钢无缝钢管冷拔（轧）工艺两种。

3）冷轧无缝钢管根据工艺不同又分为冷拔、冷轧和旋压三种工艺。

（3）不锈钢无缝钢管生产设备。目前无缝钢管的生产已经由多套设备组成连轧生产线，主要设备有加热炉、斜轧穿孔机、减径机、矫直机等。

2. 不锈钢焊接钢管

（1）不锈钢焊接钢管的定义及特点。

1）定义：不锈钢焊接钢管是一种截面为中空，带有纵向或纵向与横向焊缝的不锈钢管。

2）特点：焊接钢管通过制管机模具将钢带卷曲成管状，再经氩弧焊接生产，具有外径、壁厚尺寸精度高，耐压强度大、耐腐蚀等优点，特别是低压薄壁管材生产成本远远低于无缝管。

（2）不锈钢焊接钢管的生产工艺。

目前不锈钢焊接钢管生产主要有在线生产和离线生产两种方式。

1）在线生产就是从原料到毛坯管制作完成在一条生产线上连续生产，在线生产目前为直缝焊。

2）离线生产就是不锈钢板经卷板机卷制成管状，再运至焊接机台进行焊接，是一支一支地生产，也称非连续生产。目前制管机组生产最大规格为 DN800(ϕ820 mm)，在线生产厂家的常见规格为 DN500 以下。DN500 及以上规格因需求批次量小，更适合离线生产。

（3）不锈钢焊接钢管的主要生产设备：

1）在线制管机组，一般钢带连续成形直缝焊管机组由开卷机、成型机（矫直导入段、成型段、焊接段）、焊缝压延机（内整平）、焊缝研磨机（焊缝打磨）、初定径机、光亮退火机组、精定径矫直机、切割机和下料装置等组成。

2）环保型自动酸洗设备，由上料机构、下料机构、清洗槽、酸洗槽、钝化槽、碱中和槽、废气处理系统、废水处理系统构成。

3. 不锈钢管件

（1）不锈钢对焊管件。对焊管件可以通过挤压、推制、模压、拉拔、锻制、焊接或切削加工等一种或几种组合的方法成形。

（2）不锈钢沟槽式管件。

（3）不锈钢卡压式管件。

（4）不锈钢环压式管件。

4. 不锈钢钢管生产智能化

（1）什么是智能制造？

（2）企业信息化的条件是什么？

（3）什么是 ERP？如何选择？

（4）什么是 MES？

（5）什么是 BI？ERP 与 BI 的关系？

 思考题

9-1 简述不锈钢无缝钢管的定义，其主要性能包括哪些参数？

9-2 简述不锈钢焊接钢管的定义、特点与性能。

9-3 简述不锈钢无缝钢管的生产工艺流程与主要设备。

9-4 简述不锈钢焊接钢管的生产工艺流程与主要设备。

9-5 简述不锈钢对焊管件的定义、功能与生产工艺。

9-6 简述不锈钢卡压式管件的定义、功能与生产工艺。

参 考 文 献

[1] 何汝迎，等．不锈钢冷轧生产技术及产品应用 [M]．北京：冶金工业出版社，2014．

[2] 陆世英．不锈钢概论 [M]．北京：化学工业出版社，2013．

[3] 李建民，梁剑雄，刘艳平．中国不锈钢 [M]．北京：冶金工业出版社，2021．

[4] 刘振宇，江来珠．铁素体不锈钢的物理冶金学原理及生产技术 [M]．北京：冶金工业出版社，2014．

[5] 中国特钢企业协会不锈钢分会．不锈钢实用手册 [M]．北京：中国科技出版社，2003．

[6] 崔克清．安全工程大辞典 [M]．北京：化学工业出版社，1995．

[7] GB/T 20878—2007 不锈钢和耐热钢 牌号及化学成分 [S]．2007．

[8] GB/T 221—2008 铁产品牌号表示方法 [S]．2008．

[9] 焦博文．跟着总书记看中国丨百炼成钢攀高峰 [EB/OL]．（2022-10-10）[2024-04-21]．http：// www. xinhuanet. com/2022/10/10/c_1129058114. htm.

[10] 经济日报调研组/张曙红，王晋，李红光，等．太钢制胜 [EB/OL]．（2022-05-13）[2024-04-21]．http：//paper. ce. cn/pc/content/202205/13/content_253821. html.

[11] 青拓集团．全球首发 QN 系列不锈钢新产品迈入国标及多项行标 [EB/OL]．（2023-08-17）[2024-04-21]．http：//tsingtuo. com/companyNews/599. html.

[12] 中国南极秦岭站里的"钢铁侠" [N]．中国冶金报，2004-02-21（1）．

[13] 央视财经．沙钢集团超薄带生产车间 [EB/OL]．（2024-01-23）[2024-04-21]．https：//mp. weixin. qq. com/s/uXxxkB8uTurxTSOLMn1-A.

[14] 中国金属学会．科技新进展：高效薄带铸轧稳定化生产关键技术创新及应用 [EB/OL]．（2021-09-22）[2024-04-21]．https：//mp. weixin. qq. com/s/hdGKxb8njksc2vJzvTUFFw.

[15] 从鞍钢董事长去沙钢考察交流聊聊薄带铸轧技术 [EB/OL]．（2024-01-12）[2024-04-21]．https：//mp. weixin. qq. com/s/H450rQjXhuBGBsoVwcQhyQ.

[16] 锻造信念"合金" [N]．人民日报，2018-01-04（4）．

[17] 光热发电用 347H 不锈钢耐高温熔盐腐蚀性能大幅提升 [N]．科技日报，2023-08-01（6）．

[18] 张金梁，姚春玲．炉外精炼与连铸 [M]．北京：冶金工业出版社，2017．

[19] 从唐诗看古代冶炼工艺 [N]．科普时报，2022-10-21（5）．

[20] 刘同华，强文江，王伟．不锈钢中合金元素的作用及其研究现状 [J]．热加工工艺，2018，47（4）：17-21．

[21] 张景进，杨晓彩，李秀敏，等．热带钢轧制 [M]．北京：冶金工业出版社，2023．

[22] 中国工程院院士王国栋荣获"2023 年度感动沈阳人物"称号 [EB/OL]．（2024-01-31）[2024-04-21]．https：//mp. weixin. qq. com/s/_OQT6sUrmWNRZeNfy5HlNQ.

[23] 搜狐网．连铸结晶器凝固关键技术及应用 [EB/OL]．（2020-07-03）．[2024-04-21]．https：// www. sohu. com/a/406185833_466870.

[24] 荣文杰，刘中秋，李宝宽，等．连铸结晶器喂钢带工艺技术研究进展 [J]．连铸，2023（5）：2-10．

[25] 张开发．连铸板坯热送热装工艺技术研究 [D]．北京：钢铁研究总院，2021．

[26] 江苏德龙集团．担当尽责 为中印尼合作共赢树标杆 [N]．中国冶金报，2023-10-17（153）．

[27] 毛卫民．金属的再结晶与晶粒长大 [M]．北京：冶金工业出版社，1994．

[28] 苏步新．世界最宽不锈钢卷在溧阳德龙下线 [N]．中国冶金报，2023-10-11（2）．

[29] 江苏省钢铁工业协会．世界最大最宽！德龙 2680 mm 不锈钢热连轧生产线投产 [EB/OL]．（2022-4-18）[2024-8-16]．https：//mp. weixin. qq. com/s/2UiRmSmV_4BPRtFxVgdn1g.

[30] 冶金行业较大危险因素辨识与防范指导手册 [M]．北京：煤炭工业出版社，2017．

[31] 赵晓东．全氢罩式退火炉技术及设备 [J]．冶金标准化与质量，2006，44（2）：56-58．

［32］张雄 . 430 铁素体不锈钢冷轧带钢连续退火过程的研究［D］. 北京：北京科技大学，2014.

［33］杨平 . "我来自东方"——记柯俊院士二三事［EB/OL］.（2023-07-17）［2024-04-21］. https：//
mp. weixin. qq. com/s/7kBZtMtVfIN8uzhmRZxp_w.

［34］代卫星 . 单嘴精炼炉冶炼不锈钢冶金机理及工艺［D］. 北京：北京科技大学（钢铁冶金新技术国
家重点实验室），2021.

［35］张凤霞，姚春玲，等 . 镍及镍铁冶炼［M］. 北京：冶金工业出版社，2022.

［36］李璟宇 . 超纯铁素体不锈钢夹杂物形成机理及精炼工艺研究［D］. 北京：北京科技大学，2020.

［37］周海忱 . 板坯连铸结晶器内气液两相流动现象研究［D］. 北京：北京科技大学，2021.

［38］李晓亮 . 铁素体不锈钢盐酸基酸洗新工艺的基础研究［D］. 沈阳：东北大学，2019.

［39］陆世英 . 不锈钢概论［M］. 北京：中国科学技术出版社，2007.

［40］郝祥寿 . 不锈钢冶炼工艺设备和工艺路线的选择［J］. 不锈，2005（1）：16-20.

［41］刘浏 . 不锈钢冶炼工艺与生产技术［J］. 河南冶金，2010（6）：1-5.

［42］冯阿强 . 连铸设备及工艺［M］. 北京：中国劳动社会保障出版社，2009.

［43］柳雨 . 不锈钢酸洗废液的回收和处理技术［J］. 世界钢铁，2011（6）：38-42.

［44］柳雨 . 不锈钢酸洗废液的回收和处理［C］//全国能源与热工 2008 学术年会论文集，2008：1-5.

［45］B/T 14976—2012 流体输送用不锈钢无缝钢管［S］. 2012.

［46］GB/T 12771—2017 流体输送用不锈钢焊接钢管［S］. 2019.

［47］GB/T 19228. 2—2011 不锈钢卡压式管件组件　第 2 部分　连接用薄壁不锈钢管［S］. 2011.

［48］YB/T 5363—2016 装饰用焊接不锈钢管［S］. 2016.

［49］陈启申 . ERP 从内部集成起步［M］. 3 版，北京：电子工业出版社，2014.

［50］GB/T 12459—2017 钢制对焊管件　类型与参数［S］. 2017.

［51］T/CECS 10370—2024 给水用不锈钢沟槽式管件［S］. 2024.

［52］GB/T 19228. 1—2011 不锈钢卡压式管件组件　第 1 部分　卡压式管件［S］. 2011.

［53］GB/T 33926—2017 不锈钢环压式管件［S］. 2017.

［54］冯阿强 . 连铸设备及工艺［M］. 中国劳动社会保障出版社，2009.